山地城镇建设安全与防灾协同创新专著系列

支挡结构损伤识别与预警

陈建功　许　明　吴曙光　著

中国建筑工业出版社

图书在版编目（CIP）数据

支挡结构损伤识别与预警/陈建功等著．—北京：
中国建筑工业出版社，2017.6
（山地城镇建设安全与防灾协同创新专著系列）
ISBN 978-7-112-20592-9

Ⅰ.①支⋯　Ⅱ.①陈⋯　Ⅲ.①支挡结构-损伤（力
学）-识别-研究②支挡结构-损伤（力学）-预测-研究
Ⅳ.①TU399

中国版本图书馆CIP数据核字（2017）第060395号

　　本书介绍了支挡结构损伤识别与预警的理论和方法。全书共分为13章，主要
内容包括：绪论，模态分析基本理论，支挡结构模态测试技术，支挡结构动态信
号后处理技术，支挡结构模态参数识别技术，支挡结构数值模态分析技术，基于
模态参数的支挡结构损伤识别，支挡结构动测信号的时频分析，支挡结构动力响
应的能量谱分析，支挡结构系统损伤预警方法，环境激励下的支挡结构损伤预警
方法，支挡结构健康诊断仪的硬件设计和软件开发。
　　本书适合从事岩土工程、结构工程、水利工程、交通工程等方面的检测与监
测技术人员参考，也可作为高等院校相关专业师生参考用书。

责任编辑：张伯熙　杨　允
责任设计：李志立
责任校对：焦　乐　张　颖

山地城镇建设安全与防灾协同创新专著系列
支挡结构损伤识别与预警
陈建功　许　明　吴曙光　著
*
中国建筑工业出版社出版、发行（北京海淀三里河路9号）
各地新华书店、建筑书店经销
唐山龙达图文制作有限公司制版
北京圣夫亚美印刷有限公司印刷
*
开本：787×1092毫米　1/16　印张：21½　字数：431千字
2017年9月第一版　2017年9月第一次印刷
定价：**68.00**元
ISBN 978-7-112-20592-9
（30243）

总　序

中国是一个多山国家，山地面积约为 666 万 km²，占陆地国土面积的 69％，山地县级行政机构数量约占全国的 2/3，蓄积的人口与耕地分别占全国的 1/3 和 2/5。山地区域是自然、文化资源的巨大宝库，蕴含着丰富的水力、矿产、森林、生物、旅游等自然资源，也因多民族数千年的聚居繁衍而积淀了灿烂多姿的历史遗迹与文化遗产。

然而，受制于山地地形复杂、灾害频发、生态脆弱的地理环境特点，山地城镇建设挑战多、难度大、成本高，导致山地区域城镇化水平低，经济社会发展滞后，存在资源低效开发、人口流失严重、生态环境恶化、文化遗产衰落等众多经济社会问题。截至 2014 年，我国云南、贵州、西藏、甘肃、新疆等山地省区城镇化率不足 40％，距离《国家新型城镇化规划（2014～2020）》提出的常住人口城镇化率达到 60％的发展目标仍有很大差距。因此，采用"开发与保护"并重的方式推进山地城镇建设，促进山地城镇可持续发展，对于推动我国经济结构顺利转型、促进经济社会和谐发展、支撑国家"一带一路"发展战略具有不可替代的重要意义。

为解决山地区域城镇化建设的重大需求，2012 年 3 月重庆大学联合中国建筑股份有限公司、中国建筑科学研究院、中国科学院水利部成都山地灾害与环境研究所共同成立了"山地城镇建设协同创新中心"，针对山地城镇建设面临的安全与防灾关键问题开展人才培养、科技研发、学科建设等创新工作。经过三年的建设，中心围绕"规划—设计—建造—管理"的建筑产业链，大力整合政府、企业、高校、科研院所的优势资源，在山地城镇建设安全与防灾领域汇聚了一流科研团队，建设了高水平综合性示范基地，取得了有重大影响的科研理论与技术成果。迄今为止，中心已在山地城镇生态规划、山地城镇防灾减灾、山地城镇环境安全、山地城镇绿色建造、山地城镇建设管理等五大方向取得了一系列重大科研成果，培养和造就了一批高素质建设人才，有力地支撑了山地城镇的重大工程建设，并着力营造出城镇建设主动依靠科技创新、科技创新更加贴近城镇发展需求的良好氛围。

《山地城镇建设安全与防灾协同创新专著系列》集中展示了山地城镇建设协同创新中心在山地城镇生态规划与文化遗产保护、山地灾害形成理论与减灾关键技术、山地环境安全理论与可再生能源利用、山地城镇建设管理与可持续发展等领域的最新科研成果，是山地城镇建设领域科技工作者智慧与汗水的结晶。本套丛书的出版，力图服务于山地城镇建设领域科学交流与技术转化，促进该领域高层次的学术传播、科技交流、技术推广与人才培养，努力营造出政产学研高效整合的协同创新氛围，为山地城镇的全面、协调与可持续发展做出新的重大贡献。

中国工程院院士
重庆大学校长　周绪红

前　　言

随着我国国民经济水平的提高与基础设施建设的不断发展，支挡结构技术水平的提高和减少环境破坏、节约用地观念的加强，支挡结构在岩土工程中的使用越来越广泛，特别是在铁路、公路路基及建筑基础工程中所占的比重也越来越大。可以说支挡结构是城市基础建设中确保山体稳定性和工程建筑物运营安全、造福于人类的重要工程措施。然而由于材料性能、施工质量、后期养护、土质条件、土体受力条件变化、排水、腐蚀效应、地震等一系列人为和自然灾害等因素的影响，加之支挡结构经长期服役后，材料性能老化，自然损伤的不断积累，会出现滑动、倾覆、不均匀沉降、开裂、剥落、腐蚀、伸缩缝位置错缝、锚固失效等各种病害和事故。一旦这些支挡结构失效或者破坏，人民群众的生命财产及国家的巨额基础设施将蒙受巨大的损失。由于支挡结构损伤的出现往往都是局部的和渐变式发展的，在加强施工管理和施工监理基础上，必须要定期的对支挡结构"健康"状况进行监测，及早发现损伤位置和损伤程度并进行有效的维护或者维修是保证支挡结构健康运营的关键。因此，如何对支挡结构进行检测和评估，以确定支挡结构是否存在损伤，进而判别损伤位置和损伤程度以及结构目前的健康状况、使用功能和结构损伤的变化趋势，成为岩土工程结构健康监测与安全评估系统研究的最主要问题。研究开发一种简单、方便、快速、无损、有效的健康诊断方法及仪器，弥补以至取代传统的检测方法，以适应大规模工程施工及运行管理的需要，这对支挡结构的质量管理和健康状况的监控是非常必要和有意义的，具有重要的社会意义和经济价值。

本书包括1～13章，较系统地阐述了用于支挡结构损伤识别和预警的基本理论、方法以及相应仪器的硬软件系统的开发和应用。第1章绪论部分全面综述了与本书相关研究的进展和发展趋势。

2～11章详细论述了支挡结构损伤识别和预警的基本理论和方法，第2章介绍了模态分析基本理论，对结构系统的实模态分析、复模态分析、拉氏变化方法包括频响函数、脉冲响应函数进行了详细论述。第3章从试验模态分析的全过程阐述了适用于支挡结构系统试验模态分析的简便、经济和有效的方法。第4章介绍了支挡结构动测信号的后处理技术，包括采样和量化、加窗、FFT、平均、数字滤波、细化等。第5章详细论述了对动测信号提取模态参数的各种方法和技术。第6章介绍了采用动力有限元法对支挡结构系统的动力响应模拟及模态分析技术。第7章详细介绍了基于模态参数的损伤识别方法及损伤识别指标，论述了改进多种群遗传算法的支挡结构系统的整体损伤识别方法和分区损伤识别方法。第 8 章利用时频分析手段对支挡结构系统的动测信号进行分析,包括短时傅里叶变换和小波变换。第 9 章介绍了基于小波变换的结构动力系统的多尺度分解原理,利用结构动力系统的多尺度分解特性,对支挡结构动力响应信号的能量谱进行分析讨论。第 10 章详细论述了基于小波包能量谱的结构损伤预警方法,包括结构损伤预警的小波包能量谱计算方法以及结构损伤特征向量与损伤预警指标的计算方法等,从而建立基于小波包能量谱进行支挡结构损伤预警的方法体系。第 11 章将环境荷载激励技术与小波包分析技术相结合,论述了适合于环境激励下支挡动力响应的小波包能量谱及其损伤预警指标计算方法,并考察这种预警方法的可行性与有效性。

12~13 章对支挡结构健康诊断仪的各部分组成进行了介绍,其基本原理是采用环境激励的方式获得时域信号,通过 GPRS/3G 通信手段传输给计算机,再经软件分析,包括频率分析,小波包频带能量谱分析,对支挡结构进行健康诊断和损伤预警。第 12 章介绍了支挡结构健康诊断仪硬件系统组成,包括上位机、下位机、无线加速度传感器节点。第 13 章介绍了软件集成开发环境和 Z-Stack 源代码的分析,并开发了整个系统的应用软件。

本书的研究工作获得了国家自然科学基金科学仪器基础研究专款基金项目(51027004)"岩土支挡结构健康诊断仪的研制"的资助。该项目负责人、作者的恩师张永兴教授,因工作积劳成疾,在项目研究期间不幸离世,本书的出版是对他最好的怀念。

本书总结了作者关于支挡结构损伤识别和预警的阶段性成果。其中的论点和方法还有待进一步补充、完善和提高,因而对本书存在的不足甚至错误之处,谨请读者批评指正。

目　　录

1 绪 论

1.1 支挡结构健康监测的意义

支挡结构包括挡土墙、抗滑桩、预应力锚索等支撑和锚固结构，主要是用来支撑、加固填土或山坡土体，防止其坍滑以保持稳定的一种构筑物。在铁路工程、公路工程和地下工程中，支挡结构被广泛应用于稳定路堤、路堑、隧道洞口以及桥梁两端的路基边坡等，主要用于承受土体的侧向土压力。在水利、矿山、房屋建筑等工程中支挡结构主要用于加固山坡、基坑边坡和河流岸壁。当以上工程或其他岩土工程遇到滑坡、崩塌、岩堆体、落石、泥石流等不良地质灾害时，支挡结构主要用于加固或拦挡不良地质体，因此，支挡结构是岩土工程中的一个重要组成部分，具有极其重要的地位。同时，随着我国国民经济水平的提高与基础设施建设的不断发展，以及支挡结构技术水平的提高和减少环境破坏、节约用地观念的加强，支挡结构在岩土工程中的使用越来越广泛，特别是在铁路、公路路基及建筑基础工程中所占的比重也越来越大。可以说支挡结构是城市基础建设中确保山体稳定性和工程建筑物运营安全、造福于人类的重要工程措施。然而由于材料性能、施工质量、后期养护、土质条件、土体受力条件变化、排水、腐蚀效应、地震等一系列人为和自然灾害等因素的影响，加之支挡结构经长期服役后，材料性能老化，自然损伤的不断积累，会出现滑动、倾覆、不均匀沉降、开裂、剥落、腐蚀、伸缩缝位置错缝、锚固失效等各种病害和事故。一旦这些支挡结构失效或者破坏，人民群众的生命财产及国家的巨额基础设施将蒙受巨大的损失。

近年来建筑行业突发事故屡见不鲜，尤其是边坡的垮塌事故不断涌现（图 1.1）。

(a)   (b)

图 1.1　边坡的垮塌事故

Fig 1.1　Collapse accident of slope

2001年"5.1"重庆武隆滑坡使一幢9层楼房被摧毁掩埋，造成79人死亡、7人受伤的重大灾害（图1.2）。

这些事故均表明实际支挡结构内部存在着许多损伤，存在严重的健康问题。如果支挡结构的损伤不能被及时发现和得到有效的处理，不仅会影响支挡结构的正常运营，缩短支挡结构的使用寿命，严重的情况下甚至会发生支挡结构失效或者坍塌的灾难性事故。由于支挡结构损伤的出现往往都是局部的和渐变式发展的，因此，在加强施工管理和施工监理基础上，必须要定期地对支挡结构"健康"状况进行监测，及早发现损伤位置和损伤程度并进行有效的维护或者维修是

图 1.2　重庆武隆滑坡

Fig 1.2　Landslide in Chongqing Wulong

保证支挡结构健康运营的关键。但是，目前支挡结构的健康监测通常采用开孔或开槽取样验证等传统方法，这些传统方法存在工作效率低、不全面、破坏了结构本身的整体性、无量化的指标，且检测面小，仅限于个别抽查，难以适应大面积普查的需要等缺点，属于破坏性试验和局部损伤识别技术。正是由于支挡结构健康状况监测水平的落后，增加了对其病害进行评估和及时采取有力措施进行控制和补救的难度。因此，迫切需要一种简单、方便、快速、无损、有效的健康诊断方法及仪器，弥补以至取代传统的检测方法，以适应大规模工程施工及运行管理的需要，这对支挡结构的质量管理和健康状况的监控是非常必要和有意义的，具有重要的社会意义和经济价值。因此，如何对支挡结构进行检测和评估，以确定支挡结构是否存在损伤，进而判别损伤位置和损伤程度以及结构目前的健康状况、使用功能和结构损伤的变化趋势，成为岩土工程结构健康监测与安全评估系统研究的最主要问题。

结构健康监测系统是集结构监测、系统辨识和结构评估于一体的综合监测系统。Housner等人将结构健康监测系统定义为[1]：一种从营运状态的结构中获取并处理数据，评估结构的主要性能指标（如可靠性、耐久性等）的有效方法。它结合了无损检测和结构特性分析（包括结构响应），目的是为了诊断结构中是否有损伤发生，判断损伤的位置，估计损伤的程度以及损伤对结构将要造成的后果。

近年来，结构诊断理论与方法的研究取得了一定的进展，开发了各种基于频率、振型、振型曲率、应变振型等改变量的损伤检测和定位技术，在处理方法上探寻了MAC（模态保证标准）法、COMAC（坐标模态保证标准）法、柔度矩阵法、矩阵振动修正法、非线性迭代法等。目前，更多的研究者致力于采用智能

算法和先进信号分析来发展结构损伤诊断方法，例如神经网络方法、模糊数学方法、小波变换方法、Hilbert-Huang 变换方法和信息融合技术等。发展了包括可靠度理论、层次分析法、模糊理论、神经网络、遗传算法以及专家系统等结构状态评估方法，并且初步应用于结构健康监测系统中。

　　根据上述分析，支挡结构健康监测系统可以划分为在线测试、实时分析、损伤诊断、状态评估以及维护决策等五个部分（图 1.3），它具有如下功能[2,3]：①由传感器监测外荷载激励下支挡结构的动力响应信号；②能实现数据的同步采集、通过无线传输到测控中心，并对数据进行有效管理；③能对实测数据进行分析和处理，从而实现系统识别、有限元模型修正以及识别支挡结构的损伤位置和评估损伤程度等功能；④能对支挡结构的整体稳定性进行评价和预警等。可以看出，支挡结构健康监测系统涉及的研究领域众多，包括现代测试与传感技术、网络通信技术、信号分析与处理技术、数学理论和结构分析理论、损伤诊断与状态评估技术等。

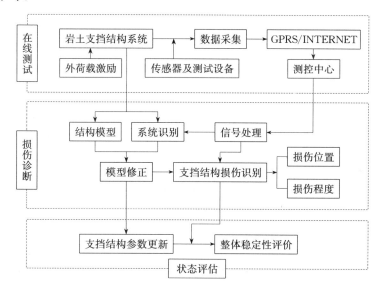

图 1.3　岩土支挡结构健康诊断系统

Fig 1.3　The health diagnosis system of geotechnical retaining structure

1.2　结构损伤诊断的研究与应用

1.2.1　结构损伤诊断概述

　　结构损伤诊断是结构健康监测领域具有挑战性的研究课题。结构损伤诊断这一概念的提出和发展，首先来自机械设备的故障诊断，它是在 20 世纪 60 年代初期因航天军工的需要而发展起来，以后又逐步扩展到其他领域。工程结构的常见损伤主要有结构内部缺陷（包括材质本身的内在缺陷、设计和制造（包括安装）不当产生的隐患）、疲劳裂纹、松弛和蠕变、失稳、腐蚀或磨损、泄露或渗漏。一般认为工程结构发生损伤就是与正常结构比较时，在某些方面产生了异常现象，这些现象表现在表征结构特性的各种特征参数上。结构的特性包括动态特性和静态特性、表面状态和形状大小等。结构损伤诊断即对结构进行检测与评估，以确定结构是否有损伤存在，进而判别损伤的位置和程度，以及结构当前的状况、使用功能和结构损伤的变化趋势等[4]。

传统的结构损伤诊断方法主要包括外观检查、无破损或微破损检测、现场荷载试验以及在特殊情况下进行抽样破坏性试验等。一般来说，传统检查的方法难以获得结构的全面信息，尤其是结构中的隐蔽部位，而且检查结果的准确程度往往依赖于检查者的工程经验和主观判断，难以对结构的安全储备及退化的途径做出系统的评估。随着现代科学技术的迅速发展，基于多学科交叉的各种现代损伤诊断技术也相继出现，其中包括局部损伤诊断技术和全局损伤诊断技术。局部损伤诊断技术主要用于探测结构的局部损伤，该技术包括利用染色渗透、x 射线、γ 射线、光干涉、超声波和电磁学监测等技术对结构的某些局部进行定期检查以及将传感器（如光纤传感器）固定在结构重要部件中进行远距离检测。局部损伤诊断技术能够直接识别损伤的存在及其位置，但到底在结构的哪一部分进行检查，还需要检测人员事先凭经验或目测来决定，因此一般只能检测结构表面或附近的损伤，难以对结构整体性能的退化进行预测预报，无法实现结构的实时健康监测和损伤诊断。为了解决大型复杂结构的损伤诊断问题，于是出现许多全局损伤诊断方法。全局损伤诊断技术采用一定的仪器设备对结构的一些指标量进行检测，从而了解结构整体上损伤发生的部位、程度等情况。近二十年来，随着信号处理技术、传感器技术、通信技术、测试技术和计算机技术的发展，提出了基于振动的损伤识别，属于全局损伤识别范畴，主要思想是基于结构模态参数直接反映结构动力特性，是结构物理参数的函数，而损伤主要表现为结构物理参数的变化，必然引起结构模态参数的变化。这一类损伤识别技术为解决大型复杂结构的整体损伤识别问题提供了新的思路，得到广泛应用。在第 15 届 IMAC 国际会议中会议的主题就是"利用振动测试进行结构损伤诊断"。在该次会议中，各国与会者提出了各种丰富多彩的损伤诊断理论和损伤诊断方法，损伤诊断的结构也从简单的悬臂梁、简支梁发展到板、空间桁架乃至跨海大桥、石油平台和高桩码头等大型复杂结构。

基于振动的损伤识别是结合多门学科的综合学科，1993 年 Rytte[5] 把结构损伤诊断目标分为四个阶段：①判定结构是否存在损伤；②确定结构的损伤位置；③评估结构损伤的严重程度；④预测结构的剩余使用寿命。随后，基于振动的损伤识别方法得到很大发展，方法种类繁多且相互之间存在联系，国内外研究方法的综合分类见图 1.4，针对本项目研究的内容，下面主要阐述基于频率的损伤识别技术、基于振型的损伤识别技术和基于遗传算法的损伤识别技术和小波变换等方法。

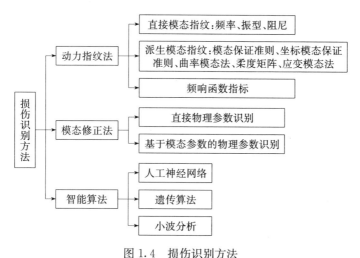

图 1.4 损伤识别方法

Fig 1.4 Damage identification methods

1.2.2 基于频率的损伤识别技术

由于频率在实验模态分析中是最容易被测量，且测试精度较振型的更高，因此，采用频率的变化来识别结构损伤最早被应用。1976 年 Adams 和 Cawley[6,7] 首先利用测试的频率进行结构损伤识别，通过频率对结构物理参数的灵敏度进行分析，当结构仅发生单处损伤识别，损伤前后任意两阶频率变化的比值是损伤位置的函数，但是对于结构对称位置产生相同损伤时效果是一致的，且对于多处损伤情况存在耦合现象，不适用于这两种情况；1990 年 Stubbs[8] 等通过对单元损伤指标的灵敏度分析，利用结构损伤灵敏度方法结合广义逆方法，成功进行了结构损伤的定位；1991 年 Heam[9] 等研究表明，当结构存在损伤时，将各阶频率变化值按最大变化值进行归一化处理以后，任意两阶频率变化的比值是结构损伤位置的函数，因此可以根据其来判定结构损伤位置；1993 年 Penny[10] 等通过数值模拟各种损伤工况下结构频率的变化值，然后依据最小二乘准则，拟合数值模拟频率变化和实测频率改变，拟合误差最小时的损伤工况即是结构的实际损伤状态；1994 年 Friswell[11] 等通过假定结构的先验模型，然后计算各种损伤工况下先验模型的前 n 阶频率变化量，获得 n^2 个结构频率的改变率，当忽略所有数据误差的影响时，对结构损伤位置识别是准确的。文献[12~15]从频率变化不同方面考虑，也均验证了频率变化对损伤位置的敏感性，且能大致评估结构损伤程度。

但 Salawu[16] 和郑栋梁[17] 先后对仅用频率的变化来识别结构损伤的效果进行讨论，表明仅仅用频率指标会出现较大的识别误差，一般应结合其他指标共同识别结构损伤。

1.2.3 基于振型的损伤识别技术

虽然振型的测试精度低于固有频率，但是振型包含了更多与结构状态有关的信息。相对于频率而言，振型的变化对损伤更为敏感，而且基于振型基础上的损伤识别可以方便地确定损伤的位置。West[18] 最早采用振型建立模态保证准则（MAC）来识别结构的损伤位置，MAC 表示结构损伤前后的振型数据的相关性水平，当 MAC＝1 时，表明结构未损伤，当结构损伤时，MAC≠1，且将振型数据进行分块，根据 MAC 的分块计算结果来确定结构的具体损伤位置；Yuen（1985 年）等[19] 分别定义了振型变化率、振型斜率的变化率两个指标，通过预测值与实测值比较来识别结构的损伤位置，表明只有在固定端至损伤处的区域才有明显变化；Pandey[20] 首先提出曲率模态对结构损伤非常敏感，将曲率模态的绝对变化量作为损伤识别指标，并成功地运用在梁式结构检测中，从此以后，曲率模态在各种结构类型的损伤识别中得到广泛的应用[21-33]；Salawn[21] 分别采用振型相对变化和振型曲率变化来识别结构损伤，表明振型曲率变化较振型相对变化更为敏感，振型相对变化只有在受损伤影响最大的 MAC 值时，识别的效果最好；刘义伦[22] 利用桥梁结构损伤前、后的模态曲率的相对变化量对三跨连续梁桥进行损伤识别；彭华[23] 从理论基础上证明了模态曲率差法对结构损伤识别是可行的，并以一标准梁进行了数值损伤识别验证；于菲[24] 结合振型差值曲率和 BP 神经网络确定结构的损伤位置，对一个四层海洋平台进行数值模拟和实验验证等；李国强[29] 以四边简支方形弹性薄板为研究对象，采用振型曲率方法对板的损伤检测进行了研究；游春华[30] 从板的内力和曲率的相互关系出发，提出采用模态曲率差法对弹性薄板进行损伤识别；文献［31-33］利用模态高斯曲率差来判断四边约束的弹性薄板损伤位置，并对板的损伤程度进行定性分析。

模态参数的变化直接引起模态柔度矩阵的改变，且 Raghavendrachar 和 Aktan[34] 对一个三跨混凝土桥梁进行损伤识别，验证了模态柔度矩阵对损伤的敏感性高于固有频率或振型，因此，基于结构模态柔度的损伤识别方法引起了学者的注意。Pandey 和 Biswas[35] 应用柔度的改变量作为识别指标进行了结构的损伤识别，取得了较好的效果；Ko J. M.[36] 和杨华[37] 采用柔度变化率分别对桥梁结构和悬臂梁结构进行损伤识别；姚京川[38] 提出采用模态柔度曲率改变率对简支梁和连续梁进行损伤识别；曹晖[39,40] 提出基于模态柔度曲率差的损伤识别方法，并成功在框架结构、简支梁和连续梁结构中得到应用；李永梅[41,42]、李胡生[43] 和肖调生[44] 分别采用不同方法计算结构模态柔度差曲率，并将其运用在不同约束条件的梁结构损伤识别中，通过数值模拟证明了识别效果很好。

1.2.4　基于遗传算法的损伤识别技术

由于遗传算法能够同时对搜索空间中的多个解进行评估，具有全局搜索性能和并行搜索能力，算法效率高，因此能够很好地应用于结构损伤识别领域。国内外许多学者利用遗传算法进行了结构的损伤识别和诊断研究[45-64]。

Mares 等[45]较早引入遗传算法进行结构的损伤识别研究，基于模态分析角度，构造了基于二进制编码方案的残余力向量法目标函数，通过一桁架结构数值算例验证了遗传算法的可行性，并且可以同时识别出结构的损伤位置和损伤程度，避免了传统损伤识别方法需要先识别出结构的损伤位置，然后再识别损伤程度的不足；袁颖[46,47]提出了一种基于残余力向量法和改进遗传算法相结合的结构损伤识别方法，将遗传算法中的编码方式采用浮点数编码，以节点的残余力向量构造用于遗传搜索优化的目标函数形式，利用改进的遗传算法进行了噪声条件下的结构损伤定位和定量研究；Chiang 和 Lai 等[48]提出一种两阶段损伤识别方法，首先利用模态残余力确定结构损伤的可能位置，然后根据目标函数利用遗传算法最优化求解确定损伤位置的实际损伤程度；Chou 等[49]利用少数几个测试点的静力位移计算值与实测值的误差构造了目标函数，采用遗传算法进行最优化求解，并通过一五跨桁架桥的数值算例验证了方法的有效性。Perera[50]基于频率和振型建立了残余力和 MAC 值两个目标函数，采用遗传算法同时搜索到结构的损伤位置和损伤程度，并通过一简支梁的数值试验验证了该方法的适用性；Titurus 和 Friswell 等[51,52]系统研究了遗传算法在有限元模型修正和损伤诊断中的应用。Koh 和 Dyke[53]基于综合 MDLAC 指标的遗传算法对结构多处损伤位置和损伤程度进行识别；Meruane[54]基于模态特性和实数编码的混合遗传算法对三维空间桁架结构进行损伤识别；Nobahari[55]基于综合 MDLAC 指标和改进遗传算法分别对悬臂梁结构和桁架结构进行损伤识别；Liu[56]采用频率改变率和MAC 指标值构造多目标函数，基于遗传算法优化求解对简支梁结构进行损伤识别；尹涛[57]在传统遗传算法的变异算子里引入零变异率因子，使种群中时刻保持一定数量的零值元素，即相当于结构的损伤只是发生在局部，这个信息约束了传统的遗传算法，对框架结构进行损伤定位；陈存恩[58]提出一种结合灵敏度修正的遗传算法对一四层平面框架结构进行损伤诊断等。

然而，基于遗传算法的结构损伤识别精度，很大程度取决于目标函数的确定和算法的性能，为了提高遗传算法的性能，作者提出了针对挡土墙系统多自由度体系的改进多种群遗传算法进行损伤识别，为了减少每次识别参数的数量，将挡土墙系统分区进行识别。

1.2.5 基于小波分析的结构损伤识别技术

近年来，小波变换作为信号处理的一种手段，逐渐引起了各个领域研究人员的关注和重视，已经成为一个新的数学分支。传统的傅里叶变换属于一种纯频域的分析方法，反映的是整个信号在全部时间下的整体频域特征，不能提供任何局部时间段上的频率信息，即无时域分辨能力。基于小波变换的小波分析利用一个可以伸缩和平移的可变视窗能够聚焦到信号的任意细节进行时频域处理，既可看到信号的全貌，又可分析信号的细节，并且可以保留数据的瞬时特性。小波变换在时域和频域都具有表征信号局部特征的能力，非常适合于识别正常信号和异常信号之间的细微差别。

20世纪80年代开始，国外学者开展了小波变换在结构损伤诊断领域中的应用研究，取得了一定的研究成果。国内学者研究起步稍晚，先是从机械和航天器故障诊断领域研究开始，而后伴随着大型土木工程结构健康监测系统研究的兴起才开始在土木工程领域中展开研究，大约从20世纪90年代开始发表了一些研究成果。结构损伤诊断中可以直接利用小波变换方法，也可以将小波变换与其他方法联合使用。根据输入的结构响应不同，直接利用小波变换的结构损伤诊断方法分为两种：①基于时域响应的分析方法；②基于空间域响应的分析方法。基于时域响应的分析方法是把现场测试得到的以时间为坐标的结构响应进行小波变换进行损伤诊断的方法，分为三种：①利用时域分解图的奇异点的方法；②利用小波系数变化的方法；③利用小波包分解后频带能量变化的方法。基于空间域响应的分析方法是以结构空间分布反应（如位移、模态振型等）进行小波分解，通过寻找空间坐标上的奇异点来实现损伤定位的方法。

1. 基于时域响应的分析方法

（1）利用时域分解图的奇异点的方法

结构发生损伤后，振动特性表现出非线性，造成其固有频率和刚度的改变，进而使得结构的动力响应发生变化。线性和非线性系统动力特性的主要差别之一是非线性系统具有高次谐波和亚谐波。利用小波变换分析结构损伤前后的时域响应，可以确定诸如高次谐波、亚谐波以及混沌现象等系统响应的动力学特性，进而通过时域分解图上的奇异点确定损伤发生的时刻。

最早使用这种方法的是 Al-khalidy 等[95,96]。他们研究了单自由度线性弹簧质量减振器模型，小波变换的结果可以准确捕捉到结构损伤发生的时刻。Hou等[97]分别利用含有破损弹簧的简单结构数值模型和地震作用下实际结构的响应信息研究了这种方法，效果良好。此外，Hou 等[98,99]又分别在三个自由度的模型、板和结构健康监测的 Benchmark 模型上做了数值验证。结果显示，在损伤发生时刻的临近时域内时域信号的小波分解图出现奇异点。李洪亮、董亮、吕西林[100]通过三层钢筋混凝土框架模型模拟地震振动台试验，获得结构各层的位移时程响应信号，然后做小波分解，通过观察信号在大尺度下是否有明显的幅值增强来判断是否发生损伤，效果良好。郭健、孙炳南[101]提出把响应信号用高阶小波函数分解，再用低阶小波函数重构，利用定义的损伤指示系数是否超限来判定是否发生损伤，并在一个两跨连续梁数值算例中得到了验证。

虽然这种方法的研究取得了一定的成果，但是还有一些局限性：①利用这种方法进行结构损伤诊断，一般需要在线、长时间观测，因为响应信号必须包括损伤发生时刻的信号。②数值算例和模型试验验证这种方法对于突然发生的损伤是有效的，但是对于累计损伤效果不好。在实际土木工程大型结构中，占绝大多数的损伤形式是累计损伤，包括疲劳和腐蚀。如何解决渐次累计损伤的识别问题是这种方法得以应用的主要障碍之一。③大多数数值算例都是在线弹性范围内模拟的，但是对于大型土木工程结构来说，强震作用下弹塑性破坏如何识别是一个必须考虑的问题。而这种方法对实际结构的弹塑性破坏还无能为力。

（2）利用小波系数变化的方法

结构时域响应经过小波分解后可以得到小波系数在时—频域上的轮廓图。结构发生损伤将导致小波系数轮廓图的改变，因此比较损伤前后小波系数轮廓图的改变是识别结构损伤的简单有效的方法。

Surace[102]首先研究了这种方法，在一个简单的悬臂梁上模拟单裂缝损伤，结果显示，小波系数轮廓图随裂缝的开合有明显的变化。Melhem等[103]和Kim等[104]分别在两种混凝土结构足尺模型—①波特兰水泥混凝土人行道台阶和②简支预应力混凝土梁，施加循环疲劳荷载，对响应进行小波分解，结果显示：模型①的自振频率不随裂缝数量的增加连续变化，而小波分解后得到的小波系数轮廓图不但在损伤前和损伤后有明显不同，而且随损伤的发展连续变化；对模型②的响应分别做傅里叶分解和小波分解，小波分解结果显示损伤后特殊频率成分的存在。这验证了小波变换更适合非稳态信号的处理。

（3）利用小波包分解后频带能量变化的方法

这种方法一般是利用小波包分解得到结构动力响应的小波包能量谱，利用结构损伤前后小波包能量谱的变化实现结构损伤识别。其基本原理是：结构损伤将导致结构物理特性（质量、刚度和阻尼）的变化，这种变化将导致结构模态参数（例如振动频率、振型和模态阻尼）的变化和结构传递函数的变化，不同频率的幅频特性和相频特性将会有不同的改变，从幅频特性来说，主要表现在不同频率段的输入信号有不同的抑制和增强作用。当用一个含有丰富频率成分的信号作为输入对结构进行激励时，由于损伤对各频率成分起抑制作用，而对另一些频率成分起增强作用，因此结构的输出与正常输出相比，相同频带内信号能量会有差别，它使某些频带内信号能量减少，而使另外一些频带内能量增大，因此在各频率成分信号的能量中包含着丰富的损伤信息。小波包分析能将信号分解到代表不同频带的水平上，通过提取各水平信号的能量值组成特征参数组，反映结构损伤的特征。

Yan 和 Yam[105,106]对一个四边简支的复合材料层合板的破裂损伤进行了损伤识别研究，他们利用数值模拟的结果来训练网络，用试验数据来识别损伤，得到了较为满意的结果。但他们的研究仅布置了一个测点，且试验结果较为简单，对于复合材料板结构的损伤识别具有较大意义。Sun 和 Chang[107,108]利用小波包能量谱作为人工神经网络的输入，对一个连续梁桥进行了损伤识别数值模拟，并分析了测量噪声对损伤识别结果的影响，取得较好的识别效果。

上述的研究成果多为数值模拟研究，缺乏系统的理论、方法和试验研究。为了使小波包能量谱能应用于大型工程结构的健康监测与损伤诊断，需要从理论上研究小波包能量谱应用于结构损伤诊断的合理性和有效性，并在此基础上提出合理、有效的结构损伤诊断方法。从理论分析的角度重点需要解决以下三个问题：①小波包能量谱能够敏感地表征结构损伤的原因；②小波包分解究竟到哪个分析尺度上所形成的能量谱最能敏感地表征结构的损伤；③观测噪声对结构动力响应的小波包能量谱存在何种影响，以及如何有效地消除观测噪声的影响。从实际应用的角度重点需要解决以下三个问题：①研究具有良好损伤敏感性和噪声鲁棒性的结构损伤指标；②研究环境激励下基于小波包能量谱的结构损伤诊断方法；③研究大型复杂结构基于小波包能量谱的结构损伤诊断方法，最终应用于实际结构的健康监测系统中。

2. 基于空间域响应的分析方法

小波变换对于输入的要求是非常宽泛的，将前面提到的时域信号的时间轴换成表示空间位置的空间坐标轴，也就是以空间域响应作为输入进行小波变换，也可以达到损伤诊断的效果。基于时域响应的分析方法旨在发现损伤发生的时刻，而基于空间域响应的分析方法根据小波分解后得到的图形的奇异点来确定发生损伤的位置。

Liew 和 Wang[109]首先将基于空间域响应的分析方法用于含有裂缝的结构的损伤定位。他们在含有横向边缘裂缝的简支梁上沿梁长度方向施加快速移动荷载，同时采集沿梁高度方向的位移响应，然后将其做小波变换，从得到的图形上可以明显看出在裂缝位置附近有奇异点。Wang 和 Deng[110]以及 Wang[111]等分别在含有横向裂缝的梁和含有沿厚度方向裂缝的板上采用数值模拟的方法验证了这种方法的可行性。结果显示，裂缝导致结构的位移响应特性发生变化，经小波变换后这种变化会被放大。他们还研究了沿结构布置的空间位置采集点个数变化（从 1024 到 62 个点）对结果的影响，发现测点少于 15 个时无法实现损伤定位。Hong 等[112]把模态振型进行连续小波变换，然后利用 Lipschitz 指数来判断损伤发生的位置。Lipschitz 指数通常被用来表征函数的区域规则性，而损伤会导致连续小波变换得到的系数最大值在靠近损伤位置处发生突变。结果显示 Lipschitz 指数不仅能够准确定位损伤的位置，而且能够评价损伤的程度，对一个带损伤的梁的实验模态分析也验证了这一点。

采用基于空间域响应的小波变换方法进行损伤定位，有一个关键问题必须考虑：响应采集点的个数。响应采集点太少，就不能使得到的空间域响应连成光滑曲线，也就无法通过小波变换之后得到的图形的奇异点来确定损伤位置。对于大型复杂土木工程结构来说，布置大量位移测点长时间在线监测不仅将增大运营成本，而且有时因为结构尺度的限制无法实现。

综上所述，从目前已有的研究成果看，利用小波变换进行结构损伤诊断主要是识别损伤的存在和损伤位置，并且大多数研究仅限于弹簧模型、梁和板等简单结构形式。另一方面，大多数文献都偏重介绍损伤信号的小波变换结果，而缺乏理论上的有力支持，真正实现理论性地研究小波变换与结构损伤之间关系的文献极少。这实际上反映出小波变换方法的活力，它正等待人们不断地认识和研究。同时也反映了对小波变换不能只进行简单的数据分析，要重点揭示其应用的理论基础，加强分析其工程意义，并和大型工程结构的损伤诊断实践相结合。

1.3　远程监控系统研究现状

远程监控系统有两种类型，一种是生产现场没有现场监控系统，而是通过一个数据采集终端将数据采集后通过 Internet 等网络送到远程计算机进行处理，这种远程监控与一般的现场监控没有多大的区别，只是数据传输距离比现场监控系统要远，其他部分则和现场监控系统相同；另一种是现场监控与远程监控并存。一般是采用现场总线技术将分布于各个设备的传感器、监控设备等连接起来，有基于 CAN 总线技术的监控系统。监控系统主要分为三种监控方式，一是基于专线的远程监控，其成本高，需要为远程控制铺设专门的线路，建设周期长，铺设线路受到地理环境的影响，两端（监控端和被监控端的设备）不容易移动，资源浪费严重。但是由于采用的是专门的线路，所以如果选择好的传输介质，传输的质量和效率都很高，实时性也能达到最好，安全性和保密性的问题也同时得到解决。所以一些对实时性、安全性、保密性要求苛刻的远程控制，而成本又不是考虑的主要因素，专线无疑是最好的选择。二是基于公用电话网的远程监控，公用电话网采用的是电路交换技术，因而占用一条公用线，就相当于占用了一条专用通路。由于没有线路的建设周期，所以整个建设周期必然缩短。由于现在大部分电话网采用的是时分多路复用技术（TDM）。传输速度受到一定的影响、误码率也比较高、线路可靠性差、实时性也不好。三是基于无线的远程监控，建立时无需布线，节省了布线开支，受到地理条件的影响小。监控终端可以随意移动。无线传输基本采用现在先进的 GSM 和 GPRS 方式。

GPRS 是 GSM Phase2.1 规范实现的内容之一，能提供比现有 GSM 网 9.6kbit/s 更高的数据率。GPRS 采用与 GSM 相同的频段、频带宽度、突发结构、无线调制标准、跳频规则以及相同的 TDMA 帧结构，特别适用于间断地、突发性地、频繁地、少量的数据传输，也适用于偶尔的大数据量传输，具有"实时在线"、"按量计费"、"快捷登录"、"高速传输"、"自如切换"等优点。目前，GPRS 应用的行业非常广泛，包括电力监测监控与抄表数据传输、远程监控和远程数据采集、远程故障诊断、无人值班工程遥测、遥控等。

2 模态分析基本理论

模态分析实质上是一种坐标变换，其目的在于把原物理坐标系统中描述的相应向量，转换到"模态坐标系统"中来描述，模态试验就是通过对结构或部件的试验数据的处理和分析，寻求其"模态参数"。主要应用有：

（1）用于振动测量和结构动力学分析。可测得比较精确的固有频率、模态振型、模态阻尼、模态质量和模态刚度。

（2）可用模态试验结果去指导有限元理论模型的修正，使理论模型更趋完善和合理。

（3）用模态试验建立一个部件的数学模型，然后再将其组合到完整的结构中去。这通常称为"子结构方法"。

（4）用来进行结构动力学修改、灵敏度分析和反问题的计算。

（5）用来进行响应计算和载荷识别。由于理论模型计算很难得到模态阻尼，因而进行响应计算结果往往不理想。利用模态试验结果进行响应计算则无此弊端。

模态分析技术涉及的内容可以概括为三个方面：模态理论、动态测试技术和参数识别。模态理论是模态分析的基础，传统的模态理论包括实模态和复模态理论，其模态矢量分别为实矢量和复矢量。无阻尼和比例阻尼系统属于实模态系统，而结构阻尼和一般黏性阻尼系统属于复模态系统。无论是实模态还是复模态，模态理论的实质都是一种坐标变换过程[121-124]，即将模态作为 Ritz 基，把结构的动力学方程解耦为一系列单自由度动力学方程的组合，从而为理论分析和实验研究带来极大方便。研究方法有坐标变换法与拉氏变换法。坐标变换法只适用于简谐激励的情形，它能给出各种模型及参数的明确物理意义。拉氏变换法非常简明，且适用于一般激励情形，但物理意义不如前者明确。

2.1 振动结构的物理参数模型

振动结构的物理参数模型，即以质量、阻尼、刚度为参数的关于位移的振动微分方程。绝大多数的振动结构可以离散成为有限个自由度的多自由度系统。对 N 自由度的振动系统，可用 N 阶矩阵振动微分方程对其进行描述：

$$M\ddot{x} + C\dot{x} + Kx = f(x) \qquad (2.1)$$

其中 M、C、K 分别为结构的质量、阻尼和刚度矩阵；$f(x)$ 为 N 维激振力向量；x、$\dot{x}$、$\ddot{x}$ 分别为 N 维位移、速度、加速度响应向量。通常 M 及 K 矩阵为实系数对称矩阵。当阻尼为比例阻尼时，阻尼矩阵 C 为对称矩阵。M、C、K 均为 $N \times N$ 阶矩阵。

2.2 振动结构系统的实模态分析

模态分析实质上是一种坐标变换，其目的在于把原物理坐标系统中描述的相应向量，转换到"模态坐标系统"中来描述，从数学上来讲是特征值问题，即求得特征对（特征值和特征矢量），进而得到模态参数模型，即系统的模态频率、模态矢量、模态阻尼比、模态质量、模态刚度、模态阻尼等参数。

坐标变换法的基础是求解系统特征值问题。在系统强迫振动微分方程中令激励为零，得齐次方程。设特解 $x = \varphi e^{\lambda t}$，代入齐次方程，归结为数学上的一个特征值问题。这一特征值问题与一个特定的振动系统相联系，反映了系统的固有特性。特征值与模态频率和模态阻尼相联系（不一定就是模态频率），特征矢量与模态矢量相联系（不一定就是模态矢量）。所有独立的特征矢量构成矢量空间的完备正交基，这一矢量空间称为模态空间。特征矢量具有特定的加权正交性，以其按列组合构成的特征矢量矩阵为变换矩阵，可将物理空间和模态空间相联系，在模态坐标系中可将系统的振动方程解耦，进而求得物理坐标中的响应，频响函数和脉冲响应函数也随之而得。

对无阻尼和比例阻尼系统，表示系统主振型的模态矢量是实数矢量，故称实模态系统，相应的模态分析过程称为实模态分析。

2.2.1 无阻尼系统的模态分析

1. 振动的特征值问题

对于保守系统（无阻尼系统），$C = 0$，则振动系统的微分方程变为：

$$M\ddot{x} + Kx = f(t) \tag{2.2}$$

当外加激励 $f(t) = 0$ 时，即自由振动情况，可得方程（2.2）对应的齐次线性微分方程：

$$M\ddot{x} + Kx = 0 \tag{2.3}$$

设解：

$$x = \varphi e^{j\omega t} \tag{2.4}$$

其中 φ 为自由响应的幅值列阵，N 阶。将它代入式（2.3）可把矩阵微分方程转化为矩阵代数方程得：

$$(K - \omega^2 M)\varphi = 0 \tag{2.5}$$

上式可化为特征值问题形式：

$$K\varphi = \omega^2 M\varphi \qquad (2.6)$$

ω 为特征值，φ 为特征矢量。特征方程为：

$$|K - \omega^2 M| = 0 \qquad (2.7)$$

假设没有重根，可得 ω 的 N 个互异的正根 $\omega_{0i}(i=1,2,\cdots,N)$，分别为振动系统的第 i 阶主频率 ω_{0i}（模态频率），此时对应无阻尼振动系统，主频率即为固有频率。

将每个 $\omega_{0i}(i=1,2,\cdots,N)$ 代入式（2.6），可解得 N 个线性无关的非零矢量 φ 的比例解，按一定的方法进行归一化后，成为主振型（模态振型、模态矢量或模态），对应无阻尼振动系统，即为固有振型。此时为实矢量：

$$\varphi_i = [\varphi_{1i}, \varphi_{2i}, \cdots, \varphi_{Ni}]^T \qquad (i=1,2,\cdots,N)$$

特征值和特征矢量称为振动系统的特征对。将 N 个特征矢量 φ 按列排列成一个 $N \times N$ 阶矩阵，$\varphi = [\varphi_1, \varphi_2, \cdots, \varphi_N]$ 称为系统的特征矢量矩阵，由于是实矢量，特征矢量矩阵就是模态矩阵或振型矩阵。

2. 特征矢量的正交性

特征矢量有如下的特性：

$$\varphi_k^T M \varphi_i = \begin{cases} 0 & i \neq k \\ m_i & i = k \end{cases} \qquad (i,k=1,2,\cdots,N) \qquad (2.8)$$

$$\varphi_k^T K \varphi_i = \begin{cases} 0 & i \neq k \\ k_i & i = k \end{cases} \qquad (i,k=1,2,\cdots,N) \qquad (2.9)$$

式（2.8）表明，第 k 阶模态惯性力在第 i 阶模态运动中做功为零；式（2.9）表明第 k 阶模态弹性力在第 i 阶模态运动中做功为零。即各阶运动之间不发生能量交换，但每阶模态运动的能量（动能与势能）是守恒的，这一性质称为特征矢量关于 **M**、**K** 的加权正交性。

$$\varphi_k^T M \varphi_i = \mathrm{diag}[m_i] \quad \varphi_k^T K \varphi_i = \mathrm{diag}[k_i] \quad \Lambda = \mathrm{diag}[\omega_{0i}^2]$$

以上三式分别称为模态（主）质量矩阵、模态（主）刚度矩阵、谱矩阵。

3. 实模态坐标系中的自由响应

根据特征矢量的正交性，N 个线性无关的特征矢量 φ_i 构成一个 N 维矢量空间的完备正交基，称这一 N 维空间为模态空间或模态坐标系。设物理坐标系中矢量 x 在模态坐标系中的坐标为 $y_i(i=1,2,\cdots,N)$，则：

$$x = \sum_{i=1}^{N} \varphi_i y_i = \varphi y \qquad (2.10)$$

将式（2.10）代入式（2.2），并左乘 φ^T，注意模态矢量的正交性式（2.8）和式（2.9），并假设模态矢量关于阻尼矩阵 **C** 同样具有类似的正交性（比例阻尼情况），则

$$\mathrm{diag}[m_i]\ddot{y} + \mathrm{diag}[k_i]y = \varphi^{\mathrm{T}}f(t) \tag{2.11}$$

可见，在模态坐标系中，无阻尼自由振动方程变成一组解耦的振动微分方程。写成正则形式：

$$\ddot{y} + \mathrm{diag}[\omega_{0i}^2]y = 0$$

得模态坐标系中的自由响应：

$$y_i = Y_i \sin(\omega_{0i}t + \theta_i)$$

Y_i、θ_i 为与初始条件有关的常量。

4. 物理坐标系中的自由响应

物理坐标系中的自由响应为：

$$x = \sum_{i=1}^{n} \varphi_i Y_i \sin(\omega_{0i}t + \theta_i) = \sum_{i=1}^{n} D_i \sin(\omega_{0i}t + \theta_i) \tag{2.12}$$

$$x_{ki} = D_{ki}\sin(\omega_{0i}t + \theta_i) \tag{2.13}$$

在第 i 个主振动中，θ_i 为与初始条件有关的常值，与物理坐标 k 无关，所以，在每个主振动中各物理坐标 x_{ki} 的初始相位角 θ_i 相同，各物理坐标振动的相位角不是同相就是反相，即同时到达平衡位置和最大位置。这说明，无阻尼振动系统的主振型具有模态（振型）保持性或"驻波形式"，这是实模态系统的模态特征。

2.2.2 比例阻尼系统

在模态坐标系中，原 N 阶矩阵的多自由度运动微分方程通过模态分析（坐标变换）被解耦为 N 个独立的单自由度系统的运动微分方程组，从而简化了计算，使求解更加方便。这就是模态分析的强大力量所在，也是被广泛应用于结构动力分析的原因。

对于振动微分方程：$M\ddot{x} + C\dot{x} + Kx = f(t)$，当 $[C] = \alpha[M] + \beta[K]$ 时，为黏性比例阻尼系统。

对于自由振动：$M\ddot{x} + C\dot{x} + Kx = 0$，设特解为 $x = \varphi e^{\lambda t}$，特征方程为：

$$|\lambda^2 M + \lambda C + K| = 0 \tag{2.14}$$

设无重根，解得 $2n$ 个共扼对形式的互异特征值：

$$\lambda_i = -\sigma_i + j\omega_{di} \qquad \lambda_i^* = -\sigma_i - j\omega_{di} \qquad i = 1, 2, \cdots, n$$

$$|\lambda_i| = |\lambda_i^*| = \sqrt{\sigma_i^2 + \omega_{di}^2} \qquad i = 1, 2, \cdots, n \tag{2.15}$$

σ_i 为衰减系数，ω_{di} 为阻尼固有频率，λ_i 的模等于无阻尼固有频率，可见 λ_i 反映了系统的固有特性，且具有频率量纲，称为复频率。

同样有 $2n$ 个共扼对形式的互异特征向量，n 个独立的特征矢量构成模态矩阵。

由于 C 可对角化，特征矢量为实矢量（或模态矩阵），它不仅具有关于 M、K 的正交性，还关于黏性比例阻尼矩阵 C 加权正交，即：

$$\varphi^{\mathrm{T}}C\varphi = \mathrm{diag}[\alpha m_i + \beta k_i] = \mathrm{diag}[c_i] \tag{2.16}$$

实模态坐标系中的自由响应为：

$$y_i = Y_i \mathrm{e}^{-\sigma_i t}\sin(\omega_{\mathrm{d}i}t + \theta_i) \tag{2.17}$$

Y_i、θ_i 为与初始条件有关的常量。

在物理坐标系中的自由响应为：

$$x = \sum_{i=1}^{n}\varphi_i Y_i \mathrm{e}^{-\sigma_i t}\sin(\omega_{\mathrm{d}i}t + \theta_i) = \sum_{i=1}^{n}D_i \mathrm{e}^{-\sigma_i t}\sin(\omega_{\mathrm{d}i}t + \theta_i) \tag{2.18}$$

如果系统以某阶阻尼固有频率 $\omega_{\mathrm{d}i}$ 振动，则振动规律为

$$x_i = D_i \mathrm{e}^{-\sigma_i t}\sin(\omega_{\mathrm{d}i}t + \theta_i)$$

此即黏性比例阻尼系统的主振动，振动形态为 $D_i \propto \varphi_i$，所以主振型反映了系统主振动的形态。且系统在第 i 阶主振动中，各物理坐标作自由衰减振动的初相位相同，与无阻尼振动系统相同，黏性比例阻尼系统亦具有模态保持性。

2.3 一般阻尼系统的复模态分析

对于非保守振动系统（一般黏性阻尼和一般结构阻尼系统），称复模态系统，有关的模态分析基本理论称为复模态分析。

2.3.1 单自由度系统

单自由度振动系统的物理参数模型：

$$m\ddot{x} + c\dot{x} + kx = f(t) \tag{2.19}$$

对于自由振动：

$$m\ddot{x} + c\dot{x} + kx = 0 \tag{2.20}$$

系统特征方程为：

$$m\lambda^2 + c\lambda + k = 0 \tag{2.21}$$

特征值：

$$\lambda_{1,2} = -\sigma \pm j\omega_{\mathrm{d}} = -\frac{c}{2m} \pm \sqrt{\left(\frac{c}{2m}\right)^2 - \frac{k}{m}} \tag{2.22}$$

临界阻尼 c_c：当 $\lambda_{1,2}$ 为实根时，系统不产生振动，$\left(\frac{c}{2m}\right)^2 - \frac{k}{m} \geqslant 0$，

$$c \geqslant c_c = 2m\sqrt{k/m}$$

阻尼比：$\zeta = c/c_c$；

系统按阻尼值的大小可以分成过阻尼系统（$\zeta > 1$）、临界阻尼系统（$\zeta = 1$）和欠阻尼系统（$\zeta < 1$）。过阻尼系统的响应只含有衰减成分，没有振荡趋势。欠阻尼系统的响应是一种衰减振荡，而临界阻尼系统则是过阻尼系统与欠阻尼系统

之间的一种分界。实际系统的阻尼比很少有大于 10%的，除非这些系统含有很强的阻尼机制。

在欠阻尼情况下，系统特征值是两个共轭复根，其中 σ 为衰减系数（阻尼因子），ω_d 为阻尼固有频率。$|\lambda_{1,2}|=\omega_0$，此时系统特征值 $\lambda_{1,2}$ 也称为复频率。

无阻尼固有频率 ω_0：当 $c=0$，即为保守系统时，$\lambda_{1,2}=j\sqrt{k/m}=j\omega_0$。

自由振动响应：$x=A\mathrm{e}^{-\sigma t}\sin(\omega_d t+\theta)$

式中 A、θ 为由初始条件确定的常数。

2.3.2 多自由度系统

可采用状态空间理论进行分析，引入辅助方程，式（2.23）的第二式：

$$\begin{cases} M\ddot{x}+C\dot{x}+Kx=f(t) \\ M\dot{x}-M\dot{x}=0 \end{cases} \Rightarrow \tag{2.23}$$

$$P\dot{x}'+Qx'=f'(t) \tag{2.24}$$

其中 $x'=\begin{bmatrix} x \\ \dot{x} \end{bmatrix}$，为 $2n$ 阶状态变量，$f'(t)=\begin{bmatrix} f(t) \\ 0 \end{bmatrix}$，$2n$ 阶；

$P=\begin{bmatrix} C & M \\ M & 0 \end{bmatrix} 2n\times 2n$ 阶，对称矩阵，正定；

$Q=\begin{bmatrix} K & 0 \\ 0 & -M \end{bmatrix} 2n\times 2n$ 阶，对称矩阵，正定或半正定；

式（2.24）称为系统的状态空间方程，由 $2n$ 个一阶线性微分方程组成。

1. 特征值问题

$$f'(t)=0 \Rightarrow P\dot{x}'+Qx'=0 \tag{2.25}$$

设特解为：$x'=\varphi'\mathrm{e}^{\lambda x}$ 代入上式：$(\lambda P+Q)\varphi'=0$

特征方程：$\qquad |\lambda P+Q|=0 \tag{2.26}$

有 $2n$ 个以共轭对出现的互异复特征值 λ_i、λ_i^*，又称复频率：

$$\lambda_i=-\sigma_{mi}+j\omega_{mdi} \qquad \lambda_i^*=-\sigma_{mi}-j\omega_{mdi} \qquad i=1,2,\cdots,n$$

$2n$ 个共扼复特征矢量 φ_i'、$\varphi_i'^*$：

$$\varphi_i'=\begin{bmatrix} \varphi_i \\ \lambda_i\varphi_i \end{bmatrix}, \quad \varphi_i'^*=\begin{bmatrix} \varphi_i^* \\ \lambda_i^*\varphi_i^* \end{bmatrix}$$

φ_i'、$\varphi_i'^*$ 为状态空间方程的特征矢量（n 维），其中 φ_i、φ_i^* 为振动微分方程的特征向量，也即系统的模态矢量（n 维），构造坐标变换矩阵：

$$\varphi'=\begin{bmatrix} \varphi_1' & \varphi_2' & \cdots & \varphi_n' & \varphi_1'^* & \varphi_2'^* & \cdots \varphi_n'^* \end{bmatrix}=\begin{bmatrix} \varphi & \varphi^* \\ \Lambda\varphi & \Lambda^*\varphi^* \end{bmatrix} \tag{2.27}$$

$$\Lambda=\mathrm{diag}[\lambda_i], \quad \Lambda^*=\mathrm{diag}[\lambda_i^*]$$

φ 为复模态矩阵，Λ 为谱矩阵或复频率矩阵，φ' 为特征矢量矩阵。

2. 复特征矢量的正交性

特征矢量 φ' 关于 P、Q 加权正交：

$$\varphi'^{\mathrm{T}} P \varphi' = [a_i, a_i^*] \qquad \varphi'^{\mathrm{T}} Q \varphi' = [b_i, b_i^*] \qquad (2.28)$$

$$\lambda_i = -\frac{b_i}{a_i}、\qquad \lambda_i^* = -\frac{b_i^*}{a_i^*} \qquad (2.29)$$

定义复模态质量 m_{mi}、k_{mi}、c_{mi} 如下：

$$\left. \begin{array}{l} m_{mi} = \varphi_i^H M \varphi_i \\ k_{mi} = \varphi_i^H K \varphi_i \\ c_{mi} = \varphi_i^H C \varphi_i \end{array} \right\} \quad i = 1, 2, \cdots, n \qquad (2.30)$$

定义复模态阻尼衰减系数：$\sigma_{mi} = \dfrac{c_{mi}}{2m_{mi}}$

定义复模态固有频率：$\omega_{mi} = \sqrt{\dfrac{k_{mi}}{m_{mi}}}$

定义复模态阻尼固有频率（特征频率）ω_{mdi} 及复模态阻尼比 ζ_{mi} 分别为：

$$\omega_{mdi} = \sqrt{\omega_{mi}^2 - \sigma_{mi}^2} = \omega_{mi}\sqrt{1 - \zeta_{mi}^2}$$

$$\zeta_{mi} = \frac{\sigma_{mi}}{\omega_{mi}}$$

则复频率：

$$\begin{cases} \lambda_i = -\sigma_{mi} + j\omega_{mdi} = -\zeta_{mi}\omega_{mi} + j\omega_{mi}\sqrt{1 - \zeta_{mi}^2} \\ \lambda_i^* = -\sigma_{mi} - j\omega_{mdi} = -\zeta_{mi}\omega_{mi} - j\omega_{mi}\sqrt{1 - \zeta_{mi}^2} \end{cases} \qquad (2.31)$$

这就是一般黏性阻尼系统复频率的物理意义。

3. 物理坐标系中的自由响应

由复矢量空间与状态空间的变换关系，可得：

$$x = \sum_{i=1}^{n} T_i e^{-\sigma_{mi}t} (\varphi_i e^{j(\omega_{mdi}t + \theta_i)} + \varphi_i^* e^{j(\omega_{mdi}t + \theta_i)}) \qquad (2.32)$$

设 $\varphi_{ki} = \eta_{ki} e^{j\gamma_{ki}}$，$\varphi_{ki}^* = \eta_{ki} e^{-j\gamma_{ki}}$ $\qquad i = 1, 2, \cdots, n$

$$x_{ki} = 2T_i \eta_{ki} e^{-\sigma_{mi}t} \cos(\omega_{mdi}t + \theta + \gamma_{ki}) \qquad (i, k = 1, 2, \cdots, n) \qquad (2.33)$$

一般黏性阻尼系统以某阶主振动作自由振动时，每个物理坐标的初相位不仅与该阶主振动有关，还与物理坐标有关，即各物理坐标初相位不同。因而，每个物理坐标振动时并不同时到达平衡位置和最大位置，即主振型节点（线）是变化的，即不具备模态保持性，主振型不再是驻波形式，而是行波形式。这是复模态系统的特点。

2.4 模态分析的拉氏变换方法

积分变换（傅氏变换、拉氏变换）是求系统频响函数的重要方法。只要系统激励和响应满足积分变换的条件，就可以应用积分变换求频响函数。拉氏变换比傅氏变换成立的条件要低得多，并且，在 $t \geqslant 0$ 范围内，在虚数轴（频率轴）上的拉氏变换就是傅氏变换，而实际振动问题总是 $t \geqslant 0$ 意义下存在的。所以，采用拉氏变换更具普遍性，也更方便。用拉氏变换直接得到的是复数域（$s = \sigma + j\omega$）上的传递函数，只要令 $s = j\omega$，便得到虚数域（频率域）上的频响函数。

2.4.1 传递函数与频响函数

设系统的初始状态为零，对方程式(2.1)两边进行拉普拉斯变换，可以得到以复数 s 为变量的矩阵代数方程

$$[Ms^2 + Cs + K]X(s) = F(s) \quad 或 \quad Z(s)X(s) = F(s) \tag{2.34}$$

系统动态矩阵（广义阻抗矩阵）：$\quad Z(s) = Ms^2 + Cs + K \tag{2.35}$

反映了系统动态特性。

传递函数矩阵（广义导纳矩阵）：$H(s) = Z(s)^{-1} = [Ms^2 + Cs + K]^{-1}$

$$\tag{2.36}$$

$$X(s) = H(s)F(s) \tag{2.37}$$

频率响应函数矩阵 $H(\omega)$：上式中令 $s = j\omega$，即拉氏变换即为傅氏变换，可得到系统在频域中输出（响应向量 $X(\omega)$）和输入（激振向量 $F(\omega)$）的关系式：

$$X(\omega) = H(\omega)F(\omega) \tag{2.38}$$

$H(\omega)$ 为频率响应函数矩阵：

$$H(\omega) = \frac{X(\omega)}{F(\omega)} = [(K - M\omega^2) + jC\omega]^{-1} \tag{2.39}$$

2.4.2 频响函数的物理意义

式(2.38)写成矩阵形式：

$$\begin{bmatrix} X_1(\omega) \\ X_2(\omega) \\ \vdots \\ X_N(\omega) \end{bmatrix} = \begin{bmatrix} H_{11}(\omega) & H_{12}(\omega) & \cdots & H_{1N}(\omega) \\ H_{21}(\omega) & H_{22}(\omega) & \cdots & H_{2N}(\omega) \\ \vdots & \vdots & & \vdots \\ H_{N1}(\omega) & H_{N2}(\omega) & \cdots & H_{NN}(\omega) \end{bmatrix} \begin{bmatrix} F_1(\omega) \\ F_2(\omega) \\ \vdots \\ F_N(\omega) \end{bmatrix} \tag{2.40}$$

$X(\omega)$ 中的任一元素

$$X_e(\omega) = \sum_{f=1}^{N} H_{ef}(\omega)F_f(\omega) \quad (e = 1, 2, \cdots, N) \tag{2.41}$$

如果仅在第 e 个物理坐标上施加激励，其他坐标激励为零，则该物理坐标上的响应为：

$$X_e(\omega) = H_{ee}(\omega)F_e(\omega)$$

从而

$$H_{ee}(\omega) = \frac{X_e(\omega)}{F_e(\omega)} \tag{2.42}$$

可见 $H(\omega)$ 中对角元素 $H_{ee}(\omega)$ 表示仅在第 e 个物理坐标上施加单位激励，引起该坐标的位移响应，$H_{ee}(\omega)$ 称为第 e 个物理坐标上的原点频响函数或驱动点频响函数。同样，$H(\omega)$ 中非对角元素 $H_{ef}(\omega)$ 表示仅在第 f 个物理坐标上施加单位激励，引起第 e 个物理坐标的位移响应。$H_{ef}(\omega)$ 称为第 e、f 物理坐标之间的跨点频响函数。

2.4.3 系统频响函数与模态参数的关系

理论模态分析主要是解决如何由结构本身的特性参数 M、C、K 来求解模态参数，进而分析动态性能（动态响应或稳定性）。实验模态分析需要解决的则是逆问题：即如何通过结构的动态测试和信号分析，来确定被测系统的模态参数，其理论基础为频率响应函数和模态参数的关系。

单自由度系统

系统的阻抗：

$$Z(s) = ms^2 + cs + k \tag{2.43}$$

系统的传递函数：

$$H(s) = \frac{1}{ms^2 + cs + k} \tag{2.44}$$

系统的频响函数：

$$H(\omega) = \frac{1}{k - m\omega^2 + j\omega c} \tag{2.45}$$

系统极点：系统特征方程 $Z(s) = ms^2 + cs + k = 0$ 的根

$$\lambda_{1,2} = -\frac{c}{2m} \pm \sqrt{\left(\frac{c}{2m}\right)^2 - \frac{k}{m}} \tag{2.46}$$

留数：传递函数可写成如下形式

$$H(s) = \frac{1/m}{(s-\lambda_1)(s-\lambda_1^*)} = \frac{A_1}{(s-\lambda_1)} + \frac{A_1^*}{(s-\lambda_1^*)} \tag{2.47}$$

$$A_1 = \frac{1/m}{j2\omega_1}$$

上式中 A_1、A_1^* 就是留数。

多自由度系统

特征值问题：$Z(s)X(s) = 0$

特征多项式： $\Delta(s) = |Z(s)| = \beta_0(1 + \beta_1 s + \cdots \beta_{2n} s^{2n}) \tag{2.48}$

特征方程： $\Delta(s) = |Z(s)| = 0 \tag{2.49}$

可解得 $2n$ 个特征值和特征向量，同上。

传递函数有理分式表达式：

$$H_{ef}(s)=\frac{\alpha_0+\alpha_1 s+\cdots+\alpha_{2n-2} s^{2n-2}}{1+\beta_1 s+\cdots+\beta_{2n} s^{2n}} \qquad (e,f=1,2,\cdots,n) \qquad (2.50)$$

传递函数的留数展式：$H(s)=\sum_{i=1}^{n}\left(\frac{R_i}{s-s_i}+\frac{R_i^*}{s-s_i^*}\right)$ $\qquad (2.51)$

R_i、R_i^* 为对应系统第 i 阶模态的留数矩阵，为复常数对称矩阵，$n \times n$ 阶。

频响函数的有理分式和留数展式：令 $s=j\omega$，则式(2.50)、式(2.51) 为相应频响函数的有理分式和留数展式。

留数矩阵与复模态矢量的关系：

$$R_i=\begin{bmatrix} \varphi_{1i}\varphi_{1i} & \varphi_{1i}\varphi_{2i} & \cdots & \varphi_{1i}\varphi_{ni} \\ \varphi_{2i}\varphi_{1i} & \varphi_{2i}\varphi_{2i} & \cdots & \varphi_{2i}\varphi_{ni} \\ \vdots & \vdots & \cdots & \vdots \\ \varphi_{ni}\varphi_{1i} & \varphi_{ni}\varphi_{2i} & \cdots & \varphi_{ni}\varphi_{ni} \end{bmatrix} \qquad (2.52)$$

留数矩阵 R_i 每一行和每一列都包含第 i 阶模态矢量 φ_i，故留数矩阵是反映系统模态矢量的一种模态参数矩阵，求得了留数矩阵的列（行）元素，也就求得了系统的模态矢量。

2.4.4　脉冲响应函数

设系统作用单位脉冲力 $\delta(t)$，脉冲响应函数为 $h(t)$，则 $H(s)$、$h(t)$ 是一拉氏变换对。

$$h(s)=L^{-1}[H(s)]=\sum_{i=1}^{n}(R_i e^{s_i t}+R_i^* e^{s_i^* t}) \qquad (2.53)$$

系统的留数是构成脉冲响应函数各阶模态运动的复振幅。

2.4.5　频响函数的模态展式

令 $s=j\omega$，则阻抗矩阵：

$$Z(\omega)=-M\omega^2+jC\omega+K \qquad (2.54)$$

利用实对称矩阵的加权正交性，有

$$\varphi^{\mathrm{T}}M\varphi=\begin{bmatrix} \ddots & & \\ & m_r & \\ & & \ddots \end{bmatrix} \qquad \varphi^{\mathrm{T}}K\varphi=\begin{bmatrix} \ddots & & \\ & k_r & \\ & & \ddots \end{bmatrix} \qquad (2.55)$$

假设阻尼矩阵 C 也满足振型正交性关系

$$\varphi^{\mathrm{T}} C \varphi = \begin{bmatrix} \ddots & & \\ & c_r & \\ & & \ddots \end{bmatrix} \tag{2.56}$$

代入式(2.54)

$$Z(\omega) = \varphi^{\mathrm{T}} \begin{bmatrix} \ddots & & \\ & z_r & \\ & & \ddots \end{bmatrix} \varphi^{-1} \tag{2.57}$$

式中 $z_r = (k_r - \omega^2 m_r) + j\omega c_r$

$$H(\omega) = Z(\omega)^{-1} = \varphi \begin{bmatrix} \ddots & & \\ & z_r & \\ & & \ddots \end{bmatrix} \varphi^{\mathrm{T}} \tag{2.58}$$

$$H_{ij}(\omega) = \sum_{r=1}^{N} \frac{\varphi_{ri} \varphi_{rj}}{m_r \left[(\omega_r^2 - \omega^2) + j 2\xi_r \omega_r \omega \right]} \tag{2.59}$$

上式称为系统频响函数矩阵的模态展式。式中，$\omega_r^2 = k_r/m_r$，$\xi_r = c_r/(2m_r\omega_r)$，$m_r$、$k_r$ 分别称为第 r 阶模态质量和模态刚度（又称为广义质量和广义刚度）。ω_r、ξ_r、φ_r 分别称为第 r 阶模态频率、模态阻尼比和模态振型。式(2.59)频响函数的模态展开式中含有各种模态参数，它是频域法参数识别的基础。

系统频响函数与模态参数的关系，频率响应矩阵每个元素都包含着该系统的各阶模态参数 m_r、k_r、c_r 或 ω_{0r} 和 ξ_r，所以用频域法识别这些模态参数时，理论上只需频响函数矩阵中的一个元素即可，而频响函数矩阵每一行或每一列都包含着该振动系统各阶模态矢量 φ_i。所以用频域识别方法识别系统的模态矢量，至少要使用频响函数矩阵的一列或一行元素［对应一点激振，各点测量的 $H(\omega)$ 或一行对应依次各点激振，一点测量的 $H(\omega)^{\mathrm{T}}$］就够了。

3 支挡结构模态测试技术

3.1 概 述

确定一个支挡结构在给定的动力作用下的响应问题，理论上可以通过数学解析的方法求解。但是，诸如自振周期、振型及能量逸散这样一些结构动力特性或者结构极限强度、延伸性等结构动力承载能力问题，由于它们取决于材料的性质、结构形式以及许多细部构造，因而难以用纯粹的理论分析去解决，这就需要借助动力试验方法去直接确定。此外，进行理论分析时需要建立数学模型，建立的数学模型应尽可能简单，而又不能抹杀对原型的动力性能有显著影响的任何特征。因此，为了建立能够表示原型结构动力性状的数学模型，也需要进行大量的真实结构的动力试验，以便为数学模型提供必要的参数。由此可以看出，对于支挡结构的动力测试不仅是研究支挡结构动力问题的一种不可缺少的手段，而且也是对支挡结构进行健康诊断的重要方法。

结构损伤引起结构动态响应的变化，进而引起试验模态参数的变化，故试验模态参数为结构固有特性的实际反映。试验模态分析技术是对被测结构系统进行激励，通过振动测试、数据采集和信号分析，由输入和输出确定结构的动态特性。国内外对模态分析技术在损伤检测方面进行了大量的研究，但大多集中于小型机械结构、受风载等自然荷载影响较大桥梁，及可能投入大量资金进行检测的重要结构系统，而这些方法应用在轻型薄板挡土墙系统试验模态分析时却存在着技术或经济等方面的缺陷，从而限制了其在此方面的应用。本章将从试验模态分析的全过程进行分析来试图寻找一种适用于支挡结构系统试验模态分析的简便、经济与有效的方法。

随着科学技术和工业水平的不断提高，振动测试与分析仪器的现代化，大大提高了结构动测试验的技术水平，国内外近年来进行了许多现场动测试验，取得了不少的成果[125-131]。

结构动力理论分析与实验研究一直是相辅相成的两种手段与途径。现代计算机的发展，特别是与新的计算技术（如有限元法等）相结合，使直接进行结构理论分析的领域有相当的扩大；同样，测试仪器的革新和计算机的广泛应用也使试验领域为之一新，大大提高了试验结果的可靠性和获得数据的范围。事实上，计算分析方法的进展也需要通过实验不断提供验证和与材料有关的大量参数。今天新的试验技术是建立在被试验的模型与计算机的紧密配合基础上，进而有可能提供一个比较接近实际的理论模型。所以模型试验有着广泛的意义。

对于现场动力特性测试来说，主要的目的有两条：

(1) 确定结构的动力特性。包括结构各阶自振周期、阻尼和振型等动力参数；

(2) 为理论模型的研究提供可靠的基础。

支挡结构动力测试就是为了获得被测结构激励和响应的时域信号，即时间历程。如果后面采用频域法作参数识别，则必须获得上述两种时间历程信号。如果是采用时域法作参数识别，有时只需（有些情况下也只能）获得响应的时间历程信号，获得振动结构所受激励和振动响应的时域信号是振动测试技术的基本内容。对一个确定的实验对象，一般的振动测试系统由以下三部分组成：

①激振部分，包括信号源、功率放大器、激振装置；

②拾振部分，包括力传感器、响应传感器、适调放大器；

③分析、显示、记录部分，包括各种分析仪及其外围设备（显示、记录仪器等）。

3.2 激励方式与装置

3.2.1 激励方式

在动测（模态）试验中，不同的参数识别方法对频响函数测试的要求不同，因而所选激励方式也不同。激励方式有单点激励、多点激励和单点分区激励。

1. 单点激励

单点激励是最简单、最常用的激励方式。所谓单点激励，是指对测试结构一次只激励一个点的一个方向，而在其他任何坐标上均没有激励作用。单点激励是SISO参数识别所要求的激励方式。对中小型结构的模态分析，采用单点激励即可获得满意效果。然而，对大型、复杂结构，单点激励往往丢失模态，或由于激励能量有限而得不到有效的高信噪比频响函数，有时甚至无法激起结构的整体振动，导致模态试验彻底失败。因此，必须寻找另外的激励方式。

2. 多点激励

多点激励是指对多个点同时施加激振力的激励方式。显然，输入系统的激励能量会成倍增加，同时，也增加了激振的复杂性。由于该方法十分复杂，需要丰富经验和相当长的测试时间，使用上并不普遍。

3. 单点分区激励

对较大型结构，采用多点激励能获得满意的频响函数。但由于激励设备复杂，许多测试单位并不具备多点激励的条件。为此，可采用单点分区激励技术。单点分区激励的基本假设是，单点激励仍能激发出系统的各阶模态，但只在激振点附近的响应较大，远离激振点的响应较小。该方法的基本思想是，将被测结构分成几个区，在每个区域内实施单点激励并测出该区内各点之间的频响函数；最后，再测出各区域激励点之间的频响函数，将各区频响函数联系起来。各区频响函数组成整体结构的频响函数，以此识别整体模态振型。

对小型结构进行模态分析，采用单点激励可获得满意的效果，但对中大型结构进行单点激励，由于普通力锤激励能量有限而可能丢失部分模态，或得不到高信噪比频响函数而影响分析的精度，可采用单点分区激励，但测试过程比较复杂。因此，对于挡土墙系统这类墙后具有半无限土体的大型结构，为了降低单点激振能量和信噪比较低而对系统试验模态分析的不利影响，采用东方所研制的DFC-2 型弹性聚能力锤并采取一系列消噪措施，来研究单点激励方法在支挡结构系统试验模态分析中的应用。

3. 2. 2　激励装置

激励有人工激励和自然激励。人工激励即通常所说的激励，根据需要通过一定的激励装置施加于被测结构上。大部分人工激励可以控制和测量，做模态实验绝大部分情况是使用人工激励。自然激励是施加于实体结构上的自然力，如风载荷、波浪载荷、机器运转时的动力源等。自然激励一般是不可控制、不可测量的。使用自然激励通常只能测得响应信号，故只能用时域法进行参数识别。激励装置有激振器系统、冲击锤、阶跃激励装置、激波管、火箭筒等多种。对于中小型挡土结构模态实验可采用冲击锤、阶跃激励等人工激励装置。

1. 冲击锤

冲击锤又称力锤，是模态实验中的一种常用的激励装置，目前冲击锤多用于单输入单输出（SISO）参数识别方法中。锤击激励提供的是一种瞬态激励，这种激励只需一把冲击锤即可实现。系统要简单得多。冲击锤锤帽可更换，以得到不同的冲击力谱。冲击锤锤头可有不同的重量，以得到不同能量的激励信号，对普通结构，用 SISO 频域法做参数识别时，使用冲击锤一般能得到相当满意的结果。加之激励设备简单，价格低廉，使用方便，对工作环境适应性较强，特别适于现场测试，故一般工程测试单位中均将锤击激励作为优先考虑的激励方式之一。

2. 阶跃激励装置

阶跃激励是模态实验中特有的一种激励方式，它是通过突加或突卸力载荷（或位移）实现对系统的瞬态激励。如使用刚度大、重量轻的缆索拉紧被测结构某一部分，突然释放缆索中的拉力，形成系统的一个阶跃激励。阶跃激励的特点是能给结构输入很大的能量，适于大型、重型结构的模态分析，但激励中高频成分少，一般只能激励出系统的较低几阶主振动。阶跃激励一般是在其他激励方式很难实现时采用，并非一种常用且优选的激励方式。

对挡土墙结构系统试验模态测试来讲，激振器系统、阶跃激励装置、激波管、火箭筒等激励装置由于激励设备复杂或造价高等原因并不适宜于在这类结构中进行推广使用。而冲击锤作为常用的激励装置，提供的是一种瞬态激励，只需一把冲击锤即可实现，具有设备简单、价格低廉、使用方便、对工作环境适用能力强等特点，特别适用于现场测试，且冲击锤帽可随时更换以得到不同的冲击力谱而满足不同测试对象的需要，又锤头亦可有不同的重量满足激励信号能量方面的需求。同时为解决单点激励激励能量不足与信噪比较低等方面的不足，在现场及室内试验中采用 DFC-2 高弹性聚能力锤和一系列技术处理措施，得到了较为满意的结果，证明了此种方法在支挡结构模态试验中是可行的。对于大型支挡结构系统，可采用自然激励的方式。

3.2.3 激励信号

了解激励信号是进行实验模态分析的重要环节。在制定模态实验方案时，必须根据被测结构特点、测试环境、现有仪器条件、测试精度等诸方面选用合适的激励信号。有时需要选择几种激励方式进行测试，以确定最优激励信号。模态实验中往往由于激励信号选择不当而无法收到满意的测试效果。

模态实验中常用的激励信号分为稳态正弦信号、纯随机信号、周期信号和瞬态信号，用于支挡结构的激励信号可采用随机信号和瞬态信号。

随机信号：自然激励所得到的信号为随机信号，它在整个时间历程上都是随机的，不具有周期性。频率域上是一条平直的直线，包含 $0 \sim \infty$ 的频率成分，且任何频率成分所包含的能量相等。使用随机激励信号进行模态实验有特殊优越之处，如可以经过多次平均消除噪声干扰和非线性因素的影响，得到线性估算较好的频响函数；测量速度快，可做在线识别。其缺点也较突出，即容易产生泄漏误差，虽然可以加窗控制，但会导致频率分辨率降低，特别是小阻尼系统尤为突出。

瞬态信号：瞬态信号的形式和产生方式有多种，有冲击锤产生的冲击信号和随机冲击信号，有阶跃激励装置产生的阶跃激励信号，有特殊装置如火箭筒产生的冲击信号等。由于瞬态信号包含较宽的激励力频率成分，且频率成分比较容易控制，故瞬态信号是模态实验中采用的主要激励方式之一。冲击信号又称脉冲信号，冲击锤（力锤）是产生脉冲激励最常用的激励装置。冲击信号的频率成分和能量可大致控制，试验周期短，无泄漏，但信噪比差，特别是对大型结构，冲击锤产生的激励能量往往不足以激起足够大的响应信号。即使如此，冲击激励仍不失为一种简单实用的激励方式。

随机冲击信号由冲击锤经随机敲击得到。各次冲击的时间间隔和冲击力幅值都是随机变化的，要尽量避免各次冲击形成的固定节拍。与单次冲击相比，随机冲击能够提供较大的输入能量。因此，信噪比优于单次冲击信号，可用于较大型结构，特别是结合单点分区激励和分区模态综合法，可得到良好的模态实验结果。

3.3　时间历程测试技术

测量系统负责将被激振结构的机械量采集下来，转换成某种电信号，经前置放大和微积分变换，变成可供分析仪器使用的电压信号。测量系统由传感器及其配套测量电路组成，如图 3.1 所示。传感器振动信号（参数）变换成电讯号；放大器把输入的微弱电讯号放大；记录器把放大后的电讯号显示或记录下来；数据处理仪对电讯号进行分析和数据处理。测量系统是整个动态测试系统的基本环节之一，直接关系到试验的成败和精度。选择测量系统要考虑试验要求的频率范围、幅值量级、测量参数（位移、速度、加速度、力、应变等）及试验环境、测试条件等多种因素。

图 3.1　测量系统

Fig 3.1　Measuring system

3.3.1　振动信号测量

振动信号测量由获取振动信号的传感器以及将传感器所输出的电信号进行加工的放大器或变换器组成。振动测试传感器又称为拾振器，是将振动信号变换成电参量的一种敏感元件。由于不同传感器输出信号电参量的单位或量级是不一样的，往往需要通过相应的放大器或变换器对不同种类的电信号进行诸如放大、调制解调、阻抗变换等的处理加工，使之变成满足需要、便于输送以及可作数字化处理的模拟电信号。

传感器可以有多种分类方法。如根据与被测结构的接触方式不同，分为接触式和非接触式两种；根据测试信号不同，分为力传感器和响应传感器，而响应传感器中又有位移传感器、速度传感器、加速度传感器及应变传感器等；根据传感器换能方式不同，分为电感式、电动式、压电式、压阻式、涡流式等几种；根据传感器接收信号方式不同，分为绝对式和相对式两种。不同传感器和与其配套的测量放大电路组成不同类型的测试系统，以适应不同的测试目的。模态实验中常用压电式力传感器和压电式加速度传感器，属于绝对式、接触式传感器，与之配套的测量放大器是电荷放大器。压电式传感器的敏感元件是压电晶体，利用压电晶体的压电效应，将机械量（力、加速度）转换为电荷量，经电荷放大器放大并以电压量输出。压电式传感器具有体积小、重量轻、灵敏度高、线性度好、性能稳定、频率范围大、有较宽的动态范围等优点。

（1）力传感器：在挡土结构的模态试验中，宜选用冲击型力传感器。应配合好力传感器的电荷灵敏度与电荷放大器的量程，使在测试过程中能产生一个既不过载、又不太弱的可供分析的电压信号。力传感器的产品说明书、产品证书中均给出力传感器的谐振频率和频响特性。在选用力传感器时，应使模态实验要求的工作频率落在力传感器频响函数的线性段范围内。调整功率放大器的增益，使试验中可能产生的最大冲击力不超过力传感器冲击额定值的1/3。

（2）加速度传感器：选用加速度计的灵敏度应与电荷放大器的量程相匹配，进行模态实验时的工作频率应落在加速度计频响曲线的线性段内。一般情况下，测试的最高频率不大于加速度计谐振频率的1/10，测试中可能产生的最大加速度不超过额定值的1/3。加速度计在出厂前要逐个标定横向灵敏度，并将最小横向灵敏度方向用红点标注于外壳上。安装加速度计时，应将红点对准测点横向振动最大的方向，以最大限度减小横向灵敏度的影响。

加速度计属接触型传感器，应尽量与试验结构固连好。固连的方式有钢螺栓连接、绝缘螺栓连接、蜂蜡粘合、磁座吸合以及手持等。固连方式直接影响加速度计的谐振频率，因而也影响其频响曲线的线性范围。

压电加速度传感器可以看作是能产生电荷的高内阻发电元件，其产生的电荷量很小，而一般的测量电路的输入阻抗较小，压电片上的电荷通过测量电路时会被输入电阻迅速泄漏而引入测量误差。因此采用与压电式传感器配套的电荷放大器能得到与输入电荷成比例的电压输出，其特点之一就是传感器的灵敏度与电缆长度无关。为了保证测量结果的精度及可靠性，测量系统必须精确地确定以下技术指标。

①灵敏度：测量系统的灵敏度是指它们的输出信号（一般是电压信号）同输入信号（被测振动物体的物理量，如位移、速度、加速度、力、应变等）的比值。

②横向灵敏度：传感器的横向灵敏度表示它对垂直于测量主轴的方向的运动敏感程度。一般横向灵敏度表示成与测量主轴方向的灵敏度值之比的百分数，在振动测量中要求传感器的横向灵敏度尽可能小。

③动态范围（线性度范围）：传感器的动态范围是指使它输出信号与输入信号维持线性关系的输入信号幅值容许变化范围。传感器的动态范围的大小受它的结构形状、材料性能及非线性行为等因素限制。因此，在选用测量传感器时，必须满足传感器本身动态范围的要求。否则要造成传感器的损坏，或达不到测量的

要求。另外，在选用测量传感器时，还需要考虑传感器与测量仪组成的测量系统能分辨的最小输入信号值，否则在测量小信号时会引起很大的噪声失真。

④频率范围：传感器或测振仪的使用频率范围是指这样一个范围，在这个频率范围内，传感器或测振仪的输入信号频率的变化不会引起它们的灵敏度发生超出指定的百分数的变化。也就是说，频率范围指的是传感器正常工作的频带，传感器测试到的振动信号在这个频带外的分量可能会远大于或小于实际振动信号的分量。传感器与测量系统的使用频率范围是一个很重要的技术指标，被测量的振动信号频率超出仪器使用频率范围时，测量结果将产生很大的误差，这类误差称为频率失真。

⑤相位特性：相位差是指传感器的输出信号与输入信号内相同频率对应两谐波分量之间的相位角之差。传感器的相位特性反映它的相位差随频率变化的关系，在振动测量中，有时要求在测量信号的频带范围内，测量传感器无相位差（相位差等于零）或者相位差随频率呈线性变化，否则，被测的振动波形将因相位差的存在而发生畸变。

图 3.2 给出了力传感器和压电式加速度传感器外形图片，图 3.3 为与压电式传感器配套的电荷放大器。

图 3.2　力传感器和压电式加速度传感器

Fig 3.2　The force sensor and a piezoelectric acceleration sensor

图 3.3　INV-8 多功能抗混压滤波电荷放大器

Fig 3.3　INV-8 Multifunctional mixing pressure filtering charge amplifier

3.3.2 数据采集系统

在振动测试中，振动测量仪器输出的是被测对象随时间连续变化的物理量，称为振动模拟信号。振动模拟信号的含义是这些物理量在时间和幅值上都是可以连续取值的。随着数字技术的快速发展，采用计算机对振动信号进行采集、处理、显示、保存已成为非常普遍的方式。将振动模拟量转换成与其相对应的数字量的装置称为模数转换器，或称为 A/D 转换器，也就是我们所说的数据采集器最核心的模块。现在通常所用的 A/D 转换器中数字量大多是用二进制编码表示，与当前的计算机技术是相适应的。

数据采集是指将连续的振动模拟信号按一定相同的时间间隔进行抽取值并按采集器的转换位数对所取的值进行整型化，转换成离散的数字信号并存于计算机内的过程，相应的系统称为数据采集系统。数据采集系统的任务，具体地说，就是通过由计算机控制的数据采集器将振动测量仪器输出的模拟信号转换成计算机能识别的数字信号，然后送入计算机，并根据不同的需要由计算机进行相应的加工、处理、显示或保存。数据采集系统性能的好坏，主要取决于它的精度和速度。在保证精度的条件下，应用尽可能高的采样速度，以满足实时采集、实时处理和实时控制的速度要求。图 3.4 为 INV306U 智能信号采集处理分析仪。

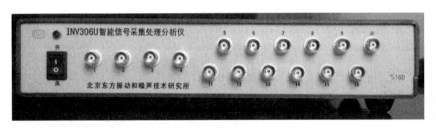

图 3.4　INV306U 智能信号采集处理分析仪

Fig 3.4　INV306U Intelligent signal analyzer collection and processing

一般情况下，在数据采集系统的工作过程中，各个控制部件按照以下顺序执行操作。

（1）程控放大器放大倍数切换。在数据采集时，来自测量仪器输出的模拟信号有时是比较弱的低电平信号。程控放大器，顾名思义，是安装在数据采集器上通过计算机软件来控制输入信号放大倍数的模拟放大器。程控放大器的作用是将微弱的输入信号进行放大，以便充分利用 A/D 转换器的满量程分辨率。例如，传感器的输出信号有时只能达到毫伏数量级，而 A/D 转换器的满量程输入电压多数是±5V 或±10V，且 A/D 转换器的分辨率是以满量程电压为依据确定的，为了能充分利用 A/D 转换器的分辨率，即转换器输出的数字位数，就需要把模拟输入信号放大到与 A/D 转换器满量程电压相应的电平值。有的数据采集系统把程控放大器的切换放在模拟多路开关切换之后，可以对各通道采用相同的放大倍数进行放大，即放大器的放大倍数采用实时控制改变。程控放大器能够实现这个要求，就在于它的放大倍数随时可以由一组数码控制。当多路开关改变其通道序号时，程控放大器也由相应的一组数码控制改变放大倍数，即为每个模拟通道提供最合适的放大倍数。这是很先进的设计，但目前大多数程控放大器只能用统一放大倍数操纵各个通道信号的放大。

（2）模拟多路开关切换。数据采集系统往往要对多路模拟量进行采集。在不要求高超速采样的场合，一般采用公共的模数转换器，即一个 A/D 转换器，分时对各路模拟量进行模拟量到数字量的转换，目的是简化电路，降低成本。可以用模拟多路开关来轮流切换各路模拟量与 A/D 转换器间的通道，使得在一个特定的时间内，只允许一路模拟信号输入到 A/D 转换器，从而实现分时转换的目的。

（3）采样保持器保持。A/D 转换器完成一次转换需要一定的时间，于是对于各个通道对应的同一时刻的数据实际上存在一定的时差。在这段时间内希望 A/D 转换器输入端的模拟信号电压保持不变，以保证有较高的转换精度。这可以用采样保持器来实现，采样保持器的加入，大大提高了数据采集系统的采样频率。由于采样保持器的价格比较昂贵，采用采样频率比较高的数据采集器可以将通道之间的时差降到比较低的程度，这样数据采集器的性价比可能会高一些。

（4）A/D 转换器转换。因为计算机只能处理数字信号，所以须把模拟信号转换成数字信号，实现这一转换功能的器件是 A/D 转换器。A/D 转换器是数据采集的核心。因此，A/D 转换器是影响数据采集系统采样速率和精度的主要因素之一。A/D 转换经历了两个断续过程。一是时间断续。对连续的模拟信号，按一定的时间间隔，抽取相应的瞬时值，这个过程称为采样，也就是通常所说的离散化。连续的模拟信号经采样过程后转换为时间上离散的模拟信号，简称为采样信号。二是数值断续。把采样信号以某个最小数量单位的整倍数来度量，这个过程称为量化。采样信号经量化后变换为量化信号，再经过编码，转换为离散的数字信号，简称为数字信号。

采样的时间间隔称为采样间隔，也称为采样周期，单位为秒。另外，每秒采样次数称为采样频率，单位为赫兹。采样间隔与采样频率互为倒数。

3.3.3 传感器布置原则

传统模态实验中，传感器一般凭经验配置。近年来，人们提出若干优化配置理论，主要有：①基于动能原理，在动能较大坐标配置传感器；②振型独立原理，即选择测点坐标振型矢量最大程度互不相关；③振型缩聚原理，如去除有限元模型中刚度/质量比较大坐标进行模型缩聚，以最大限度保留低频振型信息；

④频率响应函数（FRF）向量线性独立原理，不仅可以消除传感器余度，而且可以得到条件数较好的 FRF 矩阵等。

3.3.4 混频现象的控制

实际测得的激励和响应的时域信号虽不是无限长信号，但也是足够长的连续信号。对这种信号进行后处理的第一步是将其数字化，数字化的方法是通过等间隔采样和量化，完成从连续模拟信号到离散数字信号的转换，在这一过程中，为控制频率混叠现象所产生的误差，测试采样需满足采样定理

$$\omega_s \geqslant 2\omega_m \tag{3.1}$$

式中 ω_s 为采样圆频率，ω_m 为最高分析频率。

通过采样定理知，消除频率混叠有两种途径：

（1）提高采样频率。然而实际信号的处理系统不可能达到很高的采样频率，而且许多信号本身可能包含 0～∞的频率成分，不可能将采样频率提高到∞。所以靠提高采样频率避免混叠是有限制的，实际上每种信号处理系统都有确定的采样频率上限。

（2）采用抗混滤波器。在采样频率 ω_s 一定的前提下，通过低通滤波器滤掉高于 $\omega_N = \omega_m / 2$ 的信号频率成分，通过低通滤波器的信号则可以避免出现频率混叠。抗混滤波器的实际意义不仅在于能有效避免频率混叠，还在于大部分问题所关心的频率成分是有限的，高频成分对实际问题并无意义，因此，滤掉信号中的高频成分对后续信号处理提供了方便，当然信号分析系统的最高采样频率决定了信号处理的最高频率分量。由于实际的滤波器并不具备理想滤波器性能，在实际处理中一般使采样频率满足 $\omega_s = (2.5 \sim 4.0)\omega_m$。

3.4 冲 击 试 验

支挡结构的模态试验通常采用冲击试验。冲击试验是单输入单输出或单输入多输出模态实验的主要方法之一，其突出优点是激振设备简单，对激振点的选择可以比较随意，特别适合于现场测试。

冲击试验的激振装置是冲击锤（力锤），见图 3.5，锤帽见图 3.6。冲击试验分单次冲击和随机冲击两种激励方式。

3.4.1 单次冲击激励力谱

冲击激励是一种脉冲信号。理想的脉冲信号即 δ 函数。其傅氏谱为一水平直线，包含所有频率成分。现实中的冲击激励信号是一有限宽度和有限高度的脉冲信号，图 3.7 为脉冲激励的实测时域信号及频谱，脉冲激励信号宽度 τ 表示激励作用

33

时间，高度 A_0 表示冲击力幅值，曲线下面与 t 轴所围面积表示冲击力的冲量。

图 3.5 力锤

Fig 3.5 Hammer

图 3.6 三种锤帽

Fig 3.6 Three types of Hammer cap

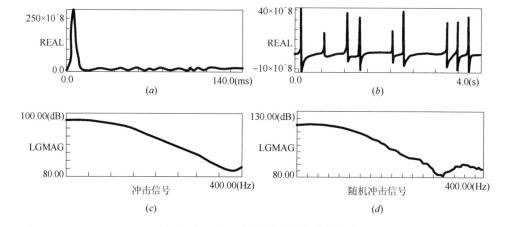

图 3.7 脉冲激励的实测时域信号及频谱

Fig 3.7 Pulse excitation of measured time domain signal and spectrum

(a)、(b)、(c) 时间历程；(d) 自谱

可以看出，冲击信号在低频段能量近似均匀分布，而在高频段能量逐步衰减，可见，实际冲击激励的力谱总是有限带宽上的频谱，其有效频带只是低频部分。所以，冲击激励的高频响应较差，自谱曲线与水平频率轴所围面积表示冲击力输入给结构的总能量。理论上，冲击力时域信号近似用半个正弦波表示，即：

$$f(t)=\begin{cases} A_0\sin\dfrac{\pi}{\tau}t & t\in[0,\tau] \\ 0 & t\notin[0,\tau] \end{cases} \tag{3.2}$$

力谱为（傅氏变换）

$$s(f)=\frac{4A_0^2\tau^2\cos^2\pi f\tau}{\pi^2(1-4\tau^2f^2)^2} \tag{3.3}$$

影响冲击能量分布的因素有两个，即脉冲的宽度 τ 和高度 A_0 越小，能量分布越平缓；反之，能量变化越大。力脉冲宽度 τ 决定于锤帽与结构的接触刚度。在结构一定的情况下，锤帽越硬即刚度越大，冲击时接触时间越短，力谱越平缓。实际操作时，通过更换不同材料的锤帽控制力的脉冲宽度 τ。图 3.8 为使用三种刚度的锤帽测得的时间历程和冲击力谱曲线。锤帽的材质通常有钢、铝、橡胶帽等种。

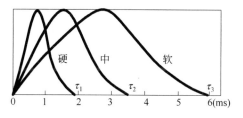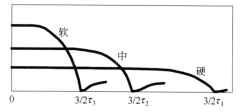

图 3.8 使用三种刚度的锤帽测得的时间历程和冲击力谱曲线

Fig 3.8 The curves of time response and impact spectrum using three types of hammer cap

3.4.2 随机冲击激励力谱

图 3.9 为实测随机冲击激励的时间历程和力谱。从时间历程上看，曲线由多个随机脉冲组成，每个力脉冲的宽度近似相等，高度和延续时间均是随机变化的。理论上，随机冲击激励时域信号看作多个随机变化的半正弦波信号，表达式为：

$$f_r(t) = \sum_{i=0}^{n} A_i \sin \frac{\pi}{\tau} t \qquad t \in [t_i, t_i + \tau] \tag{3.4}$$

式中 A_i、τ 表示第 i 次冲击脉冲的高度和宽度。其力谱的解析式为：

$$\bar{s}_r(f) = s(f)\left(1 + \sum_{i=1}^{n} r_i^2\right) \tag{3.5}$$

式中 $r_i = A_i/A_0$，可见，对包含 n 个冲击脉冲的随机冲击激励，力谱 $\bar{s}_r(f)$ 是单次冲击（第一个脉冲）力谱 $s(f)$ 的 $\left(1 + \sum_{i=1}^{n} r_i^2\right)$ 倍，激励能量大大增加。

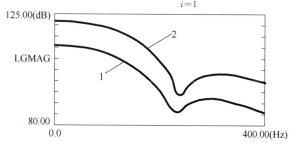

图 3.9 实测随机冲击激励的时间历程和力谱

Fig 3.9 time response and impact spectrum under random impact exciting

35

随机冲击激励能量决定于一次采样时间内包含力脉冲的总能量。因此，影响随机冲击激励输入能量的因素除冲击锤的质量和速度外，尚与一次采样包含力脉冲的个数有关。所以，延长采样时间，使包含更多的力脉冲，将大大增加输入给结构的能量，并提高信噪比。包含力脉冲的个数越多，则力谱曲线越不平缓。随机冲击激励得到的是较大的输入能量而失去的是高频特性，即随机冲击试验的高频特性比单次冲击要差。一般情况下，对固有频率较低的中大型支挡结构进行模态实验，可采用随机冲击激励较为适合，而单次冲击则无法输入结构足够的能量，导致信噪比降低。另外，随机冲击激励对消除结构非线性因素的影响也有一定作用。

3.4.3　DFC-2 高弹性聚能力锤性能及控制技术

DFC-2 高弹性聚能力锤产生的信号为脉冲信号，其橡胶锤帽时间历程和自谱见图 3.10、图 3.11。从自谱图分析可以看出，冲击力力谱能量主要集中在 200Hz 以内的低频段，尤以 175Hz 以内的能量最为集中，适合进行低频结构的试验模态测试。且冲击信号的频率成分和能量可通过锤帽材质和锤体质量进行大致控制，试验周期短，无泄漏。

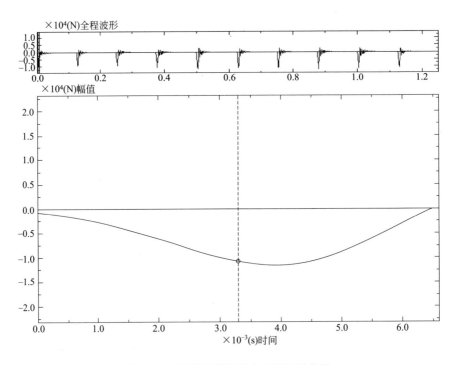

图 3.10　橡胶锤帽激励力时间历程曲线

Fig 3.10　Time history curve for inspiring force of hammer for rubber end

36

DFC-2高弹性聚能力锤是带有力传感器的一种激振设备，作为试验模态测试的重要设备，下面对其性能及控制技术进行研究，以使其可在支挡结构模态试验中得以应用。

图3.10、图3.11已给出橡胶锤帽的时间历程及力谱曲线，图3.12（a）、3.12（b）及图3.13（a）、3.13（b）继续给出锤帽材质分别为塑料与铝合金时时间历程和力谱曲线。比较图3.11和图3.13（a）、3.13（b）看出，在冲击能量大致相等的情况下，随着锤帽材质刚度的增大，激励力能量分布曲线越来越平坦且能量逐渐往高频部分转移。

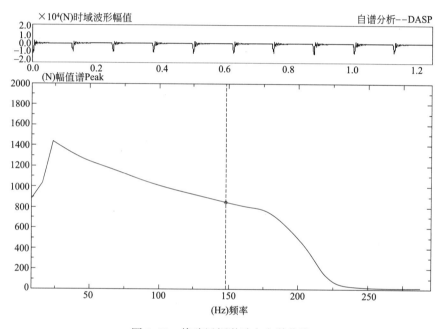

图3.11　橡胶锤帽激励力自谱曲线

Fig 3.11　Self-spectral curve for inspiring force of hammer for rubber end

另一种影响冲击能量分布的因素是力脉冲高度 A_0，它主要取决于输入能量的大小。由于控制输入能量的方法主要是控制冲击锤质量，故在相同冲击速度下，冲击锤质量越小，力脉冲高度 A_0 越小，力谱越平缓。

而对于力锤及结构固定的激励系统，通过在结构与锤敲击接触区域附加垫块，从而改变两者的接触刚度，亦可相应调整激励力频谱的能量分布。例如，在橡胶锤帽与结构的敲击接触区域附加一橡胶垫块，由于接触刚度的降低，将使能量进一步往低频区域转移。对比图3.11未在激力锤与结构接触区域施加垫块与图3.14两者之间施加垫块的力谱图可以明显看出，由于垫块的施加，相对图3.11，图3.14中激励力能量有往低频区集中的趋势。

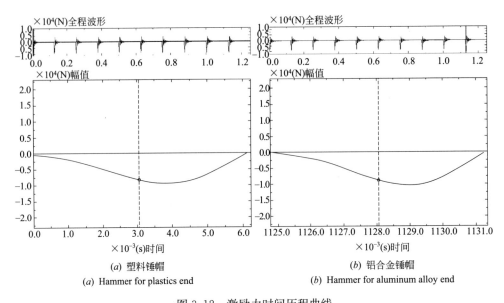

(a) 塑料锤帽

(a) Hammer for plastics end

(b) 铝合金锤帽

(b) Hammer for aluminum alloy end

图 3.12 激励力时间历程曲线

Fig 3.12 Time history curve for inspiring force

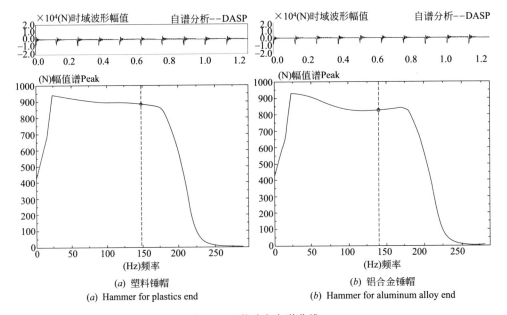

(a) 塑料锤帽

(a) Hammer for plastics end

(b) 铝合金锤帽

(b) Hammer for aluminum alloy end

图 3.13 激励力自谱曲线

Fig 3.13 Self-spectral curve for inspiring force

经试验实测，DFC-2 高弹性聚能力锤最大可获得两吨左右的力，解决了普通力锤单次冲击激励能量小及信噪比低的缺陷。

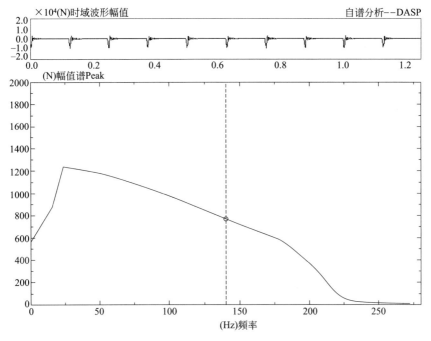

图 3.14 激励锤与结构间加垫块后激励力能量分布

Fig 3.14 Energy distribution of inspiring force with filling pad between hammer and structure

3.4.4 冲击试验中应注意的问题

1. 鉴别试验结构非线性程度

正式试验前，宜用大、中、小三种力度分别锤击试验结构，测量某两点之间的频响函数，对这三种状态下的频响函数进行比较，如果二者基本相同，说明试验结构非线性性质不明显，可采用单次冲击激励方式。否则，宜采用随机冲击激励进行模态实验。

2. 选择合适的冲击方式

对于一般大小和固有频率在 200～300Hz 以下的结构，当非线性性质不明显时，宜采用单次冲击方式；对较大型和固有频率较低的结构，允许有不太强的非线性影响，宜采用随机冲击方式。

3. 选择合适的冲击锤

冲击激励能量输入与频率范围是矛盾的。一方面，总希望结构能得到足够大的激励能量，以提高信噪比。但是，输入能量增大会导致频率范围降低，影响试验的高频特性。因此，选择锤体质量与锤帽刚度是一对矛盾，必须针对实际情况综合考虑：

（1）尽可能将输入能量集中在所希望的频率范围内，要求此范围内的力谱曲线比较平直，下降（或上升）不超过 10～20dB；

（2）力脉冲的宽度不宜太小，应至少采集到力脉冲主瓣的 4 个数据点。

4. 选择合适的敲击点

敲击点宜选在适当远离振动模态反节点的位置。另外，如果结构各部分刚度变化较大，敲击点宜选在刚度较大的部位。

5. 敲击周期的控制

对单次冲击方式，每次采样包含一个力脉冲，敲击周期即采样时间，每次敲击的力度、延续时间应尽最相同，在一次采样中使信号基本衰减到零为佳。对随机冲击激励，每次采样包含多个力脉冲。力脉冲的个数视实际情况而定。各次冲击应尽量做到随机性，避免出现周期性。

6. 防止信号过载

若冲击试验靠手工完成，冲击试验中的过载是一个常见问题，要靠经验控制；在预试验中，应反复调整电荷放大器的量程，避免信号过载。冲击力过大不仅引起测量信号过载，有时还会使结构冲击部位局部变形。

3.5 支挡结构实验模态预实验分析

为了保证模态测试顺利进行，得到可靠有效的测试数据，应对支挡结构的实验模态进行预实验分析，其目的是对传感器的布置位置及激励点位置进行优化确定。

3.5.1 传感器的优化配置

1. 响应点的选择

（1）以矩阵 $\{\psi_A\}$ 的秩为根据的方法

Kammer 提出了一种方法，可以确定每一个候选响应点对模态向量矩阵 $\{\psi_A\}$ 的秩有多大贡献，矩阵 $\{\psi_A\}$ 的秩就等于矩阵 $\{[\psi_A^T][\psi_A]\}$ 的秩（Fisher 信息矩阵）。根据 $\{[\psi_A^T][\psi_A]\}$ 的特征值和特征向量 $\{\psi\}$ 和 $\{\Gamma\}$，Kammer 证明每个保留自由度 i 对 Fisher 信息矩阵的贡献由"有效独立指标" EFI 给出：

$$EfI_i = \mathrm{diag}_i([\psi_A][\psi][\Gamma]^{-1}[\psi]^T[\psi_A]^T)$$
$$= \mathrm{diag}_i([\psi_A][\psi_A]^T[\psi_A]^{-1}[\psi_A]^T) \tag{3.6}$$

用迭代法消去 EfI 值最低的自由度，重新计算新的 EfI 值，这个过程将产生不依赖于目标模态向量的一组最佳响应自由度。

Hemez 证明，如果模态分析的目的是检测并确定大型柔性结构的受损部位，那么就要对结构上具有高负荷承载能力的这些部分予以强调。因此 Hemez 提出采用应变能分布$[\Psi]^T[E]=[Q][R]$作为 Fisher 信息矩阵。

Schedlinski 和 Link 根据模态向量矩阵 ψ_A^T 的 $Q\text{-}R$ 分解制定了一种方法，使响应传感器的位置最佳：

$$[\psi]^T[E]=[Q][R] \tag{3.7}$$

式中　$[E]$——置换矩阵，使$[\psi]^T$的各列交换位置；

　　　$[Q]$——正交矩阵（$[Q]^T[Q]=[I]$）；

　　　$[R]$——对角线元素递减的上三角矩阵。

Schedlinski 和 Link 证明，$[\Psi]^T[E]$ 的列之间的线性无关性可由 $[R]$ 对角线元素的值来度量，从而说明 $[\Psi]^T[E]$ 的前若干列包含着"最线性无关"的向量。照此方法，可选适当的模态数 N_m。及响应点来规定线性无关模态向量。比较压缩后的与原本完整的模态振型向量组的 MAC 矩阵，就可以度量模态向量的无关性程度（模态向量限制为 N_m 个有效自由度）。

（2）初试响应组扩展为次佳响应组的方法

Carne 和 Dohrmann 根据 MAC 提出了一种相当实用的方法。符合只在三轴测量中最为常见的最小自由度组，要加以扩展以便也满足无关性及对应性要求。无关性的度量是 MAC：

$$MAC_{ij}=\frac{([\psi_A]^T[\psi_A])_{ij}([\psi_A]^T[\psi_A])_{ij}}{([\psi_A]^T[\psi_A])_{ii}([\psi_A][\psi_A])_{jj}} \tag{3.8}$$

如果 $i=j$，则 MAC 的值应当是 1；如果 $i\neq j$，则 MAC 值对于不相关的模态向量应当很小。

将自由度 k 加到 $[\psi_A]$ 中去，MAC 就变为：

$$MAC_{ij}=\frac{(([\psi_A]^T[\psi_A])_{ij}+\psi_{Aki}\psi_{Akj})(([\psi_A]^T[\psi_A])_{ij}+\psi_{Aki}\psi_{Akj})}{(([\psi_A]^T[\psi_A])_{ii}+\psi_{Aki}\psi_{Akj})(([\psi_A][\psi_A])_{jj}+\psi_{Aki}\psi_{Akj})} \tag{3.9}$$

此式说明，估计一个附加自由度的影响所需的计算量是很小的。在迭代过程中，要在响应自由度组中加入能导致最小非对角 MAC 值的敏感器。Carne 和 Dohrmann 提出了两种方法：每一步迭代，或者跟踪所有非对角 MAC 值，或者只跟踪最大非对角 MAC 值。

2. 激励点的选择

选择激励点的位置，最显然的方法是以对驱动点留数（DPR）的研究为依据的。留数 A_{ijr} 借助模态参数由下面的频响函数表达式定义：

$$H_{ij}(j\omega)=\sum_{r=1}^{n}\left(\frac{Q_r\Psi_{ir}\Psi_{jr}}{(j\omega-\lambda_r)}+\frac{Q_r^*\Psi_{ir}^*\Psi_{jr}^*}{(j\omega-\lambda_r^*)}\right)\text{或} \tag{3.10}$$

$$H_{ij}(j\omega) = \sum_{r=1}^{n} \left(\frac{A_{ijr}}{(j\omega - \lambda_r)} + \frac{A_{ijr}^*}{(j\omega - \lambda_r^*)} \right) \qquad (3.11)$$

在纯模态情况下，若按单位模态质量换算，模态比例系数则为

$$Q_r = 1/(j2\omega_r) \qquad (3.12)$$

因此驱动点留数（$i=j$）为：$A_{jjr} = (\Psi_{jr}^2)/(j2\omega_r)$ $\qquad (3.13)$

就所有待选激励点和所有关心的模态仔细研究一下驱动点留数（即观察最大值、平均值、最小值或加权平均值），可以得到关于选择激励自由度的许多信息。通常，某（些）自由度对于尽可能多的模态，其 *DPR* 值都大，这样的自由度就是比较好的激励点。

Schedlinski 和 Link 根据 $[\Psi_A]^{\mathrm{T}}[M_A] = [F_A]^{\mathrm{T}}$ 矩阵的 *Q-R* 分解规定了一种方法来优化激励位置。之所以选择这样的驱动力函数，是因为对于比例阻尼情形很容易证明 $[F_A]$ 的第 *j* 列只能激出系统的第 *j* 个模态。以注脚 *A* 表示的这组有效自由度是从前面的预试验阶段得出的那组响应自由度。最佳或次佳激励点选择方法类似于 *Q-R* 分解法。这种方法更加强调这样的事实：如此选择的激励点激励系统时模态比较容易分辨。

3.5.2 实验激励点和响应点的选取步骤及结果

传感器优化布置的主要步骤如下：

（1）由有限元方法得到结构的模态向量矩阵，根据需要选择合适的目标模态数；

（2）对信息矩阵进行分解，求出每个传感器位置对目标模态线性独立性的贡献，并按照大小排序；

（3）删除对目标模态贡献最小的传感器位置，重新计算信息矩阵，并求出剩余每个传感器位置对目标模态线性独立的贡献；

（4）对剩余的传感器重复第 3 步，直到剩余传感器位置为所需传感器数量为止。

3.6 支挡结构模态试验

试验采用变时基脉冲锤击激励法进行模态试验，以北京东方振动和噪声技术研究所 DASP 模态分析软件进行模态及传函分析研究，主要设备有：低频高灵敏度 BZ1109 压电加速度传感器；DFC-2 高弹性聚能中力锤；INV-8 多功能抗混滤波放大器；INV306U-6560 智能信号采集处理分析仪；DASP 测试系统及模态分析软件等。测试系统见图 3.15，所采用的 9 个加速度传感器和聚能锤中的力

传感器灵敏度系数见表 3.1。

(a) 信号源及功率放大器

(b) 冲击锤

(c) 压电式加速度传感器

(d) 分析记录

图 3.15　挡墙模态测试系统

Fig 3.15　Modal testing system of retaining wall

传感器灵敏度系数　　　　　　　　　　　　　　　　表 3.1

Sensitivity coefficients of sensors　　　　　　　　　Table 3.1

传感器	加速度传感器 pc(ms^{-2})									力锤 pc(N)
编号	62	63	65	66	67	68	70	71	72	
灵敏度系数	486.84	522.67	516.71	490.87	486.02	479.12	500.46	493.46	516.41	4.32

为确保支挡结构模态试验顺利进行，识别出其低频模态参数并确保识别精度，采取以下一系列措施：

（1）力锤及锤帽选择

脉冲锤击法精度主要取决于激振能量分配到所求各阶模态是否足够、信噪比是否高，普通力锤难以对大中型低频结构进行激励的原因在于其激励力能量小且力的频谱具有宽带的特性，能量分散。为克服这两个缺点，本试验采用 DFC-2 高弹性聚能力锤，不仅获得了足够的激励力，且激励力时间长、能量集中于低频段。试验时，分别选用铝合金、尼龙及橡胶锤帽进行多次试测，结果表明橡胶锤帽可使挡墙系统前七阶模态频率得到较充分的激发。故本试验采用橡胶锤帽。

（2）变时基采样技术

传统等时基传函做瞬态激励传函分析时，存在频率分辨力与时域波形精度这一对无法克服的矛盾；输入信号需要较高的采样频率以保证力脉冲能被准确采样，但对于大中型结构，输出信号的频谱却具有窄带和低频特性，需要较低的采样频率以保证低频处频率分辨率。为解决这一矛盾，采用基于变时基采样及传函分析的变时基传函细化分析法。原理如下：力脉冲信号采样频率间隔为 Δt_1，响应信号采样间隔为 Δt_2。且 $\Delta t_2 = m \Delta t_1$，其中 m 为变时倍数，这样，采样 N 点后，力及响应信号时间长度 T_1 和 T_2 分别为：$T_1 = N \Delta t_1$；$T_2 = N \Delta t_2$；相应的时间分辨率为：$\Delta f_1 = 1/T_1$，$\Delta f_2 = 1/T_2$；于是 $T_2 = m T_1$，$\Delta f_1 = m \Delta f_2$。由于 Δt_1 较小，力信号可被准确采样；而 Δf_2 较小，响应信号的频率分辨率亦较好。从而提高了时间分辨率、幅值分辨率和频率分辨率，增加了大中型低频结构传函分析的精度。

（3）消噪技术

为消除频率混叠现象可能产生的虚假模态，给模态识别带来困难，试验使用了抗混滤波器；为减少噪声影响，每测点进行 10 次触发采样取平均，使传递函数相干系数趋于稳定，增加了结果的可靠性。

（4）窗函数选择

力脉冲主体为作用时间很短的猝发信号，之后伴随为均值不为零的噪声信号，为消除其影响，进行了加矩形力窗处理；响应信号衰减性能良好，为保持其原有特征，未施加窗函数。

3.6.1　悬臂板式挡墙模态试验

本试验对在实验室所做的悬臂式挡墙进行模态测试，挡墙模型见图 3.16。测点布置前必须对结构振型特征进行预估，以确定合理的测点布置，一般采用有限元进行模态振型模拟。激励点以远离振型节点并确保激发出所关心模态为准，响应点则以远离振型节点和靠近振型幅值点为原则，具体测点布置见图 3.17。

采用单输入多输出（SIMO）方式进行频域法测试，即采用单点激励多点拾振并逐次移动拾振测点的方式进行。原点导纳位置即激发点位置 13。测点数：20，测试方向为垂直墙面方向，分析频率 200k，共锤击四组 f1、f2、f3、f4，每组激发十次。分四种工况进行测试。

工况 1：墙背后无填土，即无土压力情况。

工况 2：墙背后有填土，但无超载（堆载）情况。

测得墙背土压力：墙顶：1027N，墙中：976.6N　墙底：958.3N

(a) 挡墙背面　　　　　　　　　　(b) 挡墙正面

图 3.16　悬臂式挡墙实体模型

Fig 3.16　Entity model of cantilever retaining wall

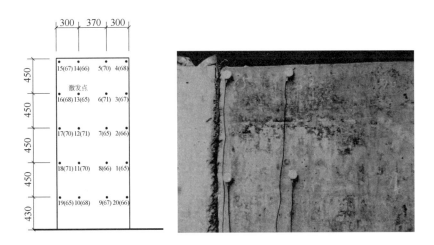

图 3.17　测点布置图（括号内为传感器编号）

Fig 3.17　Arrangement of measuring points

工况 3：墙背后有填土，第一次加载（堆载）。

测得墙背土压力：墙顶：1059N，墙中：990.5N　墙底：957.6N

工况 4：墙背后有填土，继续第二次加载（堆载）。

测得墙背土压力：墙顶：1046.7N，墙中：995.4N 墙底：957.6N

图 3.18～图 3.23 为工况 1 悬臂式挡墙纵向一列响应点和激励点的加速度响应信号，以表现悬臂式挡墙各位置加速度响应的变化。

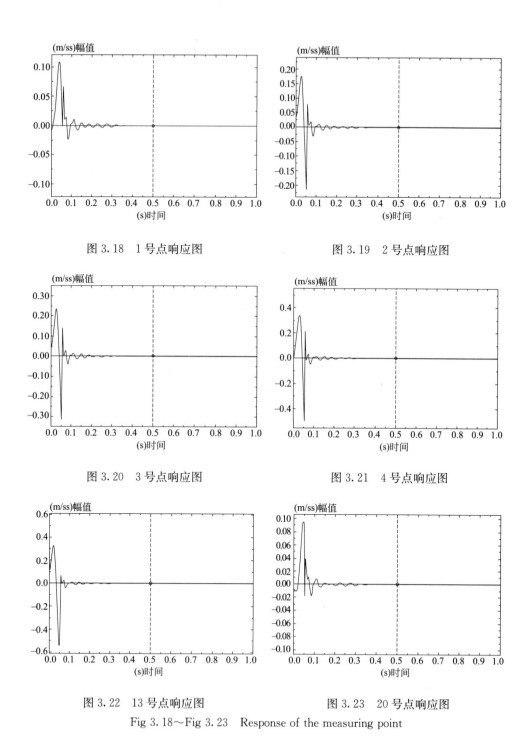

图 3.18　1 号点响应图

图 3.19　2 号点响应图

图 3.20　3 号点响应图

图 3.21　4 号点响应图

图 3.22　13 号点响应图

图 3.23　20 号点响应图

Fig 3.18~Fig 3.23　Response of the measuring point

3.6.2 现场支挡结构模态试验

图 3.24 为重庆金兴大道新建高填方路基悬臂式挡土墙,其有关工程设计参数如下:C25 混凝土浇筑,HRB335 钢筋,混凝土保护层厚度 35mm,挡土墙变厚度立板高 3.5m,每 12m 设置挡墙沉降缝一道,墙后为碎石黏砂填土。其中各材料推荐强度参数为:C25 混凝土:弹性模量,28GPa,泊松比,0.2,重度,2450kg/m³;钢筋:弹性模量,210GPa,泊松比,0.3,重度,7800kg/m³;墙后填土:基床刚度系数,110N/cm³,重度,1800kg/m³,黏聚力,3.8kPa,内摩擦角 31°;土对挡土墙基底摩擦系数 0.47。挡墙配筋及其路基中位置见图 3.25～3.26。

图 3.24 模态试验测试照片

Fig 3.24 Picture of experimental modal test

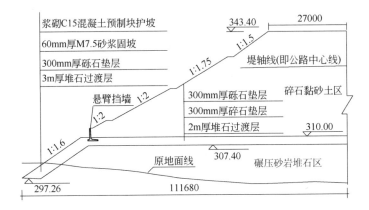

图 3.25 悬臂挡墙在路基中位置(高程单位为 m,其余为 mm)

Fig 3.25 Layout of cantilever retaining wall in subgrade

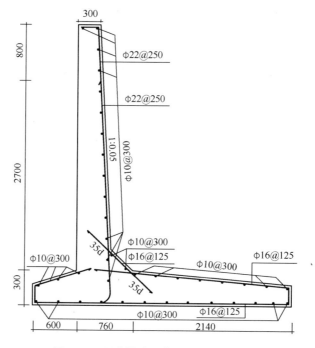

图 3. 26　悬臂挡墙配筋图（单位：mm）

Fig 3. 26　Reinforcement of cantilever retaining wall structure

　　本次试验仪器有：BZ1109 压电加速度传感器；DFC-2 高弹性聚能中力锤；INV-8 多功能抗混滤波放大器；INV306U-6560 智能信号采集处理分析仪；DASP 测试系统及模态分析软件；车载电源等。为确保墙后具有半无限土体的低频悬臂挡墙模态试验成功，识别出模态参数并确保识别精度，所采取的关键技术措施同 3. 6. 1 节。

1. 振型预估

　　在对结构构件和模型进行模态试验时，要对结构产生外部激振力。众所周知，如将激振力置于振动系统的某阶振型节线上，则该阶振型不可能被激发；同样，如将激振力置于系统的某些特定位置上，则可能激发某些特定的振型，这就是现代控制理论中的所谓系统可控性问题。L. A-Kashnagkai 等进行了激励敏感性的研究，即考察外部激励的参数变化对测试结果的影响，如激励类型、激励持续时间、作用方向和激励幅值等的变化。所以为了进行参数识别，在进行模型试验或现场试验时都需要根据具体情况来确定外部激励的布置。这就需要按照参数识别的模态要求来进行激励布置。为了保证系统的可辨识性即可控性和可观性，一般要求激励点不应靠节点太近。这就要求最佳激励点的位移响应值不为零。由于本实验采用加速度传感器，实测的响应信号为加速度响应信号，因此最佳激励点的位置应该选在自由度加速度较大的点。在对现场模型进行简化后，建立了有限元数值模型，并对应用 ANSYS 有限元模态分析模块进行模态分析，得出数值模型的所有频率和振型，并进一步分析其频率及特征值，可以大致确定结构在分析频带内的固有频率、振型及节点位置，使测点尽量避免与节点重合，可以使测试结果更加准确可靠。具体选择激励点与响应点的布置原理及方法见文献[54]，在这里不再赘述。

图 3.27　悬臂挡墙墙体结构振型（依次为 1、2、6 阶）

Fig 3.27　Vibration mode of the cantilever retaining wall

structure（respectively the first，second and the sixth rank）

低应变条件下，土体中墙底板对立板具有足够的锚固作用，故可将立板简化为底部固结的悬臂板，对其进行有限元模态分析。ANSYS 数值模拟时，墙体结构刚度、质量矩阵均采用钢筋混凝土单元 SOLID65 模拟；墙背配筋区为带筋 SOLID65 单元，墙面附近无筋区域为无筋 SOLID65 单元；经有限元模拟，对应的各阶振型特征为：1 阶，绕墙底弯曲；2 阶，绕墙跨度中心线反对称转动；3 阶，绕墙跨度 1/4、3/4 线对称转动；4 阶，绕墙跨度 1/6、3/6、5/6 线反对称转动；5 阶，绕墙跨度 1/8、3/8、5/8、7/8 线反对称转动；6 阶，绕墙跨度 1/10、3/10、5/10、7/10、9/10 线反对称转动 7 阶，绕挡跨度 1/10、3/10、5/10、7/10、9/10 线对称转动；8 阶，绕墙 1/2 高度线弯曲；9 阶，弯转组合，振型复杂。图 3.27 为 1、2、6 阶振型。

2. 激励点及响应点的布置

测点位置、测点数量及测量方向的选定应考虑以下两方面的要求：

（1）能够在变形后明确显示在试验频段内的所有模态的变形特征及各模态间的变形区间；

（2）保证所关心的结构点（如在安装时要与其他部件连接的点）都在所选的测量点之中。

激励点选择以远离振型节点，且保证激发出所关心模态为标准；响应测点则以远离振型节点和靠近振型幅值点为原则，依据有限元模态分析结果，经多次试锤，共布置响应测点 39 个（见图 3.28，图中黑点代表锤击力测点，圆圈代表响应测点，单位为 m）；测试方向为垂直墙面方向。试验采用单点激励，多点拾振并逐次移动拾振点的方式进行；共激励 6 组，前五组每次拾振点均为 7 个，最后一组拾振点为 4 个；测试见图 3.28。

振点均为 7 个，第六组拾振点为 4 个，具体测试结果在后续几章中给出。

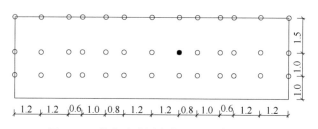

图 3.28　模态试验测点布置图（单位为 m）

Fig 3.28　Distributing of experimental modal test point

3. 试验过程

针对悬臂式挡土墙这种低频岩土结构，具体模态测试过程如下：在悬臂式挡土墙的相应位置，设置加速度传感器，通过锤击激励引起悬臂式挡土墙的振动，信号发生器发出的激振信号经功率放大器放大后给予激振器，产生一定大小和波形的激振力，经力锤、力传感器将力信号转换成电信号，经 INV-8 多功能抗混滤波放大器滤波放大后接到 INV306U-6560 智能信号采集处理分析仪进入计算机。响应信号经加速度传感器将加速度信号转换成电信号，经 INV-8 多功能抗混滤波放大器滤波放大后接到 INV306U-6560 智能信号采集处理分析仪进入计算机。最终得到输入与输出信号，通过频响函数识别软件得到频响函数矩阵，再经过模态参数识别软件进行识别后，得到系统的模态参数。

由于试验条件限制，对悬臂式挡土墙的振动试验采用单点脉冲激励多点采集的方式，为降低测试噪声和不定因素的影响，采取了以下措施：

在试验过程中：

（1）为了满足动力测试需要，锤击时应做到：快速；在满足能量传递的要求下，接触点面积应尽可能小。

（2）在冲击激励过程中，为了要捕捉到完整的冲击波形，采用负延时触发采样。在本试验中，采用了-32ms 触发采样。

（3）增加测量的次数，作线性平均处理。试验中仅作一次测量是得不到准确的频响函数的，解决的办法就是增加测量次数，并对测量数据作线性平均处理。敲击的同时启动采样。采用 7 个加速度传感器和一个力传感器多点多次测试，共计测试了 7 次触发采样，39 个点 6 组数据。

（4）利用力锤激励悬臂式挡土墙的同时，通过 INV-8 多功能抗混滤波放大器及 INV306U-6560 智能信号采集处理分析仪显示经过处理后的幅值谱和相位谱。

（5）为消除频率混叠现象可能产生的虚假模态，给模态识别带来困难，试验使用了抗混滤波器；为减少噪声影响，每测点进行 7 次触发采样取平均，使传递函数相干系数趋于稳定，增加了结果的可靠性。

（6）在用力锤激励悬臂式挡土墙的过程中，力作用时间极短，力脉冲主体为作用时间很短的猝发信号，其频谱在所有频段内可视为等强度，其包含的频率成分多，容易激起结构的多阶固有模态。对于这样力脉冲信号，意味着脉冲持续时间短，脉冲之后伴随为均值不为零的噪声信号，为确保锤击力是脉冲力，采用加瞬态窗（矩形力窗）的方法，这样可以大大提高激励信号的信噪比。响应信号衰减性能良好，为保持其原有特征，未施加窗函数。

（7）试验频段的选择应考虑机械或结构在正常运行条件下激振力的频率范围。通常认为，远离振源的模态对结构实际振动响应的贡献较小，甚至认为低频激励激出的响应不含高阶模态的贡献。实际上，高频模态的贡献除了与激励频带有关外，还与激振力的分布状态有关。因此，试验频段应适当高于振源频段。对于悬臂式挡土墙模态测试试验来说，本项目所关心的主要是低阶模态，所以，所取试验频段在 $0 \sim 150 \mathrm{Hz}$ 之间。

（8）试验采用变时基采样。

具体模态分析结果见后续各章。

4 支挡结构动态信号后处理技术

4.1 引 言

根据实测激励和响应的时间历程，通过一定方法获得测试结构的非参数模型——频响函数或脉冲响应函数。这一过程称为动态信号后处理。需获得何种非参数模型是由拟采用的参数识别方法决定的。如果用频域法，必须求得系统的频响函数；如果用时域法，有时需要由频响函数求得脉冲响应函数，有时只需自由衰减振动的离散数字信号即可。动态信号后处理一般采用数字式频率分析系统，即动态信号分析系统，其基本处理技术包括采样和量化、加窗、FFT、平均、数字滤波、细化等。涉及的基本问题有采样速率、频率混淆、泄漏、功率谱估计、噪声影响等[132,133]。了解以上问题，对获得有效的非参数模型有重要意义。

图 4.1 为数字信号分析系统的一般原理框图。图中模拟输入一般为两通道，一为激励信号输入，另一为响应信号输入。

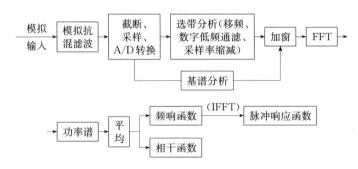

图 4.1 数字信号分析系统的一般原理框图

Fig 4.1 general principles block diagram of digital signal analysis system

对信号进行分析处理的第一步就是将传感器传来的电信号进行放大、滤波等处理后，通过模拟/数字转换器（A/D 转换）将模拟信号变换成数字信号，然后输入到电脑，再由相关的分析软件对数字信号进行各种处理和计算分析，并储存测量数据和分析结果。所以对信号进行分析处理的第一步就是信号采样。

4.1.1 模拟信号的离散化

从传感器获得的连续模拟信号只有转换成一系列离散的数值才能输入到计算

机中进行处理，信号采样就是在一系列的离散时间瞬间对模拟信号取值的过程。若时域信号 $x(t)$ 想在 $t=\Delta t$ 点是连续有限，则该点的样点值可表示为：

$$\hat{x}(t)=x(t)\delta(t-\Delta t)=x(\Delta t)\delta(t-\Delta t) \tag{4.1}$$

即样点值为幅度等于 Δt 时刻的信号值的一个脉冲。若信号 $x(t)$ 在 $t=n\Delta t$（$n=0,\pm1,\pm2,\cdots$）所有离散点上连续有值，那么 $x(t)$ 的离散信号 $\hat{x}(t)$ 为：

$$\hat{x}(t)=x(t)\sum_{n=-\infty}^{\infty}\delta(t-n\Delta t)=\sum_{n=-\infty}^{\infty}x(n\Delta t)\delta(t-nt) \tag{4.2}$$

由此可见，离散信号是一个无限多的脉冲序列，每个脉冲的幅度等于脉冲出现时刻的信号值。在数学上，离散信号可表示为连续信号和梳状函数（comb function）的乘积，这里梳状函数起到"采样器"的作用，故称"采样函数"。离散函数的导出过程可用图 4.2 的例子来说明。

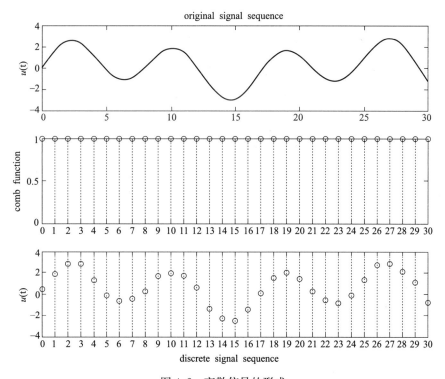

图 4.2 离散信号的形成

Fig 4.2 Foundation of discrete signal

4.1.2 混频效应、时域和频域采样定理

采样不仅要将连续函数简单地离散化，还要求采样应保留原始信号的全部信息，能完全恢复原始信号。这就是采样理论所考虑的：在什么条件下，一个连续

时间信号可以完全地用等时间间隔的瞬时值或采样值表示，并且当获得这些采样值后，可以完全恢复信号本身。

混频效应：混频又称频谱混叠效应，是由于采样信号频谱发生变化，而出现高、低频成分发生混淆的现象。如图 4.3 所示的连续信号的频谱，现设连续信号 $x(t)$ 的频谱 $X(f)$ 满足如下条件：

$$X(f)=0 \qquad |f|>f_c \tag{4.3}$$

即连续信号的频谱在频率轴上的宽度是有限的，式中 f_c 为"截止频率"。由于离散信号的频谱 $\hat{X}(f)$ 是一个周期谱图，其周期为 f_0，即 $\hat{X}(f)$ 是由无限多个频谱 $X(f-nf_0)$ 之和，而 $X(f-nf_0)$ 又是连续信号 $x(t)$ 的频谱 $X(f)$ 沿 f 轴做间距 f_0 的无限多次平移而得的，因此当 $X(f)$ 在频率轴上的平移间距 $f_0<2f_c$ 时，可得到平移后的 $\hat{X}(f)$ 图形，如图 4.4 所示。由图 4.4 可看出，离散信号的频谱 $\hat{X}(f)$

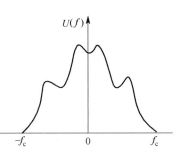

图 4.3　连续信号的频谱

Fig 4.3　Frequency spectrum of continuous signal

在每个 f_0 的区段内出现了谱的重叠现象。在重叠的区段内，离散信号的频谱就不等于连续信号的频谱，即在 $\hat{X}(f)$ 中引进了"假频成分"。这时若在区间 $(-f_c/2,f_c/2)$ 内对 $\hat{X}(f)$ 做傅里叶逆变换就不能获得原来的连续信号 $x(t)$。可见，必须要求 Δt 或 f_0 满足一定条件方能避免混频效应。

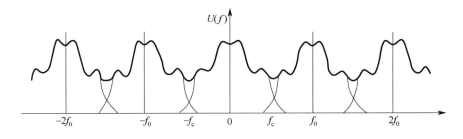

图 4.4　混频效应

Fig 4.4　effects of frequency overlap

时域采样定理：假定时域信号 $x(t)$ 的频谱 $X(f)$ 具有截止频率 f_c，当采样间距 Δt 或频率 f_0 满足：

$$\Delta t \leqslant 1/2f_c \quad 或 \quad f_0 \geqslant 2f_c \tag{4.4}$$

时，离散信号 $\hat{x}(t)$ 的频谱 $\hat{X}(f)$ 存在如下关系：

$$\hat{X}(f)=X(f), \quad |f|\leqslant f_0/2 \tag{4.5}$$

也就是说，在频域区间 $(-f_0/2, f_0/2)$ 内对 $\hat{U}(f)$ 作傅里叶变换便可获得原连续信号 $u(t)$，$\Delta t=1/2f_c$ 和 $f_0=2f_c$ 分别为最大（或最佳）采样间距和最小（或最佳）采样频率，又称为尼奎斯特（Nyquist）采样频率。

频域采样定理：在频域中同样存在与时域类似的采样定理，即当采样间距 Δf 或时域的平移间距 T 满足：

$$\Delta f\leqslant 1/2T_c \quad \text{或} \quad T\geqslant 2T_c \tag{4.6}$$

时，才能无失真地恢复原信号。

由采样定理知，消除频率混叠的途径有两种：

（1）提高采样频率 f_0，即缩小采样时间间隔 Δt，使 $f_0\geqslant 2f_c$。然而实际的信号处理系统不可能达到很大的采样频率，处理不了很多的数据。另外，许多信号本身可能包含 $0\sim\infty$ 的频率成分，不可能将采样频率提高到 ∞。所以，靠提高采样频率避免频率混叠是有限制的。

（2）采用抗混滤波器，在采样频率 f_0 一定的前提下，通过低通滤波器滤掉高于 $f_N=f_0/2$ 的信号频率成分，通过低通滤波的信号则能避免出现频率混叠。此处低通滤波器的作用起到抵抗混频作用，故称为抗混滤波器。

4.1.3 泄漏和窗函数

动测信号频域处理是建立在傅里叶变换的基础上的，通常意义下傅里叶变换是针对无限长时间的信号采样，但实际上只能采集有限时间长度的信号数据。这相当于用一个矩形时间窗函数对无限长时间的信号突然截断，截取的有限长信号不能完全反映原信号的频率特性。这种时域上的截断导致本来集中于某一频率的能量，部分被分散到该频率附近的频域，造成频域分析出现误差。具体地说，会增加新的频率成分，并且使谱值大小发生变化，这种现象称为频率泄漏或谱泄漏。减少信号截断造成谱泄漏的一种方法是加大傅里叶变换的数据长度；另一种方法则是对要进行傅里叶变换的信号乘上一个函数，使该信号在结束处不是突然截断，而是逐步衰减平滑过渡到截断处，这样就能减少谱泄漏。这一类的函数称为窗函数，在实验模态分析中，对不同类型的信号，在截断处理中所用窗函数亦不相同。对稳态信号，常用窗函数有汉宁窗、海明窗、布莱克曼窗、三角形窗余弦坡度窗以及帕曾窗。

1. 汉宁窗

$$w(t)=\begin{cases} \dfrac{1}{2}\left(1+\cos\dfrac{\pi t}{T}\right) & 0\leqslant t\leqslant T \\ 0 & t>T \end{cases} \tag{4.7}$$

汉宁窗的频谱实际上是由三个矩形窗经相互频移叠加而成，汉宁窗的第一旁瓣幅值是主瓣幅值的 0.027，这样旁瓣可以最大限度地互相抵消，从而达到加强主瓣的作用，使泄露得到较为有效的抑制。采用汉宁窗函数可以使主瓣加宽，频谱幅值精度大为提高，因此，对要求显示不同频段上各个频率成分的不同贡献而不关心频率分辨率的问题时，可以使用汉宁窗。

2. 海明窗

$$w(t)=\begin{cases} 0.54+0.46\cos\dfrac{\pi t}{T} & 0\leqslant t\leqslant T \\ 0 & t>T \end{cases} \tag{4.8}$$

海明窗与汉宁窗同属于余弦类窗函数，它比汉宁窗在减小旁瓣幅值方面效果更好，但主瓣比汉宁窗也稍宽一些。海明窗的最大旁瓣高度比汉宁窗低，约为汉宁窗的 1/5，这是海明窗比汉宁窗优越之处。但是，海明窗的旁瓣衰减不及汉宁窗迅速，这是汉明窗的缺点。

3. 布莱克曼窗

$$w(t)=\begin{cases} 0.42+0.5\cos\dfrac{\pi t}{T}+0.08\cos\dfrac{2\pi t}{T} & 0\leqslant t\leqslant T \\ 0 & t>T \end{cases} \tag{4.9}$$

布莱克曼窗和汉宁窗及海明窗一样同属于广义余弦窗函数。在与汉宁窗及海明窗相同长度的条件下，布莱克曼窗的主瓣稍宽，旁瓣高度稍低。

4. 三角形窗

$$w(t)=\begin{cases} 1-\dfrac{t}{T} & 0\leqslant t\leqslant T \\ 0 & t>T \end{cases} \tag{4.10}$$

三角形窗旁瓣较小，且无负值，衰减较快，但主瓣宽度加大，且使信号产生畸变。

5. 余弦坡度窗

$$w(t)=\begin{cases} 1 & 0\leqslant t\leqslant\dfrac{4T}{5} \\ \dfrac{1}{2}\left(1+\cos\dfrac{5\pi t}{T}\right) & \dfrac{4T}{5}\leqslant t\leqslant T \\ 0 & t>T \end{cases} \tag{4.11}$$

余弦坡度窗是动测信号处理中常用的一种窗函数，是由矩形窗加汉宁窗组合而成。它的窗函数曲线大部分持续时间里很平，如同矩形窗那样，之后加一段汉宁窗，平滑衰减到截断处。余弦坡度窗的优缺点介于矩形窗和汉宁窗之间。因为矩形窗的频率主瓣窄，谱值衰减小，而汉宁窗的旁瓣小，主瓣宽。因此，把两者结合起来取长补短，达到既有较窄频率主瓣，又有较好的抑制谱泄漏效果。

6. 帕曾窗

$$w(t)=\begin{cases}1-6\left(\dfrac{t}{T}\right)^2+6\left(\dfrac{t}{T}\right)^3 & 0\leqslant t\leqslant \dfrac{T}{2}\\[2mm]2\left(1-\dfrac{t}{T}\right)^3 & \dfrac{T}{2}\leqslant t\leqslant T\\[2mm]0 & t>T\end{cases} \qquad (4.12)$$

帕曾窗是一种高次幂窗，但主瓣比汉宁窗窄，瓣幅值高一些。

瞬态时域信号与稳态时域信号有着重要差别。瞬态时域信号本身不是无限长信号，在有限时间内能衰减至零。如果一次采集样本能覆盖整个衰减过程，则截断信号与原信号没有任何差别。这种信号称为自加窗信号。显然这种信号截断后不会带来泄漏误差，这是重要优点之一。然而，进一步考察瞬态响应信号，如果阻尼较小，自由衰减时间较长，一次采集样本时间内信号不能衰减至零，截断信号仍会带来泄漏。为此，在截断时可人为给信号加上"阻尼"，使截断信号在末尾近乎衰减至零，这一过程由加指数窗或高斯窗实现。对瞬态激励信号，主要信号为作用时间很短的猝发信号，之后一般总伴随均值不为零的噪声信号。采用加矩形窗的方法，可消除这些噪声的影响。

（1）指数窗

$$w(t)=\mathrm{e}^{-at} \qquad (4.13)$$

式中 a 称为指数窗的衰减指数。

指数窗常用于结构冲击试验的数据处理。当系统受到瞬态激励时，往往要做自由衰减运动，如果结构的阻尼很小，幅值衰减的时间就越长，在进行有限点采样时因时域截断而产生的能量泄漏就越大，频谱产生的畸变也就越严重。用指数窗对冲击信号进行加权可以加速信号的衰减。指数窗无负的旁瓣，而且没有旁瓣波动，因而不会引起计算谱中假的极大值或极小值，它的缺点是频率窗函数主瓣太宽，使得分辨率降低。

（2）高斯窗

$$w(t)=\begin{cases}\mathrm{e}^{-at^2} & 0\leqslant t\leqslant T\\0 & t>T\end{cases} \qquad (4.14)$$

高斯窗是指数窗的一种，它也无负的旁瓣，而且没有旁瓣波动，因而不会引起计算谱中假的极大值或极小值，而且高斯窗频率窗函数的主瓣比指数窗的主瓣窄，分辨率比指数窗有所提高。

（3）矩形窗

$$w(t)=\begin{cases}1 & 0\leqslant t\leqslant T\\0 & t>T\end{cases} \qquad (4.15)$$

矩形窗的宽度 T 为包含力脉冲宽度 τ 的作用时间。

4.2 动测信号的预处理方法

通过传感器、放大器或中间变换器和数据采集仪对被测物体进行振动测试时所得到的信号，通过测试过程中测试系统外部和内部各种因素的影响，必然在输出过程中夹杂着许多不需要的成分，这样就需要对所得信号做初步加工处理，修正信号的畸变，剔除混杂在信号中的噪声和干扰，削弱信号中的多余内容，强化突出感兴趣的部分，使初步处理的结果尽可能真实地还原成实际的振动信号。

4.2.1 消除多项式趋势项

在振动测试中采集到的振动信号数据，由于放大器随温度变化产生的零点漂移，传感器频率范围外低频性能不稳定以及传感器周围的环境干扰，往往会偏离基线，甚至偏离基线的大小还会随时间变化。偏离基线随时间变化的整个过程被称为信号的趋势项。趋势项直接影响信号的正确性，应该将其去除。常用的消除趋势项的方法是多项式最小二乘法。以下介绍该方法的原理。

实测振动信号的采样数据为 $\{x_k\}(k=1,2,3,\cdots,n)$，由于采样数据是等时间间隔的，为简化起见，令采样时间间隔 $\Delta t=1$，设一个多项式函数：

$$\hat{x}_k=a_0+a_1k+a_2k^2+\cdots+a_mk^m(k=1,2,3,\cdots,n) \tag{4.16}$$

确定函数 $\hat{x}_k$ 的各待定系数 $a_j(j=0,1,\cdots,m)$，使得函数 $\hat{x}_k$ 与离散数据 x_k 的误差平方和为最小，即

$$E=\sum_{k=1}^{n}(\hat{x}_k-x_k)^2=\sum_{k=1}^{n}(\sum_{j=1}^{m}a_jk^j-x_k)^2 \tag{4.17}$$

满足 E 有极值的条件为：

$$\frac{\partial E}{\partial a_i}=2\sum_{k=1}^{n}k^i(\sum_{j=0}^{m}a_jk^j-x_k)=0(i=0,1,\cdots,m) \tag{4.18}$$

解方程组，求出 $m+1$ 个待定系数 a_j $(j=0,1,\cdots,m)$。上面各式中，m 为设定的多项式阶次，其值范围为 $0 \leqslant j \leqslant m$。

当 $m=0$ 时求得的趋势项为常数，有：

$$\sum_{k=1}^{n}a_0k^0-\sum_{k=1}^{n}x_kk^0=0 \tag{4.19}$$

解方程得：

$$a_0=\frac{1}{n}\sum_{k=1}^{n}x_k \tag{4.20}$$

可以看出，当 $m=0$ 时趋势项为信号采样数据的算术平均值。消除常数趋势项的计算公式为：

$$y_k = x_k - \hat{x}_k = x_k - a_0 \quad (4.21)$$

当 $m=1$ 为线性趋势项，有：

$$\begin{cases} \sum_{k=1}^{n} a_0 k^0 + \sum_{k=1}^{n} a_1 k - \sum_{k=1}^{n} x_k k^0 = 0 \\ \sum_{k=1}^{n} a_0 k + \sum_{k=1}^{n} a_1 k^2 - \sum_{k=1}^{n} x_k k = 0 \end{cases} \quad (4.22)$$

解方程组，得：

$$\begin{cases} a_0 = \dfrac{2(2n+1)\sum_{k=1}^{n} x_k - 6 \sum_{k=1}^{n} x_k k}{n(n-1)} \\ a_1 = \dfrac{12 \sum_{k=1}^{n} x_k k - 6(n-1)\sum_{k=1}^{n} x_k}{n(n-1)(n+1)} \end{cases} \quad (4.23)$$

消除线性趋势项的计算公式为

$$y_k = x_k - \hat{x}_k = x_k - (a_0 - a_1 k)(k=1,2,3,\cdots,n) \quad (4.24)$$

$m \geqslant 2$ 时为曲线趋势项。在实际振动信号数据处理中，通常取 $m=1\sim3$ 来对采样数据进行多项式趋势项消除的处理。

4.2.2 采样数据的平滑处理

通过数据采集器采样得到的振动信号数据往往叠加有噪声信号。噪声信号除了有 50Hz 的工频及其倍频程等周期性的干扰信号外，还有不规则的随机干扰信号。由于随机干扰信号的频带较宽，有时高频成分所占比例还很大，使得采集到离散数据绘成的振动曲线上呈现许多毛刺，很不光滑。为了削弱干扰信号的影响，提高振动曲线光滑度，常常需要对采样数据进行平滑处理。另外，数据平滑还有一个特殊用途，即消除信号的不规则趋势项。在振动测试过程中，有时测试仪器由于受到某些意外干扰，造成个别测点的采样信号产生偏离基线较大，形状又不规则的趋势项。可以用滑动平均法对这个信号进行多次数据平滑处理，得到一条光滑的趋势项曲线，用原始信号减去趋势项，即消除了信号的不规则趋势项。

1. 平均法

平均法的基本计算公式为：

$$y_i = \sum_{m=-N}^{N} h_n x_{i-n} (i=1,2,\cdots,m) \quad (4.25)$$

式中，x 为采样数据；y 为平滑处理后的结果；m 为数据点数；$2N+1$ 为平均点数；h 为加权平均因子；若将式(4.25)看作一个滤波公式，h 还可称为滤波因子。

加权平均因子必须满足下式：

$$\sum_{m=-N}^{N} h_m = 1 \qquad (4.26)$$

对于简单平均法 $h_m = 1/2(2N+1)(n=0,1,2,\cdots,N)$，即

$$y_i = \frac{1}{2N+1}\sum_{m=-N}^{N} x_{i-m} \qquad (4.27)$$

对于加权平均法，若作五点加权平均（$N=2$），可取

$$\{h\} = (h_{-2},h_{-1},h_0,h_1,h_2) = \frac{1}{9}(1,2,3,2,1) \qquad (4.28)$$

利用最小二乘法原理对离散数据进行线性平滑的方法称为直线滑动平均法，五点滑动平均（$N=2$）的计算公式为：

$$\left.\begin{aligned}
y_1 &= \frac{1}{5}(3x_1+x_2+x_3-x_4) \\
y_2 &= \frac{1}{10}(4x_1+3x_2+2x_3+x_4) \\
&\vdots \\
y_i &= \frac{1}{5}(x_{i-2}+x_{i-1}+x_i+x_{i+1}+x_{i+2}) \\
&\vdots \\
y_{m-1} &= \frac{1}{10}(x_{m-3}+2x_{m-1}+3x_{m-1}+4x_m) \\
y_m &= \frac{1}{5}(-x_{m-3}+x_{m-2}+2x_{m-1}+3x_m)
\end{aligned}\right\} (i=3,4,\cdots,m-2) \quad (4.29)$$

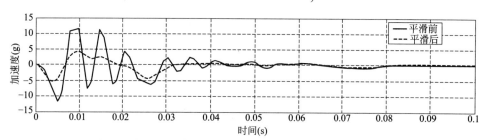

图 4.5 振动响应信号平滑后波形的对比（五点滑动平均法）

Fig 4.5 contrast after smoothing vibration response signal

2. 五点三次平滑法

五点三次平滑法是利用最小二乘法原理对离散数据进行三次最小二乘多项式平滑的方法，五点三次平滑法计算公式为：

$$y_1 = \frac{1}{70}\left[69x_1 + 4(x_2 + x_4) - 6x_3 - x_5\right]$$

$$y_2 = \frac{1}{35}\{2[(x_1 + x_5) + 27x_2 + 12x_3 - 8x_4]\}$$

$$\vdots$$

$$y_i = \frac{1}{35}\left[-3(x_{i-2} + x_{i+2}) + 12(x_{i-1} + x_{i+1}) + 17x_i\right]$$

$$\vdots$$

$$y_{m-1} = \frac{1}{35}\left[2(x_{m-4} + x_m) - 8x_{m-3} + 12x_{m-2} + 27x_{m-1}\right]$$

$$y_m = \frac{1}{70}\left[-x_{m-4} + 4(x_{m-3} + x_{m-1}) - 6x_{m-2} + 69x_m\right]$$

$$(i = 3, 4, \cdots, m-2)$$

$$(4.30)$$

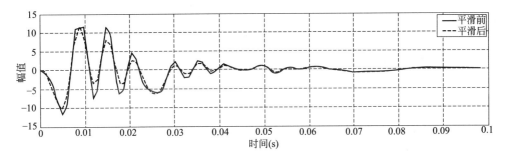

图 4.6 振动响应信号平滑后波形的对比（五点三次平滑法）

Fig 4.6 contrast after smoothing vibration response signal

(Five points three times smoothing)

图 4.5、图 4.6 为悬臂式挡墙模态实验中，工况一测点 2 的振动响应信号进行五点滑动平均法和五点三次平滑法的处理结果。

4.3 动测信号的频域处理方法

频域处理也称为频谱分析，是建立在傅里叶变换基础上的时频变换处理，所得到的结果是以频率为变量的函数，称为谱函数。频域处理的主要方法为傅里叶变换，傅里叶变换的结果称为傅氏谱函数，是由实部和虚部组成的复函数。傅氏谱的模称为幅值谱，相角称为相位谱。振动信号的幅值谱可用来描述振动的大小随频率的分布情况，相位谱则反映振动信号的各频率成分相位角的分布情况。随机振动信号的频域处理以建立在数理统计基础上的功率谱密度函数为基本函数，通过自功率谱和互功率谱可以导出频响函数和相干函数。频响函数是试验模态参数频域识别的基本数据。相干函数则是评定频响函数估计精度的一个重要参数。另外，频域处理的方法还有细化傅里叶变换、实倒谱、复倒谱、三分之一倍频程谱以及反应谱等。振动信号频域和时域分析从两个不同的角度来研究动态信号，时域分析是以时间轴为坐标表示各种物理量的动态信号波形随时间的变化关系，频谱分析是通过傅里叶变换把动态信号变换为以频率轴为坐标表示出来。时域表示较为形象和直观，频域表示信号则更为简练，剖析问题更加深刻和方便。

由于在支挡结构动测过程中所得到的信号都是离散的、非周期信号，它无法用准确的解析式来表达。要对这些信号进行分析处理，必须弄清这些信号的频谱分布规律，即将信号的时域描述通过数学处理变换在频域内进行描述，称频谱分析。在信号处理中常见的 3 种数学变换有：傅里叶变换、拉普拉斯变换、Z 变换等。其中，傅里叶变换把信号从时域变换到频域进行分析；拉普拉斯变换将微分方程变换为代数方程，使分析线性连续时间系统得以简化；Z 变换则把差分方程变换为代数方程，从而使分析离散系统得以简化，对于动测信号的处理主要是运用傅里叶变换。

4.3.1　傅里叶变换

在傅里叶变换中，通常包括如下几种变换：连续傅里叶变换（CFT）、离散傅里叶变换（DFT）、快速傅里叶变换（FFT）等。其中，每一种后续算法都是对前一算法的发展或改进。这里，我们主要讨论应用最广泛的 FFT 算法。快速傅里叶变换（FFT）可分为两种：一种是在每次分解时均将序列从时域上按偶数奇数提取，故称为时间抽取法，另一种是按输出 $X(k)$ 在频域上顺序属于偶数还是奇数分为两组，故称为频率抽取法。

1. 连续傅里叶变换（CFT）

对于一个非周期的连续时间信号 $x(t)$ 来说，它的傅里叶变换应该是一个连续的频谱 $X(\omega)$：

$$FT: X(\omega) = \int_{-\infty}^{\infty} x(t)\, \mathrm{e}^{-j\omega t}\, \mathrm{d}t \qquad IFT: x(t) = \int_{-\infty}^{\infty} X(\omega)\, \mathrm{e}^{j\omega}\, \mathrm{d}\omega \quad (4.31)$$

对于无限连续信号的傅里叶变换共有四种情况：

（1）对于非周期连续信号 $x(t)$，频谱 $X(\omega)$ 是连续谱；

（2）对于周期连续信号，傅里叶变换转变为傅里叶级数，因而其频谱是离散的；

（3）对于非周期离散信号，其傅里叶变换是一个周期性的连续频谱；

（4）对于周期离散的时间序列，其频谱也是周期离散的。

第四种亦即时域和频域都是离散的信号，且都是周期的，可以利用计算机实施频谱分析提供了一种可能性。对这种信号的傅里叶变换，只需取其时域上一个周期（N 个采样点）和频域一个周期（同样为 N 个采样点）进行分析，便可了解该信号的全部过程。

2. 离散傅里叶变换（DFT）

对有限长度的离散时域或频域信号序列进行傅里叶变换或逆变换，得到同样为有限长度的离散频域或时域信号序列的方法，便称为离散傅里叶变换（digital Fourier transform，DFT）或其逆变换（IDFT）。

3. 快速傅里叶变换（FFT）

FFT 算法的基本思想是充分利用因子 W_N 的周期性和对称性，避免重复运算，将长序列的 DFT 分割为短序列的 DFT 的线性组合，从而达到整体降低运算量的目的。其算法原理如下：

对于离散的非周期信号，要从总体上分析其频谱分布规律，离散傅里叶变换（DFT）是合适的工具，其数学表达式为：

$$X(k)=\sum_{n=0}^{N-1}x(n)W_N^{nk} \quad k=0,1,2,\cdots,N-1 \tag{4.32}$$

$$x(n)=\sum_{n=0}^{N-1}X(k)W_N^{-nk} \quad k=0,1,2,\cdots,N-1 \tag{4.33}$$

式中 $W_N=e^{-j2\pi/N}$，在检测过程中，信号的采样长度为 512 或 1024 或 2048 个采样点，其长度满足 $N=2^k$ 的规律，故可以采用离散傅里叶变换的快速算法，即 FFT 变换。该算法的实质是：

将序列 $x(n)$ 按序号 n 的奇偶分成两组，即：

$$x(n)=x(2n) \tag{4.34}$$

$$x(n)=x(2n+1) \quad n=0,1,2,\cdots,N/2-1 \tag{4.35}$$

因此，$x(n)$ 的傅里叶变换可写成为：

$$X(k)=\sum_{n=0}^{N/2-1}x(2n)W_N^{2nk}+\sum_{n=0}^{N/2-1}x(2n+1)W_N^{(2n+1)k}$$

$$=\sum_{n=0}^{N/2-1}x_1(n)W_{N/2}^{nk}+\sum_{n=0}^{N/2-1}x_2(n)W_{N/2}^{nk} \tag{4.36}$$

所以，

$$X(k)=X_1(k)+W_N^kX_2(k),k=0,1,2,\cdots,N/2-1 \tag{4.37}$$

式中 $X_1(k)=\sum_{n=0}^{N/2-1}x(2n)W_{N/2}^{nk}$，$X_2(k)=\sum_{n=0}^{N/2-1}x(2n+1)W_{N/2}^{nk}$ 分别是 $x_1(k)$、$x_2(k)$ 的 $N/2$ 点的 DFT。根据权函数 W_N 的周期性和对称性，即 $W_{N/2}^{n(k+N/2)}=W_{N/2}^{nk}$，$W_{N/2}^{(k-N/2)}=-W_N^k$，可得到 $x_1(k)$ 和 $x_2(k)$ 后 $N/2$ 点的 DFT 值。

可以看出，N 点的 DFT 可以分解成 $N/2$ 点的 DFT，每个 $N/2$ 点的 DFT

又可以分解成 $N/4$ 点的 DFT，如果 N 是 2 的整数次幂（$N=2^m$），则通过 m 次分解，N 点的 DFT 最后成为一系列 2 点的 DFT。

以在试验室的悬臂挡墙模型的实测振动响应信号为例，分别对四种工况的动测数据进行 FFT 变换以抽取其特征参数。对信号执行 $N=1024$ 个点的 FFT 变换，若信号向量 X 的长度小于 N，则函数将 X 补零至长度 N，若向量 X 的长度大于 N，则函数截短 X 使之长度为 N。经函数 FFT 求得的序列 Y 一般是复序列，包括幅值和相位。图中表示的是幅值-频率曲线，整个频谱图是以 Nyquist 频率为轴对称的。因此利用 FFT 进行变换时，只要考察 0～Nyquist 频率（采样频率一半）范围的幅频特性。

图 4.7 为工况一下（墙背无填土）一次锤所得各测点动测信号未经预处理（消除趋势项、平滑处理）的 FFT 变换结果，由图可看出，各测点的动力响应在低频部分各阶频率比较一致，但在高频部分的频率一致性较差，这主要是随机噪声干扰的虚拟模态造成的结果。

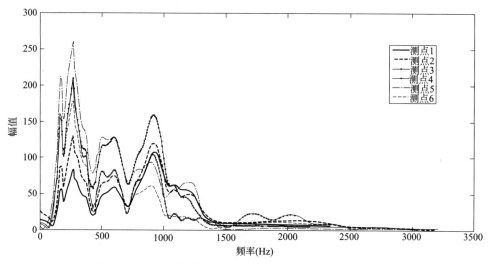

图 4.7　各测点动测信号的 FFT 变换（未进行信号预处理）

Fig 4.7　signal FFT transform of every point（signal without preprocessing）

图 4.8 为工况一下（墙背无填土）一次锤击所得各测点动测信号经预处理后的 FFT 变换结果，由图可看出，各测点的动力响应在各阶频率比较一致，且剔除了高频部分的虚拟模态频率。

图 4.9 为四种工况下一次锤击所得测点 5 的动测信号经预处理后的 FFT 变换结果。由图可看出，墙背后有无填土对动测信号的幅频特性影响很大，当墙后有填土时其模态发生了根本的变化，也即整个结构系统由一悬臂式板变为一半无限结构体系，墙后土体对模态的改变起着决定性的作用。

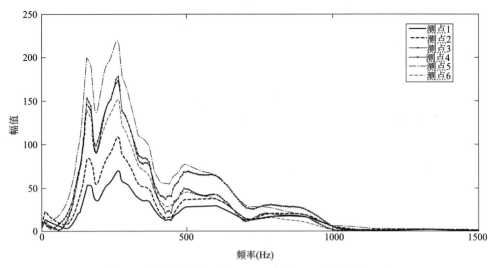

图 4.8 各测点动测信号的 FFT 变换（经过信号预处理）

Fig 4.8 signal FFT transform of every point（signal with preprocessing）

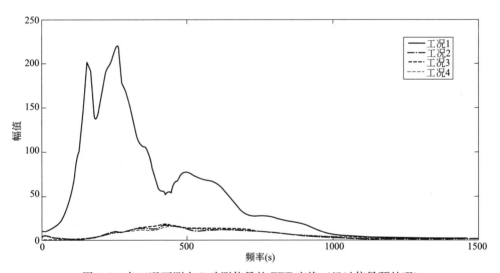

图 4.9 各工况下测点 5 动测信号的 FFT 变换（经过信号预处理）

Fig 4.9 signal FFT transform of point 5 under different jobs（signals with preprocessing）

图 4.10 为当墙后有填土的三种工况下测点 5 的动测信号经预处理后的 FFT 变换结果。由图可看出，当墙后有填土时，三种工况下的频幅曲线有一定的相似性，各峰值点频率比较接近，但还是有所区别，若仅通过 FFT 分析不能有效地得到因上部堆载所发生的模态变化，或信号特征的变化。需要采取更加有效的信号分析手段。

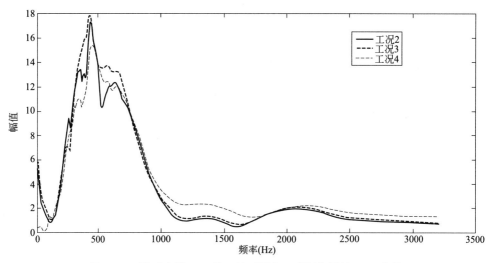

图 4.10　墙后有填土三种工况下测点 5 动测信号的 FFT 变换

Fig 4.10　signal FFT transform of point 5 under three jobs when soil is filled behind wall

4.3.2　选带分析技术

对于长为 T 的截断信号进行 N 点采样，采样时间间隔为 $\Delta t = T/N$，采样频率 $f_s = 1/\Delta t$，经 FFT 得到周期序列的离散傅里叶谱，周期仍为 N。考察一个周期内的 N 条谱线，由于傅里叶谱正、负频率域上的对称性，独立的谱线只有 $N/2$ 条且均匀分布在 $0 \sim f_s/2$ 的频率范围内，频率间隔 $\Delta f = f_s/N = 1/(N\Delta t)$ $= 1/T$。假设抗混滤波器具有理想特性，取 $f_s = 2f_m$，f_m 为最高频率，则显示的 $N/2$ 条谱线完全没有频率混叠。实际上抗混滤波器特性均为非理想特性，一般采样频率取 $f_s = (2.5 \sim 4)f_m$，显示有效谱线数为 $N_d = (0.25 \sim 0.4)N$，要比 $N/2$ 少，这就是基带分析。在许多问题的谱分析中，为了显示详细的谱线分布情况，往往需要较高的频率分辨率，即要求较小的频率间隔，特别是经常关心某一频带内的谱分布情况。由于受信号分析系统的限制，采样点数不能很大，一般是固定的，要提高频率分辨率只能靠牺牲分析最高频率 f_m 来实现，所以采用基带分析，无法有效地提高频率分辨率。

在不改变 N 和 f_m 的前提下将很小的关心频带 $[f_0 - B, f_0 + B]$ 在整个有效谱线显示范围上展开或放大，而不是将整个分析频带展开，无疑会得到一种提高频率分辨率的有效方法。这种分析方法称为选带分析技术，又称为细化 FFT。细化分析方法有 FFT/FT 细化、ZoomFFT 细化、ZoomBDFT 细化、BDFWPS 细化、长数据 FFT 细化等。通常采用有 FFT/FT 细化方法，其原理是先使用 FFT 计算信号的全程谱，然后对需要进行细化的区间使用 FT 算法进行计算，实际使用 DFT 算法，由于 DFT 本身不存在频率分辨率的问题，所以细化后的频谱可以具有很高的细化精度。FFT/FT 细化频谱分析的特点在于进行细化分析时，不需要更多的信号数据点，而 ZoomFFT、ZoomBDFT 等细化方法则需要较多的信号数据点才能进行更细的细化，所以只要 1024 点信号数据，FFT/FT 细化频谱分析就可以进行细化分析，细化倍数可以达到 1 万倍以上。FFT/FT 细化频谱分析也可以使用更多的数据点参与分析，这样就能得到更高的精度，但同时需要更多的计算量和计算时间。

Zoom FFT 称为细化的快速博里叶变换，又称为选带快速傅里叶变换。其功能是对信号的频域进行局部细化放大，使感兴趣的频带获得较高的频率分辨率，实现 FFT 细化功能的算法有几种，如频移法、相位补偿法和最大熵谱法等，目前应用最广的是频移法。频移细化 FFT 的方法基于离散傅里叶变换的频移原理，设 f_k 为所需要细化频带的中心频率，对信号乘以 $e^{-j2\pi f_k t}$ 进行数字频移后，原 f_k 处的谱线移至频率轴的 0 处，用低通滤波器滤除所需细化的频段外的频率成分，并以细化倍数为间隔进行重采样，最后对重采样后的数据做 FFT 变换，并对变换结果重新排序。细化 FFT 的具体步骤如下：

（1）遵循采样定理的原则，为防止采样信号的频率混淆，首先需要通过模拟低通抗混滤波器滤波或设定足够高的采样频率 f_s，然后需要采集足够长度的信号数据，数据的长度为细化倍数 D 与 FFT 长度 N_{FTT} 的乘积，即为 DN_{FTT}；

（2）将采样信号进行频移（复调制），即乘以单位旋转因子 $e^{-j2\pi f_k t}$，这样就把频率原点由 0 处移到所需要细化的频率点 f_k 处，频率分量 f_k 停留在频率为零处的位置上，形成了一个以 f_k 为频率零点的新的信号 $x_k(t)$；

（3）用低通数字滤波器对频移后的数据进行滤波，去除信号所需要细化频带外的频率成分；

（4）对滤波后数据进行重采样，重采样的采样频率为 f_s/D，也就是每隔细化倍数 $D-1$ 个点取一个数据；

（5）对重采样后的数据进行长度为 N_{FTT} 的 FFT 计算；

（6）对 FFT 计算结果重新排序。

4.3.3 随机振动信号的频谱处理技术

在结构的动力特性测试中，诸如白噪声、大地脉动或脉动风等随机波经常会被用来做激励信号，结构上测到的振动响应信号中包含着大量的随机成分，特别是对于振动强度较低的地脉动或脉动风的激励方式，随机成分通常会在响应信号中占有较大的比例，也就是说响应信号的信噪比比较低。即使是用正弦扫频信号或捶击等确定性信号进行激励，由于诸如激励设备、激励能量、测量仪器、结构本身等多方面的原因，测试得到的响应信号中都或多或少包含着一定的随机成

67

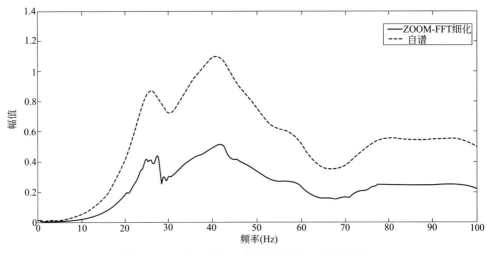

图 4.11 工况 1 测点 5 的自谱及 ZoomFFT 细谱

Fig 4.11 Power density function and ZoomFFT spectrum of point 5 in job 1

分。随机信号分为平稳和非平稳两大类，而平稳随机信号又分为各态历经和非各态历经信号。这里所讨论的随机信号是平稳的且是各态历经的。在研究无限长信号时，总是取某段有限长信号作分析，这一有限长信号称为一个样本，而无限长信号称为随机信号总体。各态历经平稳随机过程中一个样本的时间均值和集平均值相等，因此一个样本统计待征代表随机信号的总体，可使研究大为简化。对于随机振动信号，一般均按各态历经的平稳随机过程来处理，为了研究其内在规律，需要分析随机信号的周期性，这就需要将信号从时域变换到频域，得到的频谱中每个频率都对应信号的一个周期谐波分量。

在信号分析中，一般将能量有限的信号称为能量信号，如瞬态信号。将功率有限的信号称为功率信号，如确定性的周期信号和随机性信号等。在功率信号中，确定性的周期信号可以通过谐波分析得到其在频域的表示。而随机信号既不能展开为傅里叶级数，也不满足傅里叶变换所要求的前提条件，即随机信号的傅里叶变换是不存在的，只能用功率谱密度来表征它的统计平均频谱特性。功率谱密度表示单位频带内信号功率随频率的变化情况，它反映的是信号功率在频域的分布状况。确定性周期信号的功率谱是离散的，随机性信号的功率谱则是连续的。随机振动频域特性的主要统计参数包括功率谱密度函数以及由功率谱密度函数派生出来的频响函数和相干函数等。

1. 自谱分析

自谱分析是对一个信号进行频谱分析，包括峰值谱、幅值谱、功率谱和功率谱密度等。其中幅值谱反映了频域中各谐波分量的单峰幅值，幅值谱反映了各谐波分量的有效值幅值，功率谱反映了各谐波分量的能量（或称功率），功率谱密度反映了各谐波分量的能量分布情况。傅里叶变换本身是连续的，无法使用计算机计算，而离散傅里叶变换的运算量又太大，为提高运算速度，通常使用快速傅里叶变换方法（FFT），但此时所得到的频谱不是连续的曲线了，具有一定的频率分辨率 Δf，且 $\Delta f = f_s/N$，f_s 为信号采样频率，N 为 FFT 分析点数（常为 1024 点）。由于频率分辨率的存在，以及时域信号为有限长度等原因，使 FFT 分析结果具有泄露的可能，为此常常使用一些措施来消除，如平滑、加窗、能量修正、细化分析等等。当使用 FFT 分析后，由于频率分辨率造成的泄露原因使频谱主峰的幅值偏小，使用平滑处理可以使频谱主峰的幅值更加准确，但同时降低了频谱主峰以外的频率处的幅值精度。由于时域信号的截断造成的泄漏，使用加窗也是一个有效的办法，常用窗函数有矩形窗、指数窗、hanning 窗、Kaiser-Base 窗、平顶窗、hamming 窗、Y1 窗、Y2 窗、余弦矩形窗和三角窗，不同的窗函数具有不同的效果，但都可以提高主频处的幅值精度。其中矩形窗相当于没有加窗。傅里叶变换本身是能量守恒的，根据变换前的时域能量对频谱结果进行能量修正，也可以有效的提高整体频谱幅值精度，但对单个主频的幅值精度提高并不突出。下面介绍幅值谱密度分析和自功率谱分析：

幅值谱密度分析：

$$x(t) = \frac{1}{2\pi} \int_{-\infty}^{\infty} X(\omega) e^{j\omega t} \, d\omega$$
$$X(\omega) = \int_{-\infty}^{\infty} x(t) e^{-j\omega t} \, dt$$

$$(4.38)$$

或

$$x(t) = \frac{1}{2\pi} \int_{-\infty}^{\infty} X(f) e^{j2\pi ft} \, df$$
$$X(f) = \int_{-\infty}^{\infty} x(t) e^{-j2\pi ft} \, dt$$

$$(4.39)$$

通常 $X(\omega)$ 是实变量 ω 的复函数，可以写成：

$$X(\omega) = |X(\omega)| e^{j\varphi(\omega)}$$

$$(4.40)$$

其中，$|X(\omega)|$ 为幅值谱密度，$\varphi(\omega)$ 为相位谱。

自功率谱分析

设 $x(t)$ 为一零均值的随机过程，且 $x(t)$ 中无周期性分量，则其自相关函数 $R_x(\tau)$ 在当 $\tau \to \infty$ 时有 $R_x(\tau \to \infty) = 0$，该自相关函数 $R_x(\tau)$ 满足傅里叶变换的条件 $\int_{-\infty}^{\infty} |R_x(\tau)| \, d\tau < \infty$。对 $R_x(\tau)$ 作傅里叶变换可得：

$$S_x(\omega) = \int_{-\infty}^{\infty} R_x(\tau) e^{-j\omega \tau} \, d\tau$$

$$(4.41)$$

其逆变换为

$$R_x(\tau) = \int_{-\infty}^{\infty} S_x(\omega) e^{j\omega \tau} \, d\omega$$

$$(4.42)$$

$S_x(\omega)$ 为 $x(t)$ 的自功率谱密度函数（auto power spectrum），简称自谱或功率谱。功率谱与自相关函数之间是傅里叶变换对的关系，称为维纳—辛钦（Wiener-Khintchine）关系。当 $\tau = 0$ 时，根据自相关函数和自功率谱密度函数的定义，可得

$$R_x(0) = \lim_{T \to \infty} \frac{1}{T} \int_{-\frac{T}{2}}^{\frac{T}{2}} x^2(t) \, dt = \int_{-\infty}^{\infty} S_x(\omega) \, d\omega \qquad (4.43)$$

$S_x(\omega)$ 曲线下面和频率轴所包围的面积即为信号的平均功率，$S_x(\omega)$ 就是信号的功率谱密度沿频率轴的分布，故也称为功率谱。

由巴塞伐尔定理，信号在时域中计算的总能量等于它在频域中计算的总能量，信号能量等式为：

$$\int_{-\infty}^{\infty} x^2(t) \, dt = \int_{-\infty}^{\infty} X(\omega) X^*(\omega) \, df = \int_{-\infty}^{\infty} |X(\omega)|^2 \, d\omega \qquad (4.44)$$

$|X(\omega)|^2$ 称能量谱，它是沿频率轴的能量分布密度。在整个时间轴上信号的平均功率可计算为：

$$P = \lim_{T \to \infty} \frac{1}{T} \int_{-\frac{T}{2}}^{\frac{T}{2}} x^2(t) \, dt = \int_{-\infty}^{\infty} \lim_{T \to \infty} \frac{1}{T} |x(\omega)|^2 \, d\omega \qquad (4.45)$$

自谱密度函数与幅值谱之间的关系为

$$S_x(\omega) = \lim_{T \to \infty} \frac{1}{T} |X(\omega)|^2 \qquad (4.46)$$

根据信号功率（或能量）在频域中的分布情况，将随机过程区分为窄带随机、宽带随机和白噪声等几种类型。窄带过程的功率谱（或能量）集中于某一中心频率附近，宽带过程的能量则分布在较宽的频率上，而白噪声过程的能量在所分析的频域内呈均匀分布状态。自功率谱密度函数是实函数，它展现振动信号各个频率处功率的分布情况，它被用来确定结构的自振特性，也可用来判断故障发生征兆和寻找可能发生故障的原因。

2. 互功率谱（互谱）分析

与自功率谱分析类似，对两随机信号互相关函数作傅里叶变换

$$S_{xy}(\omega) = \int_{-\infty}^{\infty} R_{xy}(\tau) e^{-j\omega\tau} \, d\tau \qquad (4.47)$$

$$R_{xy}(\tau) = \frac{1}{2\pi} \int_{-\infty}^{\infty} S_{xy}(\omega) e^{j\omega\tau} \, d\tau \qquad (4.48)$$

为信号 $x(t)$ 和 $y(t)$ 的互功率谱密度函数，简称互谱密度函数（cross power spectrum）或互谱。互谱和幅值谱的关系为：

$$S_{xy}(\omega) = \lim_{T \to \infty} \frac{1}{T} Y(\omega) \cdot X^*(\omega) \qquad (4.49)$$

互功率谱表示了两个时域信号序列在频域中所得两种谱的共同成分，及其相

位差关系。互谱是一个复数，即：

$$S_{xy}(\omega)=G_{xy}(\omega)-j\theta_{xy}(\omega) \qquad (4.50)$$

式中，实部$G_{xy}(\omega)$为共谱（协谱、余谱）密度函数，是傅里叶变换的余弦项幅度；虚部$\theta_{xy}(\omega)$为重谱（方谱、正交谱）密度函数，是傅里叶变换的正弦项幅度。

$$G_{xy}(\omega)=[S_{xy}(\omega)+S_{yx}(\omega)]/2 \qquad (4.51)$$

$$\theta_{xy}(\omega)=[S_{xy}(\omega)-S_{yx}(\omega)]/2 \qquad (4.52)$$

以每个频率的实部作为横坐标，以虚部作为纵坐标，绘出的图形就是奈奎斯特图。

同样由于工程中信号长度有限，只能得到相关函数和协方差的估计值，当N足够长时，估计值能精确地逼近真实值。

图 4.12 为悬臂式挡墙无填土工况下，测点 5、6 的在随机激振下响应信号的自功率谱和互功率谱。可以看出，在同一工况下，两测点的自功率谱、互功率谱是相似的，这反映了挡墙结构的自振特性。

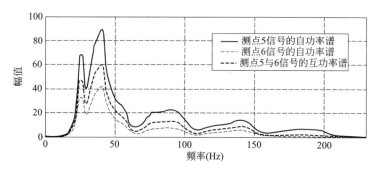

图 4.12 测点 5、6 的自功率谱和互功率谱的幅频曲线

Fig 4.12 Peak frequency curve between Power density function and
cross power spectrum of point 5 and point 6

图 4.13 为悬臂式挡墙工况 1，2，3 情况下，测点 5 在随机激振下响应信号的自功率谱。可以看出，墙后有填土时挡墙结构的自振特性与无填土时有显著的区别，有填土时自振频率要比无填土时高，且响应的功率幅值要高几十倍。当墙后有填土情况时，填土上部的堆载对于结构系统的自振特性也有一定的影响，当进行第一次加载时，结构的自振频率无明显变化，但当进行第二次加载后，自振频率却有了一个明显的提高。

4.3.4 平均技术

测量得到的激励和响应信号都混有大量噪声，使所求得相应的频响函数很不光滑。在模态实验中，噪声是指非正常激励及响应。无论激励信号还是响应信

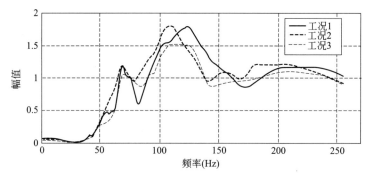

图 4.13　各种工况下测点 5 的自功率谱的幅频曲线

Fig 4.13　Peak frequency curve of Power density function of point 5 under different jobs

号，都有不同程度的噪声污染问题。噪声可能来自试验结构本身、测试仪器及导线、电源或环境影响等。通常在信号测试阶段就已设法做到减少噪声污染，如良好的接地技术等措施。即使如此，测试信号中的噪声仍会存在。在信号处理阶段，通过平均技术可降低噪声的影响。使用更普遍的平均技术是频域平均，即对某些频谱做的平均。由于傅里叶谱中包含幅值和相位两种特性，而相位在各次测量中具有随机性，故一般不对傅里叶谱进行平均，而是对进一步得到的功率谱进行平均，再进一步估算频响函数、相干函数、相关函数或其他谱。进行频域平均只能降低噪声的偏差，而不能减少噪声的均值，即不能提高信噪比。因此，平均后的谱曲线只是趋于光滑，仍包含噪声谱的均值。对于频域平均，按照样本截取的方式不同，有顺序平均和叠盖平均；按照平均时样本权重不同，有线性平均（稳态平均）和指数平均（衰减平均或动态平均）。

1. 顺序平均和叠盖平均

顺序平均：依次截取时域信号的若干样本，经 FFT 和其他运算，得到所需频域信号后做平均，称为顺序平均。顺序平均所用时域样本互不重叠。

叠盖平均：使用当前样本的后面部分数据及下一样本的前面部分数据作为新样本进行数据变换，即做 FFT 及各种谱运算的时域样本是重叠的。以此为基础进行的平均称为叠盖平均。与顺序平均相比，叠盖平均不仅速度快，而且所得谱特性好。这是因为叠盖平均各样本之间的相关程度比顺序平均大，因此所得谱拟合曲线更加光滑。

2. 线性平均和指数平均

线性平均：将信号数据等分为 N 段，相加后除以 N，也叫等权平均，权为 $1/N$，常用于平稳数据。

$$Y(n) = \frac{1}{N} \sum_{n=1}^{N} u(n) \tag{4.53}$$

指数平均：对现在数据加大权，对以前数据按指数衰减规律加小权，常用于非平稳数据，表达式为：

$$Y(n) = \frac{U(n)}{M} + \frac{M-1}{M} \cdot Y(n-1) \quad n = 0 \sim N-1 \tag{4.54}$$

式中 M 为常数，其大小可调节权重（指数衰减快慢）。

4.4 动测信号的时域处理方法

振动信号的时域处理又称为波形分析，主要是对时域信号波形的分析处理。滤波是时域信号处理的重要内容。根据需要，滤除或保留实测信号波形的某些频率成分可通过滤波处理来实现。波形的最大值、平均值、有效值，分析波形与波形之间的相似程度的相关函数以及将位移、速度和加速度进行相互转换的积分和微分变换也属于振动信号的时域处理的范畴。对于随机振动信号的时域处理，除了上述处理方法外，更常用的是一些概率和数理统计的处理方法，如概率分布函数、概率密度函数、均值、均方值、方差和相关分析等。

在振动试验和测试中，人们直接感受和记录得到的往往是被测物体某些位置上的振动大小随时间变化的过程，它是被研究对象的综合振动反应。这个过程通常被称为振动时程信号，它在图形中所描述振动大小随时间变化的曲线称为振动波形，振动信号的时域处理是对波形的分析，从记录的时程信号中提取各种有用的信息或将记录的时程信号转换成所需要的形式。通过不同时域处理方法，可以确定实测波形的最大幅值和时间历程，求出相位滞后和波形的时间滞后，有选择的滤除或保留实测波形的某些频率成分，消除实测波形的畸变状况，再现真实波形面貌，通过自由振动的波形求波形衰减系数进而求得振动系统的阻尼比，确定波形与各物理现象的联系情况，建立正常作用状态和破坏状态与波形特征的有机联系，对实测波形进行相关分析。对于随机信号，还需要进行数理统计方面的分析，诸如概率分布函数、概率密度函数、均值、均方值、方差和 B 相关分析等。主要包括数字滤波、振动信号的积分和微分变换、随机振动信号时域处理方法等。

4.4.1 数字滤波

在振动信号分析中，数字滤波是通过数字运算从所采集的离散信号中选取人们所感兴趣的一部分信号的处理方法。它的主要作用有滤除测试信号中的噪声和虚假成分、提高信噪比、平滑分析数据、抑制干扰信号、分离频率分量等。用软件实现数字滤波的优点是系统函数具有可变性，仅依赖于算法结构，并易于获得较理想的滤波性能。所以软件滤波在滤波器的使用中受到了越来越重要的作用。

滤波器按功能即频率范围分类有低通滤波器（LPF）、高通滤波器（HPF）、带通滤波器（BPF）、带阻滤波器（BSF）和梳状滤波器。按数学运算方式考虑，数字滤波器又包括频域滤波方法和时域滤波方法。

（1）数字滤波的频域方法；

（2）数字滤波的时域方法；

（3）IIR 数字滤波器；

（4）FIR 数字滤波器。

4.4.2　振动信号的积分和微分变换

在振动信号测试过程中，由于仪器设备和测试环境的限制，有的物理量往往需要通过对采集到的其他物理量进行转换处理才能得到。例如，将加速度振动信号转换成速度或位移信号。常用的转换方法有积分和微分。可以在时域里实现，采用梯形求积的数值积分方法和中心差分的数值微分法，或者其他直接积分和微分方法；也可以在频域里实现，把采样信号作 FFT 变换，然后将变换的结果在频域里进行积分和微分运算，最后经过 IFFT 变换得到积分和微分后的时域信号。

1. 时域积分

设振动信号的离散数据为 $\{x(k)\}(k=0,1,2,\cdots,N)$，数值积分中采样时间步长 Δt 为积分步长，梯形数值求积分公式为：

$$y(k)=\Delta t\sum_{i=1}^{k}\frac{x(i-1)+x(i)}{2}(k=1,2,3,\cdots,N) \tag{4.55}$$

2. 时域微分

中心差分数值微分公式为：

$$y(k)=\frac{x(k+1)-x(k-1)}{2\Delta t}(k=1,2,3,\cdots,N) \tag{4.56}$$

3. 时域积分

一次积分的数值计算公式为：

$$y(r)=\sum_{k=0}^{N-1}\frac{1}{j2\pi k\Delta f}H(k)X(k)e^{j2\pi kr/N} \tag{4.57}$$

二次积分的数值计算公式为：

$$y(r)=\sum_{k=0}^{N-1}\frac{1}{(2\pi k\Delta f)^2}H(k)X(k)e^{j2\pi kr/N} \tag{4.58}$$

其中

$$H(k)=\begin{cases}1(f_d\leqslant k\Delta f\leqslant f_u)\\0(其他)\end{cases} \tag{4.59}$$

f_u 和 f_d 分别为下限截止频率和上限截止频率，$X(x)$ 为 $x(r)$ 的 FFT 变换，Δf 为频率分辨率。

4. 频域微分

一次微分的数值计算公式为：

$$y(r) = \sum_{k=0}^{N-1} j\,(2\pi k\,\Delta f)^2 H(k) X(k) e^{j2\pi kr/N} \tag{4.60}$$

二次微分的数值计算公式为：

$$y(r) = \sum_{k=}^{N-1} -(2\pi k\,\Delta f)^2 H(k) X(k) e^{j2\pi kr/N} \tag{4.61}$$

其中

$$H(k) = \begin{cases} 1\,(f_d \leqslant k\,\Delta f \leqslant f_u) \\ 0\,(其他) \end{cases} \tag{4.62}$$

4.4.3 随机振动信号时域处理方法

随机振动也称为非确定性振动，是相对于确定性振动的一种不能用确定的数学解析式表达其变化历程，也不可能预见其任意时刻所出现的幅值，同样也无法用实验的方法重复再现的振动历程。严格来说，所有振动都是随机的，或者是包含有一定随机振动的成分。只有在略去非确定性成分后，才把它看作是有规则的振动，才可以用简单的函数或这些函数的组合来表示。由于随机振动的特点是振动无规律性，因此随机振动只能用数理统计的方法来描述。在时域中，随机振动的基本特性的主要统计参数有概率密度函数、均值、均方值、方差以及相关函数等。

1. 概率分布函数和概率密度函数

概率分析描述数据在幅值域的分布情况，包括概率密度函数和概率分布函数两部分，常用于对统计数据的分析。

概率密度函数描述信号的幅值在某一个范围内的概率，对于信号 $x(t)$，其幅值落在 $x\text{-}dx/2$ 到 $x+dx/2$ 的范围中的概率可用下式估计：

$$P[x, dx] = \text{Prob}[(x-dx/2) \leqslant x(t) \leqslant (x+dx/2)] \tag{4.63}$$

则概率密度函数的定义为：

$$p_d(x) = \lim_{T \to \infty} \frac{P[x, dx]}{dx} \tag{4.64}$$

概率分布函数描述信号的幅值小于某个值的概率，对于信号 $x(t)$，其幅值小于 Xv 的概率可用下式估计：

$$P[Xv] = \text{Prob}[x(t) \leqslant X_v] \tag{4.65}$$

则概率分布函数的定义为：

$$P_r(v) = \int_{-\infty}^{X_v} P[Xv] dx \tag{4.66}$$

2. 均值、均方值及方差

支挡结构动测信号 $x(n)$ 是一种离散的各态历经的平稳随机信号序列，其数字特征可用下面式子来计算：

均值： $$E[x(n)] = \mu_x = \lim_{N \to \infty} \frac{1}{N} \sum_{n=0}^{N} x(n) \tag{4.67}$$

均方值： $$E[x^2(n)] = \varphi_x^2 = \lim_{N \to \infty} \frac{1}{N} \sum_{n=0}^{N} x^2(n) \tag{4.68}$$

它表示信号的强度或功率。

方差： $$E[(x(n) - \mu_x)^2] = \sigma_x^2 = \lim_{N \to \infty} \frac{1}{N} \sum_{n=0}^{N} [(x(n) - \mu_x)]^2 \tag{4.69}$$

其中，φ_x 为均方根值，σ_x 为均方差值。信号的均值描述了随机信号的静态分量，它不随时间而变化。φ_x^2 和 φ_x 表示信号的强度或功率。σ_x^2 和 σ_x 是信号的幅值相对于均值分散程度的一种表示，也是信号纯波动分量大小的反映。

对于有限长随机信号序列，计算其均值估计：

$$E[x(n)] = \hat{\mu}_x = \frac{1}{N} \sum_{n=0}^{N} x(n) \tag{4.70}$$

当序列长度足够时，$\hat{\mu}_x$ 能精确逼近真实值 μ_x。类似地，可以写出均方值和方差估计表达式。

3. 相关分析

所谓"相关"是指变量之间的线性关系。对于确定性信号，两个变量之间可以用函数关系来描述，对于两个随机信号之间就不具有这样的确定性关系，但是通过大量统计就可以发现它们之间还是存在具有某种内涵的物理关系。通常相关分析用于研究两个信号之间的相关性，如测定损伤位置、判定振动和噪声与其部件振动的关系等。在振动控制、故障源识别、雷达测距、运动物体的精确测速和声发射探伤等方面均有相关分析的应用。

（1）自相关函数和自协方差

对于离散随机信号序列 $x(n)$ 的自相关（auto-correlation）函数和自协方差（auto-covariance）函数为

自相关函数：

$$R_x(m) = E[x(n)x(n+m)] = \lim_{x \to \infty} \frac{1}{N} \sum_{n=0}^{N-1} x(n)x(n+m) \tag{4.71}$$

自协方差：

$$C_x(m) = E\{[x(n) - \mu_x][x(n+m) - \mu_x]\} = R_x(m) - \mu_x^2 \tag{4.72}$$

同样，自相关系数定义如下：

$$\rho_x(m) = \frac{R_x(m) - \mu_x^2}{\sigma_x^2} \tag{4.73}$$

自相关分析的应用：

1）判断信号的性质。周期信号的自相关函数仍为同周期的周期函数；对于随机信号，当时间延迟趋于无穷大时，自相关系数趋于信号均值的平方，当时间延迟为零时，自相关系数为最大，等于1。

2）用于检测随机信号中的周期成分，尤其是噪声中的确定性信号。因为周期信号在所有时间延迟上，自相关系数不等于零，可以定性地了解振动信号所含频率成分的多少，而噪声信号当时间延迟趋于无穷大时，自相关系数趋于零。

3）对自相关函数进行傅里叶变换，可以得到自功率谱密度函数。

（2）互相关函数和互协方差

对于离散随机序列 $x(n)$ 和 $y(n)$，互相关函数和互协方差为：

互相关函数：

$$R_{xy}(m) = E[x(n)y(n+m)] = \lim_{x \to \infty} \frac{1}{N} \sum_{n=0}^{N-1} x(n)y(n+m) \tag{4.74}$$

互协方差：

$$C_{xy}(m) = E\{[x(n) - \mu_x][y(n+m) - \mu_y]\} = R_{xy}(m) - \mu_x \mu_y \tag{4.75}$$

式中，m 为时移。

互相关函数是衡量两个信号相似性的一把尺子。对于所有的 m，$R_{xy}(m) \equiv 0$，表示两个信号毫无相似之处，如果存在一个 m_0 值，使 $R_{xy}(m_0) \neq 0$，那么这两个信号有点相似，其相似程度由 $|R_{xy}(m)|$ 的最大值来度量。

工程中通常使用互相关系数来描述相关性，更具有对比性和方便性。互相关系数的定义如下：

$$\rho_{xy}(m) = \frac{R_{xy}(m) - \mu_x \mu_y}{\sigma_x \sigma_y} \tag{4.76}$$

互相关分析的应用：

1）研究系统的时间滞后性质，系统输入信号和输出信号的互相关函数，在时间延迟等于系统滞后时间的位置上出现峰值。

2）利用互相延时和能量信息可以对传输通道进行分析识别。

3）检测噪声中的确定性信号。

4）确定设备振动噪声主要来源于哪一个部件。

5）对互相关函数进行傅里叶变换，可以得到互功率谱密度函数。

由于工程中信号是有限长的，只能得到相关函数和协方差的估计值，当 N 足够长时，估计值能精确地逼近真实值。

　　对于连续随机敲击的情况下，图4.14为工况1测点5的自相关系数图，在所有时间延迟上，自相关系数不等于零，说明此振动信号含有周期频率成分，因为噪声信号当时间延迟趋于无穷大时，自相关系数趋于零。

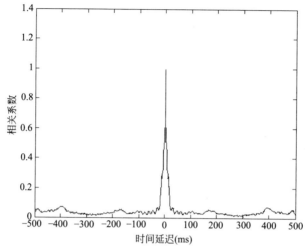

图 4.14　工况 1 测点 5 的自相关系数图（连续随机激励）

Fig 4.14　Self correlation coefficient of point 5 in case 1（continuous random exciting）

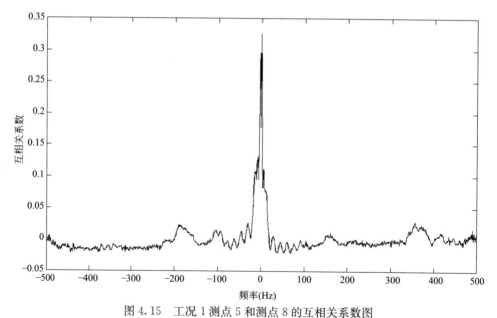

图 4.15　工况 1 测点 5 和测点 8 的互相关系数图

Fig 4.14　Cross correlation coefficient between point 5 and 8 in job 1

　　图4.15为连续随机敲击的情况下，工况1测点5和测点8的互相关系数图，在所有时间延迟上，互相关系数并不都等于零，说明两振动信号有一定的相似性。

5　支挡结构模态参数识别技术

挡土墙系统健康诊断的首要问题是从实测信号中提取出系统的模态参数，因此如何准确和方便地从原始信号中提取出有用的特征信息是决定健康诊断效果的关键性问题。挡土墙系统的模态参数（模态频率、振型等）是决定挡土墙系统动力特性的主要参数，反映了系统的物理参数（质量和刚度）分布状态，可以通过模态参数进一步识别系统物理参数，同时也可以识别挡土墙系统的损伤情况[135]。因此模态参数识别是岩土支挡结构健康诊断的重要环节。

5.1　模态参数识别的概念

系统或参数识别是指按照一定准则由测试数据建立系统数学模型的方法，这一基本概念最早来源于 20 世纪 60 年代的控制工程领域。以试验数据和系统的物理参数（如质量、阻尼和刚度）来建立参数模型（如运动方程）的系统识别，称为参数识别，而对非参数（如频响函数、脉冲响应函数）模型的识别，称为非参数识别。

模态参数识别是系统识别的一个方面，若用模态参数来描述系统的特性，系统的参数则为模态参数，这时的系统识别称为模态参数识别。模态分析与参数识别是结构动力学中的一种"逆问题"分析方法，它与传统的"正问题"分析方法不同（目前主要是有限元分析方法），是建立在试验或实测的基础上，采用试验与理论方法相结合的方法来处理工程中的振动问题，因此习惯上称之为试验模态参数识别。

试验模态参数识别方法主要针对服从叠加原理的线性时不变振动系统，其目的在于把原在物理坐标系中描述的响应向量，放到所谓模态坐标系中来描述，使得振动方程成为一组互无耦合的方程，每个坐标都可以单独求解，从而求出方程所有的解。其主要任务是从测试所得到的振动信号数据中，来估计振动系统的模态参数，其中包括模态固有频率、模态阻尼比、模态振型以及模态质量和模态刚度等。识别方法需要一个估计准则，使得系统模型按照这个准则能尽可能反映系统的特性。对系统和模型给以同样的输入，比较系统和模型的输出误差，按一定估计准则和算法来调整模型，使模型的误差最小。因此，参数识别过程也是模型的优化过程。它通常是由计算机来完成的。要进行一个完整的识别过程往往还包括实验设计，模型结构及阶数的确定，模型的检验等。

在结构动力学研究领域中，模态参数识别是最为关键和根本的，它在结构动态特性设计中起着至关重要的作用，并与有限元分析技术一起成为解决现代复杂结构动力学问题的两大支柱，成为解决现代复杂结构动态特性设计的相辅相成的重要手段。通过应用模态分析方法，人们有可能把复杂的实际结构简化成所谓的模态模型，进行系统的响应计算，从而大大简化系统的运算过程。

研究结构动力特性的振动模态参数识别方法一直在不断地发展，国内外不少科技工作者已经做了许多工作，例如用参数识别得到的模态参数来修改系统的质量矩阵、刚度矩阵，建立有限元的数学模型，此外还可以用于振动系统的故障诊断、模型修正、振动控制和动力响应分析等方面，因此它的应用范畴正在不断地开发和扩大。

5.2　模态参数识别方法分类

模态参数能够直观、准确地反映系统动态特性，具有简明、直观和物理概念清晰等优点，目前常被用于结构动态特性分析。模态参数识别是结构动态分析的重要内容之一，经过几十年的发展，模态分析理论吸取了振动理论、信号分析、数据处理、概率统计以及自动控制理论中的相关理论，并结合自身的发展，形成了一套具自身特色的理论体系，提出了许多模态分析和参数识别方法。目前，模态参数识别技术已经比较成熟，但新的模态参数识别方法还在不断涌现。下面通过模态参数识别方法的分类，对一些典型的模态参数识别方法进行详细的介绍。

5.2.1　按处理各阶模态耦合所采用的方法分类

可分为单自由度法（SDOF）和多自由度法（MDOF）。

单自由度法在多阶模态中只考虑主导模态，忽略相邻模态的影响或以修正项来近似代替相邻模态的影响。这种方法的实质是把具有多阶模态的多自由度系统视为多个单自由度系统进行识别，适用于阻尼小、各阶相邻模态分离较远的系统。早期的分析方法，大多是单自由度法，目前单自由度法除用于简单结构模态参数识别外，还用于为多自由度法提供初始值。

多自由度识别方法对一个频响函数曲线上的各共振峰同时拟合，在感兴趣的频带内考虑各阶模态的耦合与相互影响。

5.2.2　按模态参数识别手段分类

1. 图解识别法

图解识别法的特点是选择频响函数曲线上的一些特殊点，利用模态参数与这些特殊点的确定关系，通过计算识别模态参数。典型的图解识别法有如下几种。

共振峰值法：根据传递函数幅频曲线的峰值所对应的频率，确定系统的固有频率；根据半功率带宽确定系统的阻尼。

分量分析法：根据频响函数、实频和虚频曲线识别模态参数，可以识别较多的模态参数，比共振峰值法有所改进。

导纳圆法：根据实测频响函数数据，以频响函数的实部为横轴，虚部为纵轴绘出奈奎斯特图，对共振模态附近的数据按最小二乘原理进行理想圆的拟合。比前两种方法具有较高的识别精度。又称矢量分析法，可用于实模态和复模态分析。

共振峰值法和分量分析法简单方便，属于单自由度识别方法，当模态密度不高时，具有一定的精度。模态密集时，用半功率带宽来确定模态阻尼，误差较大，且这时邻近模态的影响已不能用一简单的常数来表示，因此识别精度受到影响。当峰值点有误差时，便直接影响识别精度，用于复杂结构精度难以满足要求。已很少使用。

导纳圆法对单自由度系统和模态耦合不很紧密的多自由度系统可取得比较满意的结果，它不仅利用频响函数峰值点的信息，还利用固有频率附近很多点的信息，即使没有峰值信息，仍然可以求出固有频率，这样可以避免峰值信息误差造成的影响；在求模态参数时可计及邻近模态的影响，当模态比较密集时，误差较大。但导纳圆法只用最小二乘原理估算出导纳圆的半径和振型，而其他模态参数的估计仍建立在图解法的基础之上，故精度不高。

2. 计算机识别方法

建立在动态测试技术和计算机运算基础上的参数识别方法，是近代发展起来的方法。它快速、准确，可以实时分析和在系统工作过程中分析。

5.2.3 按输入输出数目分类

1. 单输入单输出识别法（SISO）

单输入单输出识别法是单点激励、单点测试响应，进行计算机模态参数识别。此种方法曾在 70 年代初期发展和使用。

2. 单输入多输出识别法（SIMO）

单输入多输出识别法是单点激励多点测试响应，基于同时采用全部测试数据进行识别，不是单输入单输出方法的多次重复。此法又称为整体拟合方法，比（SISO）有较好的识别精度。

3. 多输入多输出识别法（MIMO）

单点输入用于复杂结构，输入能量过于集中，影响识别精度，如果输入点落在节点，即使用整体拟合算法，也难以避免模态向量的识别误差。为了解决上述问题，采用依次对若干个激振点分别进行 SIMO 测试与识别，然后，将所得结果互相比较，最后，确定一组参数。近代多输入多输出识别方法又分多输入多输出时域识别方法和多输入多输出。

5.2.4 按识别域分类

模态参数识别方法按照识别域来划分，分为频域模态参数识别、时域模态参数识别和时频域模态参数识别。两者采用的分析路线不同，如图 5.1 和图 5.2 所示。

常用的模态参数识别方法见图 5.1。

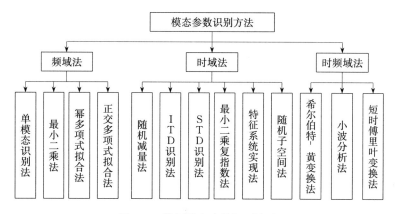

图 5.1　常用模态参数识别方法

Fig 5.1　Modal parameter identification method

1. 频域法

试验模态参数的频域识别法是指在频率域内识别结构模态参数的方法。频域识别方法的研究与应用时间相对久远一些，是由傅里叶变换的问世而发展起来的。频域法又分为单模态识别法、多模态识别法、分区模态综合法和频域总体识别法。对小阻尼且各模态耦合较小的系统，用单模态识别法可达到满意的识别精度。而对模态耦合较大的系统，必须用多模态识别法。模态识别的基本思想是：在时域内测得激励和响应的模拟信号转换成数字信号后，再经过傅氏变换转换成频域信号，然后将频域数字信号进行运算，求得频响函数，再按照参数识别方法识别出模态参数。

频域法最早被研究者用于模态参数识别中，是以频响函数（FRF）为基础，在频域范围内识别出系统的模态参数，具有概念清楚、直观、不易遗漏或产生虚假模态、可以利用频域平均技术减小噪声影响等优点。频响函数（FRF）是激励力和拾振点响应的关系，激励一点，测各点的响应可以得到频响函数矩阵的一列，而激励各点，测一点的响应可以得到频响函数的一行。根据频响函数与模态参数关系，只要知道频响函数一列或者一行就可以识别出全部参数。如果对频响函数一列或者一行进行逐个参数识别，则成为单输入单输出（SISO）法，这样可能导致误差相差较大。研究者提出单输入多输出（SIMO）法，是通过频响函数一列或者一行识别模态参数，即先利用测点的实测数据，识别出系统的模态频率和阻尼比，然后再根据所得到的模态参数，利用各测点的数据计算系统各阶的模态振型。与 SISO 法相比较，SIMO 法能够更好地有效的抑制随机噪声的影响，所识别的模态参数具有更好的整体性。由于有些复杂结构采用单点激励不能触发出系统的模态特性，采用对系统进行多点激励，得到频响函数矩阵的几列，利用频响函数矩阵几列识别结构的模态参数，成为多输入多输出（MIMO）[136]。

自从 20 世纪 60 年代以来，国内外学者在频域模态参数识别方法研究方面取得了飞跃的进展，提出了许多具体实用的识别方法，目前最常用的频域法有幅值法、导纳圆拟合法等单模态 SISO 方法[137]、（加权）最小二乘迭代法[138,139]、正交多项式拟合法[140,141]、幂多项式拟合法[142]等多模态 SISO 方法以及整体正交多项式拟合[143-145]、SIMO 方法、频域多参考点 MIMO 方法等频域总体识别法[146,147]。

（1）单模态 SISO 识别方法

从理论上说单模态识别方法只用一个频响函数（原点或跨原点频响函数），就可得到主导模态的模态频率和模态阻尼（衰减系数），而要得到该阶模态振型值，则需要频响函数矩阵的一列（激励一点，测各点响应）或一行（激励各点，测一点响应）元素，这样便得到主导模态的全部参数。将所有关心模态分别作为主导模态进行单模态识别，就得到系统的各阶模态参数。

1）直接估计法。直接估计法认为系统的观测数据是准确的，没有噪声和误差，直接由其求取系统的数学模型，分为直接读数法（分量估计法）及差分法。直接读数法利用单自由度系统频响函数各种曲线的特征进行参数识别，该方法适用于单自由度系统的参数识别，对复杂结构，当各阶模态并不紧密耦合时，也可应用此法对某阶模态作参数识别，这种方法主要基于特征曲线的图形进行参数识别，所以有人也称为图解法。由于该方法识别精度差、效率低，现已基本淘汰。差分法利用各振点附近实测频响函数值的差分直接估算模态参数，简单易行，便于编程处理，但由于属于直接估计，且未考虑剩余模态影响，所以精度不高。

2）最小二乘圆拟合法，属于曲线拟合法。其基本思想是根据实测频响函数数据，用理想导纳圆去拟合实测的导纳圆，并按最小二乘原理使其误差最小。此方法只用最小二乘原理估算出导纳圆半径或振型，而其他模态参数的估计仍建立在图解法的基础上，故精度也不高。

（2）多模态 SISO 识别方法

多模态识别方法是在建立频响函数的理论模型过程中，将耦合较重的待识别模态考虑进去，用适当的参数识别方法去估算。它适用于模态较为密集，或阻尼较大，各模态间互有重叠的情况。

根据所选频响函数数学模型的不同有两类方法：一类以频响函数的模态展式为数学模型，包括非线性加权最小二乘法，直接偏导数法；另一类以频响函数的有理分式为数学模型，包括 Levy 法（多项式拟合法），正交多项式拟合法等。Levy 法作参数识别的数学模型采用频响函数的有理分式形式，由于未使用简化的模态展式，理论模型是精确的，因而有较高的识别精度，但计算工作量大。另外还有一种优化识别法，其思路是将非线性函数在初值附近做泰勒展开，通过迭代来改善初值，达到识别参数的优化。

（3）分区模态综合法

对较大型结构，由于单点激励能量有限，在测得的一列或一行频响函数中，远离激励点的频响函数信噪比很低，以此为基础识别的振型精度也很低，甚至无法得到结构的整体振型。分区模态综合法较简单，不增加测试设备便可得到满意的效果，缺点是对超大型结构仍难以激起整体有效模态。

（4）频域总体识别法

频域总体识别法建立在 MIMO 频响函数估计基础上，用频响函数矩阵的多列元素进行识别。还有一种是建立在 SIMO 频响函数估计之上的不完全的 SIMO 参数识别，它运用所有测点的频响函数来识别模态阻尼和模态频率，可以认为是一种总体识别。运用 SIMO 法识别模态阻尼和模态频率原则上也可以用各点的测量数据，并分别识别各点的留数值。但是根据单点激励所测得的一列频响函数来求取模态参数时，可能遗漏模态，单点激励无法识别重根以及难以识别非常密集的模态。

频域总体识别法中整体正交多项式拟合法得到广泛应用，其主要思想[143-145]是利用整体最小二乘方法，通过一次对频响函数的一列或者一行同时进行拟合，获取挡土墙系统的整体模态参数。与正交多项式拟合法[140,141]相比较，由于整体最小二乘算法已经考虑了挡土墙系统模态参数的整体性，识别得到的模态参数避免了用户对识别结果的算术平均或加权平均等人为因素，从而使识别结果具有更高的精度。

频域识别法的最大优点是直观，从实测频响函数曲线上就能直接观察到模态的分布以及模态参数的粗略估计值，以作为有些频域识别法所需要的初值。其次是噪声影响小，由于在处理实测频响函数过程中运用频域平均技术，最大限度地抑制了噪声的影响，使模态定阶问题易于解决。由于频域识别法的输入数据是直观的、容易掌握模态参数分布情况的实测频响函数，因此，普遍为人们所欢迎，但也存在若干不足。

1）功率泄露、频率混叠及离线分析等；

2）在识别振动模态参数时，虽然傅里叶变换能将信号的时域特征和频域特征联系起来，分别从信号的时域和频域观察，但由于信号的时域波形中不包含任何频域信息，所以不能把二者有机结合。另外，傅里叶谱是信号的统计特性，从其表达式可看出，它是整个时间域内的积分，没有局部分析信号的功能，完全不具备时域信息，这样在信号分析中就面临时域和频域的局部化矛盾。

3）由于对非线性参数需用迭代法识别，因而分析周期长。又由于必须使用激励信号，一般需增加复杂的激振设备。特别是对大型结构，尽管可采用多点激振技术，但有些情况下仍难以实现有效激振，无法测得有效激励和响应信号，比如对大型海工结构、超大建筑及超大运输等，往往只能得到其自然力或工作动力激励下的响应信号。

试验模态参数频域识别法的研究相对来说比较早，也较为成熟，但它的实验设备比较复杂，试验周期也较长，特别当激振力无法测量时，用时域方法进行模态参数识别的优点就比较明显了。

2. 时域法

试验模态参数时域识别法是指在时间域内利用脉冲响应函数或自由衰减信号进行模态参数识别的方法。时域识别方法的研究与应用比频域方法要晚，是随着计算机的应用而发展起来的一门新技术。它的基本思想是：在时间域内识别模态参数，直接从时域信号采样，获取数据系列，通过各种方法进行建模，建立系统特征矩阵方程，求出特征值和特征向量，然后进行参数识别得到系统模态参数。目前常用的时域法主要有：ITD 法[148,149]、STD 法[150]、最小二乘复指数法[151]、随机减量法[152,156]、随机子空间法（SSI 法）[157,163]和特征系统实现法（ERA 法）[164,170]等。

S. R. Ibrahim[148,149]在 20 世纪 70 年代提出了一种直接利用结构的动力响应时程曲线进行模态参数识别，即 ITD 法。其主要思想是利用实测的自由衰减响应信号通过 3 次不同的延时采样，构造其增广矩阵，建立特征矩阵的数学模型，求解特征值问题得到特征值和特征向量，再利用模态参数与特征值的关系求得系统的模态参数。1986 年[150]对 ITD 法进行改进，提出一种更加节省时间的算法 STD 法，直接构造 Hessenberg 矩阵，不需要进行 QR 分解，因而计算量大为降低，节省内存和时间，识别精度较 ITD 法更高。

最小二乘复指数（LSCE）法[151]的基本方法是以 Z 变换因子表示脉冲响应，包含待识别的复频率，在构造 Prony 多项式的基础上，通过构造脉冲响应数据序列的自回归（AR）模型，对不同起始位置提取数据，得到关于自回归系数的线性方程组，利用最小二乘法解得 Prony 多项式的根，便可获得结构的各阶模态参数。

H. M. Cole 于 1968 年首次提出随机减量法[152]，应用该方法识别结构的模态参数的主要步骤：假定结构受到平稳随机激励，其响应是由初始条件决定的确定性信号和外载荷激励的随机信号两者的叠加而成。在结构的拾振点上采集随机响应信号，按照一定的规则对响应信号进行平均，过滤掉随机响应信号后得到结构的自由衰减振动响应信号，然后结合其他时域方法进行结构的模态参数识别。

随机子空间法于 1995 年由 B. Peeter[158] 提出，随后在国内外得到广泛应用。徐良、江见鲸等[161]利用随机子空间法对虎门大桥进行了实验模态分析，并同有限元模型进行对比，获得了较为理想的结果；常军、张启伟等[162]用随机子空间法对正在施工过程中的南京长江三桥的桥塔部位的模态参数进行识别，并通过与随机减量法的识别结果相比较，验证了随机子空间法的适用性；许福友等[163]分别对苏通大桥和苏拉马都大桥的主梁进行风洞实验，采集到测点的位移响应信号，利用随机子空间法识别得到了主梁侧弯、竖弯和扭转模态频率和阻尼比，并与随机搜索方法相比较，表明随机子空间法具有较多的识别精度。

特征系统实现法[164]的基本思想：首先根据系统的脉冲响应数据，构造 Hankel 矩阵；然后对矩阵进行奇异值分解，通过奇异值分解的结果得到系统的最小实现；最后对最小实现的状态矩阵进行特征值分解，得到系统的模态参数（模态频率、阻尼比和振型等）。由于该方法属于多输入多输出识别法，且具有较强的抗噪性能，得到了广大研究者的青睐，在我国近十几年也被广泛的应用[166~170]，并取得了很大的发展。

时域识别法所采用的原始数据是结构振动响应的时间历程，主要是结构的自由振动响应，也可采用结构的脉冲响应。使结构产生自由振动的激振方式有多种，其中，张拉释放法，使结构产生初始位移，迅速解除张力，可以产生自由振动；火箭加力法（脉冲激励），利用火箭点燃后产生的冲量使结构获得初始速度而产生自由振动；撞击法（脉冲激励），利用重物产生冲量使结构获得初始速度而产生自由振动，比如力锤的撞击。

模态参数时域识别法的主要优点是可以只使用实测的响应信号，无须经过傅里叶变换处理，因而可以避免由于信号截断而引起泄露、出现旁瓣、分辨率降低等因素对参数识别造成的影响。同时利用时域方法还可以对连续运行的设备，例如发电机组、大型压缩机组、大型化工设备进行在线参数识别。这种在实际运行工况下识别的参数真正反映了结构的实际动态性能。由于时域参数识别技术只需要相应的时域信号，从而减少了激励设备，大大节省了测试时间和费用，并且模态参数时域识别方法由于能直接利用响应的时域信号进行模态参数识别，特别适合于环境激励下大型结构或设备的动力特性的测试分析，因此越来越受到人们的认可和重视，对其技术的应用和研究也得到了快速发展和普及。

当不使用脉冲响应信号时，缺点也很明显。由于没有使用平均技术，因而分析信号中包含噪声干扰，所识别的模态中除系统模态外，还包含噪声模态，因此在时域模态参数识别方法的实际应用中，存在的最大问题是如何判断所得到的模态中哪些是真实模态，哪些是虚假模态（噪声模态），因为时域识别的输入数据是呈自由衰减振动响应形式的波形，不能像频域识别方法那样对频响函数的特性曲线进行人为判别。另外由于噪声的存在，为了给噪声提供出口，往往要提高模态的阶数。有时候增加的噪声模态阶数比真实模态的阶数还要多，这势必就产生由噪声造成的虚假模态。因此如何甄别和剔除噪声模态，如何选择识别方法、模态的阶数和一些参数一直是时域法研究的重要课题。

3. 时频法

目前常用的时频模态参数识别法主要有：希尔伯特-黄（Hilbert-Huang）变换法、短时傅里叶变换法和小波分析法。

1998 年，Huang[171]等人提出了经验模态分解方法，并引入了 Hilbert 谱的概念和 Hilbert 谱分析的方法，即希尔伯特-黄变换（HHT），主要包括两部分：经验模态分解（EMD）和 Hilbert 谱。其主要思想[171,172]是：首先利用 EMD 方法将给定的信号分解为若干固有模态函数（IMF），这些 IMF 是满足一定条件的分量；然后，对每一个 IMF 进行 Hilbert 变换，得到相应的 Hilbert 谱，即将每个 IMF 表示在联合的时频域中；最后，汇总所有 IMF 的 Hilbert 谱就会得到原始信号的 Hilbert 谱，在时域和频域中都具有良好的局部化性质。Yang 等[173~175]将该方法成功的应用在损伤检测和系统识别中。近几十年，小波分析在国内外掀起热潮的一个前沿研究领域，在不同领域都得到广泛的应用，目前在土木工程健康诊断领域主要应用在信号处理、信号降噪、健康诊断、损伤识别以及系统识别等多方面得到了广泛的应用[176-180]。

5.2.5 按工作状态分类

模态分析理论发展至今已有几十年的历史，主要可归纳为两大类方法：一是基于输入（激励）输出（响应）模态试验的试验模态分析法（Experimental Modal Analysis 或简称为 EMA）；二是基于仅有输出（响应）模态试验的运行模态分析法（Operational Modal Analysis 或简称为 OMA）。EMA 和 OMA 是基于真实结构的模态试验，因而能得到比较准确的结果。EMA 是传统的模态分析方法，通常在实验室内完成，试验状态易于控制，测量信噪比较高。OMA 则通常在室外进行，尽管受到测量噪声大等不利条件的影响，但本身也具有一系列突出的优点。

1. EMA 方法

传统的试验模态识别方法（EMA）是基于实验室条件下的频率响应函数或脉冲响应函数（对频响函数进行逆傅里叶变换获得）进行的参数识别方法，它要求同时测得结构上的激励和响应信号。这些方法的应用依靠的是对频响函数或脉冲响应函数的估计，然后进行实测函数和理论函数之间的拟合，并且用到不同的优化程序和多级简化。

2. OMA 方法

在许多工程实际应用中，工作条件和实验室条件相差很大，对一些大型结构无法施加激励或施加激励费用很昂贵，因此要求识别结构在工作条件下的模态参数。在这个背景的促进之下，近十余年来，只在响应可测的条件下对结构动力学参数进行识别的技术，即运行模态参数识别技术成为参数识别领域中的一个研究热点，被视为对传统方法的创新和扩展。运行模态分析亦常称为环境激励下的模态分析，只有输出或激励未知条件下的模态分析，近年来广泛出现在国际国内论文中。运行模态参数识别思想与传统的参数识别有很大的不同，前者是建立在系统输入输出数据均已知的基础上，利用激励和响应的完整信息进行识别；而后者缺少输入信息，且往往只能利用结构实际运行状态下的响应数据。运行模态参数识别技术使模态分析与试验由传统的主要针对静止结构被扩展到处于现场运行状态下的结构，不仅可以实现对那些无法测得载荷的工程结构进行所谓在线模态分析，而且利用工作状态下的响应数据识别的模态参数能更加准确的反映结构的实际动态特性。这一技术已在桥梁、建筑、机械等领域的实际应用中取得实质性的进展。由于运行模态分析研究的是无法有效激励的或者难以测量有效激励信号、往往只能获得自然激励或者工作动力下的响应信号的结构，因此，运行模态参数识别方法研究较多的是基于响应信号的时域参数识别法，同时也有部分学者研究频域和时频联合分析方法。

运行模态参数识别方法与传统模态参数识别方法相比有如下特点：（1）仅根据结构在环境激励下的响应数据来识别结构的模态参数，无需对结构施加激励，激励是未知的，如无需对大桥、海洋结构、高层建筑等大型结构进行激励，仅需直接测取结构在风力、交通等环境激励下的响应数据就可以识别出结构的模态参数。该方法识别的模态参数符合实际工况及边界条件，能真实地反映结构在运行状态下的动力学特性，如高速旋转的设备在高速旋转的工况和静态时结构的模态参数有很大差别。（2）该方法不施加人工激励完全靠环境激励，节省了人工和设备费用，也避免了对结构可能产生的损伤问题。尽管传统的模态参数方法已在许多领域得到了广泛应用，但近年来，环境激励下模态参数识别方法得到了航天、航空、汽车及建筑领域的研究人员的极大关注，如美国 SADIA 国家实验室的 JAMES 和 CARNE 在 1995 年提出的 NExT 方法，并将该方法用于高速汽轮机叶片在工作状态下固有频率和阻尼比的识别。欧共体 1997 年批准的 EUPOKH 项目的主要研究内容是环境激励下（如大桥在风力与交通激励）大桥结构的工作模态参数的识别。1997 年丹麦对 VESTVEJ 大桥进行了环境激励下的模态参数识别和模态参数测试。总之，基于环境激励下响应的结构模态参数识别方法，正在受到工程界的重视。

对于环境激励下结构工作状态的研究早在 20 世纪 60 年代就已开始，经过几十年的研究，特别是近几年来，人们已经提出了多种环境激励下模态参数识别的方法。包括时间序列法、随机减量法、NExT 法、随机子空间法、模态函数分解法等时域方法；峰值拾取法、频域分解法等频域方法以及小波变换、HHT 变换法等时频域方法，

近年来，随着工程应用领域的不断拓展，进一步出现了一些其他新方法及其改进形式。由于每种方法采用的假设和模型不同，因此在应用上都有其局限性，但它们在描述结构的动态特性方面是等价的。必须指出的是，所有这些方法都建立在响应测试是准确可靠的基础上，如果响应测试误差很大，用它们来识别模态参数也就没有任何意义。纵观这些年来针对运行模态参数识别理论方法与应用的研究，不难看出运行模态参数识别技术受到了国内外广泛重视，具有很强的实际意义和工程应用前景，它对于传统的实验室环境下依据频响函数和傅里叶变换的模态参数识别是一项创新，但由于实际问题的复杂性，仍然存在一些问题需进一步研究，这主要表现在：

（1）现有的运行模态参数识别方法在理论上都存在各自的局限性，如 ITD 法不易剔除噪声和虚假模态；而时间序列法的模型阶次较难确定；基于响应相关函数的识别法要求数据样本长、平均次数多；单点复指数法利用的响应信息太少，是一种局部识别法等等。因此这些方法还处于一个不断完善的过程中；

（2）在运行模态参数识别方法的实例中，采用较多的是较为简单的结构，并且主要针对平稳白噪声激励下的识别问题，而对非平稳激励的情况研究得还很少。即使对于简单结构，现有的方法也不能说解决了所有问题，当响应测试数据不完整、或者测试数据信噪比较低时，现有的方法将会遇到困难；

（3）同传统的模态参数识别方法相比，运行模态参数识别法无论是理论模型、分析手段，还是计算方法都更为复杂，这就可能带来求解上的困难，例如用最小二乘原理对矩阵方程求解回归系统可能遇到矩阵病态，又如 Hankel 矩阵阶次的确定等。因此在模型自由度较多时如何保持数值分析的稳定性问题，是值得进一步考虑的问题；

运行模态参数识别作为目前模态参数识别领域中一个研究热点，尽管存在某些不足，但这些不足之处在以后的研究工作中会逐步得到解决，并且由于它所固有的在工程应用上的巨大前景和优势，相信运行模态技术在模态参数识别领域里将得到更加广泛的应用。

5.3　EMA（试验模态参数）频率识别方法

5.3.1　传递函数分析

频响函数分析就是对于一个系统，通过其输入信号和输出信号，进行系统的

频率响应分析，它反映了系统对信号的频响特性（幅频特性和相频特性），取决于系统的本身特性，与输入无关。若系统的输入和输出分别为 $x(t)$、$y(t)$，则频响函数定义为输出信号的傅里叶变换 $Y(\omega)$ 与输入信号的傅里叶变换 $X(\omega)$ 之比。也可以利用输出与输入信号的互功率谱 $S_{xy}(\omega)$ 与输入的自功率谱之比得到频响函数 $H(\omega)$，其数学定义为：

$$H_{xy}(\omega) = S_{xy}(\omega)/S_x(\omega) \tag{5.1}$$

传递函数分析后，得到的 $H_{xy}(\omega)$ 为复数，具有实部和虚部，以每个频率的实部作为横坐标，以虚部作为纵坐标，绘出的图形就是奈奎斯特图。

相干函数（又称为凝聚函数）定义为：

$$\gamma_{xy}^2(\omega) = |S_{xy}(\omega)|^2/S_x(\omega)S_y(\omega) \leqslant 1 \tag{5.2}$$

$\gamma_{xy}(\omega)$ 为相干函数，$S_{xy}(\omega)$ 为互功率谱，$S_x(\omega)$、$S_y(\omega)$ 分别为输入信号和输出信号的自功率谱。相干函数反映了两个信号进行互功率谱计算中外来不相干的噪声影响的大小，相干越大则表示外来影响越小。相干互谱则是互功率谱的幅值与相干函数相乘得到的结果。

相干函数总是小于 1，说明系统中总存在外来的噪声，或有其他不相关的输入，或系统存在非线性特性。相干频响函数则是频响函数的幅值与相干函数相乘得到的结果。

5.3.2   变时基频响函数分析

对大型低频结构进行系统的脉冲激励频响函数分析时，使用变时基传递函数分析方法，可以极大提高传函分析精度。

传统的等时基频响函数做瞬态激励频响分析时，激励与响应之间，特征时间与特征频率的差异太大，激励是 ms 级的，响应是几百 ms 级到秒级，因而就存在频率分辨力（采样频率越低，分辨力越高）和时域波形精度（采样频率越高，时域波形精度越高）这一对无法克服的矛盾。由于脉冲激励信号作用时间较短，为了确保频率分辨力，采样频率不能太高，从而导致采样得到的激励信号偏大；或偏小甚至激励信号没有采上情况。

采样得到的激励信号偏小；

激励信号没有采上。

也就是说对于脉冲激励系统，低频段的频响函数具有时间分辨率和频率分辨率之间的矛盾。对于输入信号 $x(t)$（即力脉冲信号），需要一个较高的采样频率，以保证力脉冲能被准确地采样。但是，如果测试对象为一个大型结构，则输出信号 $y(t)$（即结构的响应信号）的频谱具有窄带和低频的特性。因此对于响应信号则需要一个较低的采样频率进行采样以保证低频处的频率分辨率。为解决这个问题，应怀樵教授提出了变时基（VTB）频响函数细化分析方法。

变时基方法的原理是基于一种特殊的采样方式，即变时基采样。通常，$x(t)$ 和 $y(t)$ 需要用相同的采样频率进行采样。而在变时基方法中，对于输入信号和输出信号的采样频率却是不同的。例如，对力脉冲信号的采样时间间隔为 Δt_1，对响应信号的采样间隔为 Δt_2，$\Delta t_2 = m \times \Delta t_1$，$m$ 为变时倍数，它可以是一个整数如 2，3，4 等等。

当采样 N 点后，脉冲信号的时间长度 T_1 也就不同于响应信号的时间长度 T_2，

$$T_1 = N \times \Delta t_1 \qquad T_2 = N \times \Delta t_2$$

相应的时间分辨率为：$\Delta f_1 = 1/T_1, \Delta f_2 = 1/T_2$

于是 $$T_2 = m \times T_1, \Delta f_1 = m \times \Delta f_2$$

Δt_1 比较小，力信号可以被准确地采样。Δf_2 比较小，因此响应信号的频率分辨率就较好。由于两个信号的采样频率不同，所以通常的频响函数分析方法就不再适用，而需要使用变时基频响函数分析方法。

分析时，可以根据需要的导纳精度和频率分辨率，改变时基和窗长，从而定出细化倍数 m，得到一个"双时基、双窗长"的离散时间序列。对这个离散的时间序列进行 FFT 变换，并采用巧妙的软件技术，可是传递函数 $H(n\Delta f)$ 的分辨率提高 m 倍。

$$X(n\Delta f) = \frac{1}{N} \sum_{k=0}^{N-1} x_k e^{-j2nk/N} \tag{5.3}$$

$$Y(n\Delta f) = \frac{1}{N} \sum_{k=0}^{N-1} y_k e^{-j2nk/N} \tag{5.4}$$

$$H(n\Delta f) = Y(n\Delta f)/X(n\Delta f) \tag{5.5}$$

上式中 $\Delta f = \dfrac{1}{N\Delta t^2}$（$N$ 为采样点数）

VTB 法的低频特性优越，因此可以解决以往不能测试的低频大型系统的频响函数分析，瞬态激励的波动研究，地球物理勘探，故障诊断问题，提高了时间分辨率、幅值分辨率和频率分辨率，大大提高了导纳精度和捕捉很短信号的概率。

图 5.2 为测点 5 与激励点之间的传函分析结果。正确输入分析参数之后，经过计算，将在图形显示传递函数分析结果曲线，图 5.2 中显示的内容为传函幅值曲线和相位曲线，相关系数曲线，实部曲线、虚部曲线、输入自功率谱、输出自功率谱、相关传函曲线，奈奎斯特图见图 5.3。

在 EMA 频域识别方法中，峰值法和分量分析法已很少采用，这里主要介绍导纳圆拟合法。

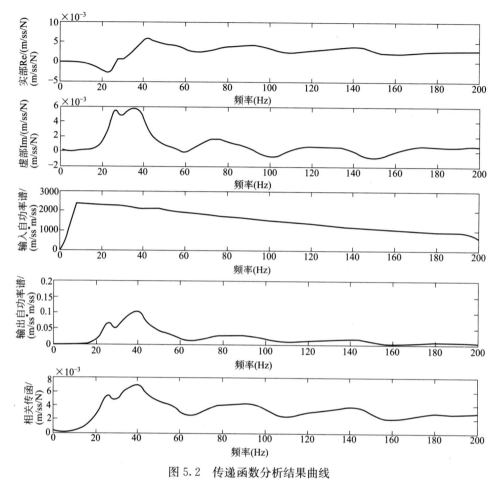

图 5.2　传递函数分析结果曲线

Fig 5.2　analysis results curve of transfer function

5.3.3　导纳圆拟合法

理论证明，对具有结构阻尼的单自由度系统，位移导纳在复平面上构成一个圆；对具有黏性阻尼的单自由度系统，位移导纳在复平面上近似成一个圆；对具有黏性阻尼的单自由度系统，速度导纳在复平面上构成一个圆。这个由奈奎斯特图（Nyquist）在共振模态周围形成的一个近似于圆形的曲线，称之为导纳圆。在实际工程中的多自由度系统，一般在某阶模态频响函数共振峰附近选取 6～10 个频率点，即截取某阶模态成为单模态系统，从而应用导纳圆理论。

导纳圆拟合法，其基本思想是根据实测频响函数数据，用理想的圆去拟合实测的导纳圆，并按最小二乘原理使其误差平方和为最小的原则进行拟合。

基本原理：以频响函数的实部为横轴，虚部为纵轴绘出奈奎斯特图，对共振

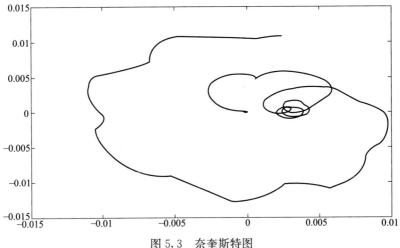

图 5.3　奈奎斯特图

Fig 5.3　Nyquist diagram

模态附近的数据进行理想圆的拟合。首先构造一个理想圆的方程：

$$(x-a/2)^2+(y-b/2)^2=r^2 \tag{5.6}$$

变化式(5.6)得：

$$D_I=(x-x_0)^2+(y-y_0)^2-R^2=x^2+y^2+Ax+By+C \tag{5.7}$$

其中

$$A=-2x_0,B=-2y_0,C=x_0^2+y_0^2-R^2 \tag{5.8}$$

显然 $D_I=0$，而实测数据代入式(5.7)，得：

$$D_r=x_i^2+y_i^2+Ax_i+By_i+C\neq0 \tag{5.9}$$

式(5.7)和式(5.9)存在一个测量误差：

$$e_i=D_T-D_I=D_T \tag{5.10}$$

所有测试数据点的误差平方和为：

$$E=\sum_{i=1}^{n}e_i^2=\sum_{i=1}^{n}(x_i^2+y_i^2+Ax_i+By_i+C)^2 \tag{5.11}$$

求待定系数 A，B，C 使 E 最小，即：

$$
\begin{bmatrix}
\sum\limits_{i=1}^{n}x_i^2 & \sum\limits_{i=1}^{n}x_iy_i & \sum\limits_{i=1}^{n}x_i \\[2mm]
\sum\limits_{i=1}^{n}x_iy_i & \sum\limits_{i=1}^{n}y_i^2 & \sum\limits_{i=1}^{n}y_i \\[2mm]
\sum\limits_{i=1}^{n}x_i & \sum\limits_{i=1}^{n}y_i & n
\end{bmatrix}
\begin{Bmatrix} A \\ B \\ C \end{Bmatrix}=
\begin{Bmatrix}
-\sum\limits_{i=1}^{n}(x_i^3+x_iy_i^2) \\[2mm]
-\sum\limits_{i=1}^{n}(y_i^3+x_i^2y_i) \\[2mm]
-\sum\limits_{i=1}^{n}(x_i^2+y_i^2)
\end{Bmatrix}
\tag{5.12}
$$

模态频率的确定：解式(5.12)可得到 A，B，C，从而可以确定拟合圆的方程。沿模态圆弧线相同频率间隔对应的弧长，以结构固有频率值所在的位置弧长为最长，即在共振点附近单位频率对应的弧长最长，据此，将模态圆弧线函数对频率进行求导，导数最大值对应的频率即为结构的固有频率。实际上，该导数最大值对应的频率也就是频响函数虚频曲线在这附近的峰值所对应的频率。

模态阻尼比的确定：当模态频率 ω_n 确定之后，根据已经识别出来的固有频率计算模态阻尼比系数。通过在 ω_n 附近绘制导纳圆弧段，利用导纳圆中的信息及所含参量间的关系进行阻尼比的识别。在模态频率 ω_n 两侧附近分别取 ω_a、ω_b（$\omega_a < \omega_n < \omega_b$），在导纳圆中对应的圆心角分别为 α_a、α_b，根据导纳圆特性，可以得到阻尼比为：

$$\xi = \frac{\omega_b^2 - \omega_a^2}{\omega_n^2} \frac{1}{\tan\frac{\alpha_a}{2} + \tan\frac{\alpha_b}{2}} = \frac{\omega_b - \omega_a}{\omega_n} \frac{2}{\tan\frac{\alpha_a}{2} + \tan\frac{\alpha_b}{2}} \tag{5.13}$$

对于现场悬臂挡墙试验，测点 1 的模态识别结果：

模态振型的确定：理论上的导纳圆，其圆心刚好在虚轴上，大小刚好等于导纳圆的直径，即 $2(R_{lp})$，因此我们可以用分量分析法中的公式来求振型。但实际上，导纳圆都有一个偏转角 θ_r，因此我们用偏转角和直径来确定复模态的柔度 δ_{rpq}，即：

$$\delta_{rpq} = 2\varepsilon_r R_r e^{j\vartheta_r} \tag{5.14}$$

各响应点的模态柔度求出后，以激励点的模态柔度进行归一化，就可以求得归一化后的振型向量：

$$\{\varphi\}_r = \frac{1}{\delta_{rqq}} \{\delta_{rpq}\} \tag{5.15}$$

对于多个测量点，所求得的模态参数可能有些差异，对此采用加权平均法处理，以第 r 阶的模态频率为例，有：

$$\omega_r = \frac{\sum\limits_{p=1}^{N} \sigma_{pr}\omega_{pr}}{\sum\limits_{p=1}^{N} \sigma_{pr}} \tag{5.16}$$

识别精度采用加权标准误差公式进行衡量：

$$\varepsilon(\omega_r) = \frac{1}{\omega_r} \sqrt{\frac{\sum\limits_{p=1}^{N} \sigma_{pr}(\omega_{pr} - \omega_r)^2}{(N-1)\sum\limits_{p=1}^{N} \sigma_{pr}}} \tag{5.17}$$

　　式中，σ_{pr}为权函数，可取 p 点实测频响函数在ω_{pr}处的绝对值为该权函数值。

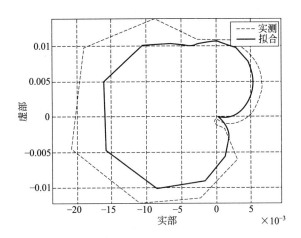

图 5.4　实测频响函数和拟合频响函数的导纳圆曲线的对比

Fig 5.4　admittance curve comparison between test frequency responses function and regression frequency responses function

输出结果	表 5.1
output	Table 5.1

	输出结果		
	频率（Hz）	阻尼比（%）	振型系数
1	8.738957424952758	0.379363505348617	−0.020273575447498
2	10.324078019012614	0.260212220223639	0.016719707461957
3	15.048072788962759	0.210562206538214	0.004272570283254

　　在此例中，采用导纳圆法只能提取前 3 阶模态参数（表 5.1）。

　　优缺点：

　　（1）对单自由度系统和模态耦合不很紧密的多自由度系统，这种方法可取得比较满意的结果；

　　（2）导纳圆拟合法只用最小二乘原理估算出导纳圆的半径和振型，而其他模态参数的估计仍建立在图解法的基础之上，故精度不高；

　　（3）不仅利用频响函数峰值点的信息，还利用固有频率附近很多点的信息，即使没有峰值信息，仍然可以求出固有频率，这样可以避免峰值信息误差造成的影响；

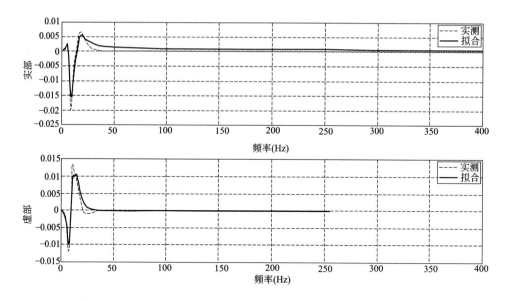

图5.5 实测频响函数和拟合频响函数的实频和虚频曲线的对比

Fig 5.5 real frequency and ordinal frequency comparison between test frequency responses function and regression frequency responses function

（4）求模态参数时可计及邻近模态的影响，当模态比较密集时，误差较大，因为该方法建立在主导模态基础之上；

（5）导纳圆法是建立在图解的基础上的，故受到图解精度的限制（图5.4和图5.5）。

5.3.4 最小二乘迭代法

最小二乘迭代法是一种用解析表达式来对实测频响函数数据进行数值计算拟合的经典方法。通过它能获得在最小平方差意义上试验数据与数学模型的最佳拟合。对于一个多自由度的结构，在结构上 q 点进行激励，p 点测试响应，其加速度频响函数可表示为：

$$H_{pq}(\omega) = -\sum_{i=1}^{N}\left(\frac{A_{ipq}}{j\omega - s_i} + \frac{A_{ipq}^*}{j\omega - s_i^*}\right)\omega^2 \tag{5.18}$$

将 $H_{pq}(\omega)$ 简写为 $H(\mathrm{w})$，A_{ipq} 简写为 A_i，并将待定复参数的实虚部分开，令

$$s_i = \sigma_i + j\omega_{di}, A_i = U_i + jV_i \tag{5.19}$$

将式（5.19）代入式（5.18），得：

$$H(\omega) = -\sum_{i=1}^{N}\left(\frac{U_i + jV_i}{-\sigma_i + j(\omega - \omega_{di})} + \frac{U_i - jV_i}{-\sigma_i + j(\omega + \omega_{di})}\right)\omega^2 \tag{5.20}$$

待定参数所构成的向量为

$$\{\beta\}_{4N\times1}=[U_1,V_1,\sigma_1,\omega_{di},\cdots,U_N,V_N,\sigma_N,\omega_{dN}]^T \tag{5.21}$$

设 $\bar{H}_k$ 为频率变量 $\omega=\omega_k$ 时实测得到的频响函数数据，共有 L 个频率点，所构成的实测频响函数向量为：

$$\{\tilde{H}\}_{L\times1}=[\tilde{H}_1 \quad \tilde{H}_2 \quad \cdots \quad \tilde{H}_L]^T \tag{5.22}$$

相应于 L 个频率点所构成的理论频响函数数值向量可表示为：

$$\{\tilde{H}(\beta)\}_{L\times1}=[\tilde{H}_1(\beta) \quad \tilde{H}_2(\beta) \quad \cdots \quad \tilde{H}_L(\beta)]^T \tag{5.23}$$

各频率点处理论解频响函数与实测频响函数的误差向量为：

$$\{e(\beta)\}=\{\tilde{H}_i(\beta)-\{\tilde{H}\}\} \tag{5.24}$$

由于 $\{e(\beta)\}$ 是待识别参数向量的 $\{\beta\}$ 的非线性函数，为了便于求解，将 $\{e(\beta)\}$ 在其解的初始值 $\{\beta^{(0)}\}$ 附近展开泰勒级数，并取一阶近似为：

$$\{e(\beta)\}=\{\beta^{(0)}\}+\frac{\mathrm{d}\{\tilde{H}(\beta)\}}{\mathrm{d}\{\beta\}}(\{\beta\}-\{\beta^{(0)}\})=\{e(\beta^{(0)})\}_{L\times1}+[j\beta^{(0)}]_{L\times N}\{\Delta\beta\}_{N\times1}$$

$$\tag{5.25}$$

其中

$$\begin{cases} j\beta^{(0)}=\dfrac{\mathrm{d}\{\tilde{H}(\beta)\}}{\mathrm{d}\{\beta\}} \\ \{\Delta\beta\}=\{\beta\}-\{\beta^{(0)}\} \\ e(\beta^{(0)})=\{H(\beta^{(0)})-\{\tilde{H}\}\} \end{cases} \tag{5.26}$$

定义目标函数为：

$$E=\{e(\beta)\}^H\{e(\beta)\} \tag{5.27}$$

为使 E 最小，令

$$\frac{\partial E}{\partial\{\beta\}}=0 \tag{5.28}$$

即

$$\frac{\partial E}{\partial\{\beta\}}=\frac{\partial\{e(\beta)\}^H\{e(\beta)\}}{\partial\{\beta\}}=2[J\beta^{(0)}]^H(\{e(\beta^{(0)})\}+[J\beta^{(0)}]\{\Delta\beta\})=0$$

$$\tag{5.29}$$

式(5.29)经整理得：

$$[J\beta^{(0)}]_{L\times4N}\{\Delta\beta\}_{4N\times1}=-\{e(\beta^{(0)})\}_{L\times1} \tag{5.30}$$

这里引入用伪逆法求方程的最小二乘解的解法。

为了提高解的精度，人们一般用伪逆法求方程的最小二乘解，原理如下：

对于方程 $\qquad\qquad\qquad AX=Y \qquad\qquad\qquad\qquad\qquad (5.31)$

它的解有如下三种形式：

$$\begin{cases} A = YX^T (XX^T)^{-1} \\ A = YY^T (XY^T)^{-1} \\ A = \frac{1}{2}(YX^T (XX^T)^{-1} + YY^T (XY^T)^{-1}) \end{cases} \quad (5.32)$$

用伪逆法求式(5.30)的最小二乘解，即

$$\{\Delta\beta\} = -([J\beta^{(0)}]^H [J\beta^{(0)}])^{-1} [J\beta^{(0)}]^H \{e(\beta^{(0)})\} \quad (5.33)$$

为了改善式(5.33)中系数矩阵的求解条件，采用增加阻尼因子的方法，即取

$$\{\Delta\beta\} = -([J\beta^{(0)}]^H [J\beta^{(0)}] + \lambda[I])^{-1} [J\beta^{(0)}]^H \{e(\beta^{(0)})\} \quad (5.34)$$

式中，λ 为阻尼因子，且 $\lambda > 0$。

在迭代开始的时候，先取 $\lambda = 1$，随着迭代过程的进行，可将 λ 逐次按比例减小。

求出向量 $\{\Delta\beta\}$ 后，记 $\{\Delta\beta\}$ 为 $\{\Delta\beta^0\}$，并将 $\{\beta^{(1)}\} = \{\beta^{(0)}\} + \{\Delta\beta^{(0)}\}$ 作为初始参数向量代入式(5.21)，重复以上过程进行迭代求解。直至收敛到指定的控制精度 ε，迭代最终表达为：$\{\beta^{(n)}\} = \{\beta^{(n-1)}\} + \{\Delta\beta^{(n-1)}\}$ （5.35）

迭代收敛精度判别式为：

$$\frac{E_n - E_{n-1}}{|E_{n-1}|} \leqslant \varepsilon \quad (5.36)$$

由求出的 σ_i 和 ω_{di} 可以求出固有频率和阻尼比，即

$$\omega_i = \sqrt{s_i s_i^*} \quad (5.37)$$

$$\zeta_i = \frac{s_i + s_i^*}{2\omega_i} \quad (5.38)$$

振型向量求解公式为：

$$\varphi_r = [A_{r1q} \quad A_{r2q} \quad \cdots \quad A_{rMq}] / A_{rmq} \quad (5.39)$$

对于现场悬臂挡墙试验，工况一测点 1 的模态识别结果：

输出结果
output
表 5.2
Table 5.2

	输出结果		
	频率(Hz)	阻尼比(%)	振型系数
1	6.412049288311901	0.448027463040572	−0.629441464142915 + 0.472690926370218i
2	9.341522822554255	0.173101832869338	0.757172034043660 − 0.217758113104503i
3	17.856474669635343	0.185671362452791	−0.127647833110016 + 0.012050335989278i

最小二乘法的模态提取精度受模态阶数和初值的确定影响较大。下图是提取 4 阶模态的拟合曲线，其拟合精度没有提取 3 阶模态的拟合精度高。

5.3.5 加权最小二乘迭代法

在最小二乘迭代法中，对应于每一个频率点的误差都是按照等权状态进行处

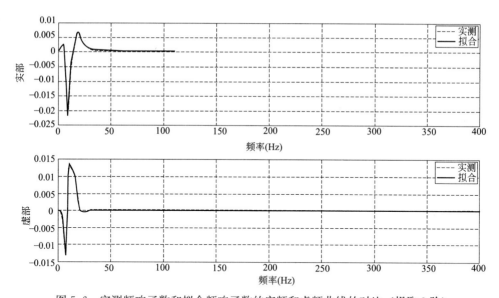

图 5.6　实测频响函数和拟合频响函数的实频和虚频曲线的对比（提取 3 阶）

Fig 5.6　real frequencies and ordinal frequency comparison between test

frequency responses function and regression frequency responses function（extract 3 steps）

理的，而实际测试得到的数据往往不是等权的。在实测频响函数中有的值信噪比大，可信度较高，有的值信噪比小，可信度较低。加权最小二乘迭代法与一般的最小二乘迭代法的不同之处在于构造目标函数的时候引入加权矩阵，即构成加权误差函数。效果比一般的最小二乘迭代法精度要高。

与最小二乘法的模态提取一样，其精度同样受模态阶数和初值的影响较大。输出结果见表 5.3。

输出结果　　　　　　　　　　　　　　表 5.3

output　　　　　　　　　　　　　　Table 5.3

	输出结果		
	频率（Hz）	阻尼比（%）	振型系数
1	7.070102001136334	0.316440395686201	−0.279480256583084＋0.746075012975700i
2	9.743141434804555	0.152822101682252	0.416703890593053−0.356546536254760i
3	16.565355947366601	0.152822101682252	−0.136879179816339−0.067992703785822i

5.3.6　有理分式多项式方法

有理分式多项式也称为 Levy 法或幂多项式法，由于没有使用简化的模态展开式，理论模型是精确的，因而有较高的识别精度。一个多自由度黏性阻尼线性系统的传递函数可表示为：

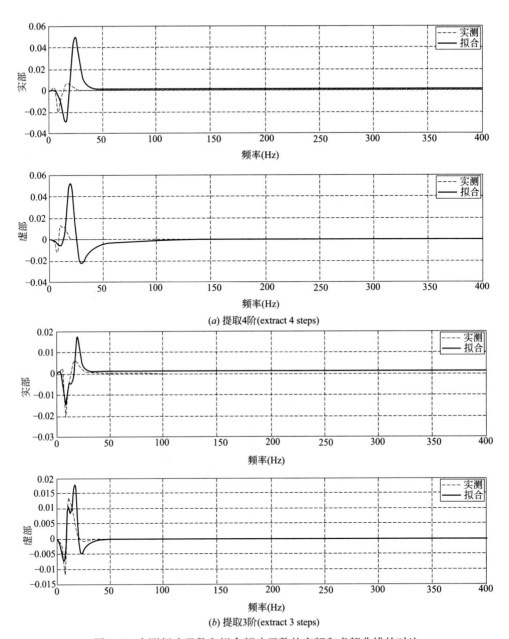

(a) 提取4阶(extract 4 steps)

(b) 提取3阶(extract 3 steps)

图 5.7 实测频响函数和拟合频响函数的实频和虚频曲线的对比

Fig 5.7 real frequencies and ordinal frequency comparison between

test frequency responses function and regression frequency responses function

$$H(s) = \sum_{k=1}^{N} \left(\frac{A_k}{s - s_k} + \frac{A_k^*}{s - s_k^*} \right) = \sum_{k=1}^{2N} \frac{A_k}{s - s_k} \qquad (5.40)$$

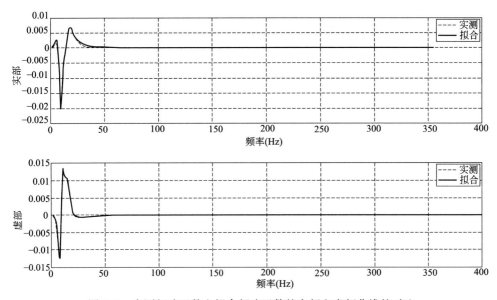

图 5.8 实测频响函数和拟合频响函数的实频和虚频曲线的对比

Fig 5.8 real frequencies and ordinal frequency comparison

between test frequency responses function and regression frequency responses function

将式(5.40)用有理分式多项式来表示，可以写成：

$$H(\mathrm{s})=\frac{a_0+a_1s+\cdots+a_{2\mathrm{N}}s^{2N}}{b_0+b_1s+\cdots+b_{2\mathrm{N}}s^{2N}}=\frac{C(\mathrm{s})}{D(\mathrm{s})} \tag{5.41}$$

通过修改，将误差函数线性化处理，则得到加权误差函数

$$e_i=\hat{e}_iD(\omega_i)=\hat{e}_i\left[\sum_{k=0}^{2N-1}b_k\ (j\omega_i)^k+(j\omega_i)^{2N}\right] \tag{5.42}$$

由式(5.42)可以导出：

$$e_i=D(j\omega_i)-\widetilde{H}_iD(j\omega_i)=\sum_{k=0}^{2N}a_k\ (j\omega_i)^k-\widetilde{H}_i\sum_{k=0}^{2N-1}b_k\ (j\omega_i)^k+(j\omega_i)^{2N}$$

$$\tag{5.43}$$

所有 L 个对应频率点 $\omega=\omega_i(i=1,2,\cdots,L)$ 的加权误差构成一个误差向量

$$\{e\}=\begin{bmatrix}e_1 & e_2 & \cdots & e_\mathrm{L}\end{bmatrix}^\mathrm{T} \tag{5.44}$$

将式(5.44)改写成矩阵的形式为：

$$\{e\}_{L\times1}=\left[P\right]_{L\times(2N+1)}\{a\}_{(2N+1)\times1}-\left[T\right]_{L\times2N}\{b\}_{2N\times1}-\{\omega\}_{L\times1}$$

$$\tag{5.45}$$

其中，

$$[P]_{L\times(2N+1)}=\begin{bmatrix} 1 & (j\omega_1) & (j\omega_1)^2 & \cdots & (j\omega_1)^{2N} \\ 1 & (j\omega_2) & (j\omega_2)^2 & \cdots & (j\omega_2)^{2N} \\ \vdots & \vdots & \vdots & \cdots & \vdots \\ 1 & (j\omega_L) & (j\omega_L)^2 & \cdots & (j\omega_L)^{2N} \end{bmatrix} \quad (5.46a)$$

$$[T]_{L\times 2N}=\begin{bmatrix} \widetilde{H}_1 & \widetilde{H}_1(j\omega_1) & \widetilde{H}_1(j\omega_1)^2 & \cdots & \widetilde{H}_1(j\omega_1)^{2N-1} \\ \widetilde{H}_2 & \widetilde{H}_2(j\omega_2) & \widetilde{H}_2(j\omega_2)^2 & \cdots & \widetilde{H}_2(j\omega_2)^{2N-1} \\ \vdots & \vdots & \vdots & \cdots & \vdots \\ \widetilde{H}_L & \widetilde{H}_L(j\omega_L) & \widetilde{H}_L(j\omega_L)^2 & \cdots & \widetilde{H}_L(j\omega_L)^{2N-1} \end{bmatrix} \quad (5.46b)$$

$$\{a\}_{(2N+1)\times 1}=\begin{bmatrix} a_0 & a_1 & \cdots & a_{2N} \end{bmatrix}^{\mathrm{T}} \quad (5.46c)$$

$$\{b\}_{2N\times 1}=\begin{bmatrix} b_0 & b_1 & \cdots & b_{2N-1} \end{bmatrix}^{\mathrm{T}} \quad (5.46d)$$

$$\{\omega\}_{L\times 1}=\begin{Bmatrix} \widetilde{H}_1(j\omega_1)^{2N} \\ \widetilde{H}_2(j\omega_2)^{2N} \\ \vdots \\ \widetilde{H}_L(j\omega_L)^{2N} \end{Bmatrix} \quad (5.46e)$$

定义目标函数，$E=\{e\}^H\{e\}$，采用最小二乘法，使 E 最小，即

$$\frac{\partial E}{\partial\{a\}}=\{0\},\frac{\partial E}{\partial\{b\}}=\{0\} \quad (5.47)$$

可以导出以下方程组：

$$\begin{bmatrix} [C] & [B] \\ [B]^T & [D] \end{bmatrix}\begin{Bmatrix} \{a\} \\ \{b\} \end{Bmatrix}=\begin{Bmatrix} \{g\} \\ \{f\} \end{Bmatrix} \quad (5.48)$$

其中

$$\begin{cases} [B]_{(2N+1)\times 2N}=-\mathrm{Re}([P]^H[T]) \\ [C]_{(2N+1)\times(2N+1)}=[P]^H[P] \\ [D]_{2N\times 2N}=[T]^H[T] \\ [g]_{(2N+1)\times 1}=\mathrm{Re}([P]^H\{\omega\}) \\ [f]_{2N\times 1}=\mathrm{Re}([T]^H\{\omega\}) \end{cases} \quad (5.49)$$

解方程组(5.49)，即可以求得待定系数 a_k，$b_k(k=0,1,2,\cdots,2N)$。

计算固有频率和阻尼比：

求传递函数的极点，令 $D(s)=b_0+b_1 s+\cdots b_{2N-1}s^{2N-1}+s^{2N}=0$，解上列高次方程，可求得 N 对复根 s_i 和 s_i^*，由于

$$\begin{cases} s_i=-\zeta_i\omega_i+j\omega_i\sqrt{1-\zeta_i^2} \\ s_i^*=-\zeta_i\omega_i-j\omega_i\sqrt{1-\zeta_i^2} \end{cases} \quad (5.50)$$

故可求出，固有频率和阻尼比为：

$$\omega_i = \sqrt{s_i s_i^*} , \zeta_i = \frac{s_i + s_i^*}{2\omega_i} \tag{5.51}$$

计算模态阵型，需要先求出留数，设 q 点激励，p 点响应的传递函数 $H_{pq}(s)$ 的第 r 阶留数为 A_{rpq}，则

$$A_{rpq} = \lim_{s \to s_r} H_{pq}(s)(s - s_r) = \frac{C(s)}{D(s)}(s - s_r)_{s=s_r} \ (r = 1, 2 \cdots) \tag{5.52}$$

振型向量可以通过对一系列响应测点的留数处理得到。对于一个有 M 个响应测点的结构，首先需要从 M 个对应同一阶模态的留数中找出绝对值最大的测点，假设该测点 m，对应第 r 阶模态的归一化复振型向量可以由下面的公式求出。

$$\{\varphi_r\} = [A_{r1q} \quad A_{r2q} \quad \cdots \quad A_{rMq}] / A_{rmq} \tag{5.53}$$

对于黏性比例阻尼结构，公式为：

$$\{\varphi_r\} = [\mathrm{Im}(A_{r1q}) \quad \mathrm{Im}(A_{r2q}) \quad \cdots \quad \mathrm{Im}(A_{rMq})] / \mathrm{Im}(A_{rmq}) \tag{5.54}$$

优缺点：有理分式多项式模态参数识别方法中，数学模型采用的是频响函数的有理分式形式，由于未使用简化的模态展开式，因而有较高的识别精度；在曲线拟合不好的情况下，应该增加模态阶数，以便为噪声模态提供出口。

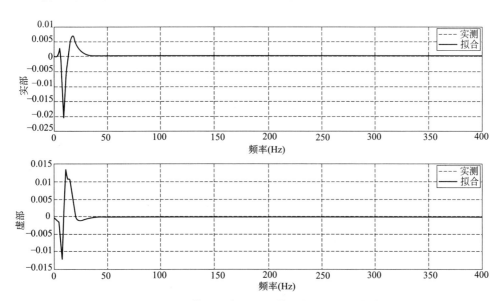

图 5.9 实测频响函数和拟合频响函数的实频和虚频曲线的对比

Fig 5.9 real frequencies and ordinal frequency comparison between

test frequency responses function and regression frequency responses function

由于增加了提取模态的阶数（20 阶），为噪声模态提供了出口，曲线拟合很好。而且这种方法的优点还在于无需事先给定模态初值。

输出结果

output

表 5.4

Table 5.4

	频率(Hz)	输出结果	
		阻尼比(%)	振型系数
1	5. 9711955882112	0. 182427311894614	0. 014938008335850＋0. 005689506147066i
2	9. 6297610351591	0. 193082854237528	−0. 156661442236200＋0. 000629178883705i
3	11. 8919198832490	0. 238334643973341	0. 047837429880575−0. 101471504752084i
4	16. 6584500371008	0. 291853585026595	0. 162078643898882＋0. 089496687198931i
5	32. 6610794145157	0. 782847045379294	−0. 062128855833870＋0. 099028115329231i
6	136. 4874755174998	0. 021247309863481	0. 000113052661637＋0. 000136210699032i
7	181. 4617844218093	0. 001653635678850	0. 000032688821375−0. 000022113901016i
8	193. 6814720584078	0. 007926194512889	0. 000059283240618＋0. 000028888487520i

5.3.7　正交多项式方法

频响函数的可表示为有理式：

$$\boldsymbol{H}(j\omega)=\frac{\sum_{i=0}^{2n-2}c_i p_i(j\omega)}{\sum_{i=0}^{2n}d_i q_i(j\omega)}=\frac{\boldsymbol{p}^{\mathrm{T}}(j\omega)\boldsymbol{c}}{1+\boldsymbol{q}^{\mathrm{T}}(j\omega)\boldsymbol{d}}=\frac{C(j\omega)}{D(j\omega)} \tag{5.55}$$

其中：

$$\left.\begin{aligned}
&\boldsymbol{c}=\{c_0,c_1,\cdots,c_{2n-2}\}^{\mathrm{T}}\\
&\boldsymbol{d}=\{d_1,d_2,\cdots,d_{2n}\}^{\mathrm{T}}\\
&\boldsymbol{p}(j\omega)=\begin{bmatrix} p_0(j\omega) & p_1(j\omega) & \cdots & p_{2n-2}(j\omega)\end{bmatrix}^{\mathrm{T}}\\
&\boldsymbol{q}(j\omega)=\begin{bmatrix} q_1(j\omega) & q_2(j\omega) & \cdots & q_{2n}(j\omega)\end{bmatrix}^{\mathrm{T}}
\end{aligned}\right\} \tag{5.56}$$

式中，$p_i(j_\omega)$、$q_i(j_\omega)$ 分别为分子、分母的正交多项式；c_i、d_i 为正交多项式系数，均为有理数。

若在某个测点上共测试了 L 个频率点，所测得的频响函数值为 $\widetilde{H}(j\omega_k)$，由式(5.55)计算得到相应的理论值 $H(j\omega_k)$（$k=1,2,\cdots,L$）。为了计算方便，将 L 个正频率点 ωk 扩展到 L 个负频率点 ω_{-k}，并令：

$$\left.\begin{aligned}
&\omega_{-k}=-\omega_k\\
&H(j\omega_{-k})=H(-j\omega_k)=H^*(j\omega_k)\\
&\widetilde{H}(j\omega_{-k})=\widetilde{H}(-j\omega_k)=\widetilde{H}^*(j\omega_k)
\end{aligned}\right\} \tag{5.57}$$

然而，实测频响函数 $\widetilde{H}(j\omega_k)$ 与理论值 $H(j\omega_k)$ 的差值是一个误差函数，定义为：

$$\varepsilon_k=H(j\omega_k)-\widetilde{H}(j\omega_k)=\frac{C(j\omega_k)}{D(j\omega_k)}-\widetilde{H}(j\omega_k) \tag{5.58}$$

将 $D(j\omega_k)$ 中包含的非线性参数 d 线性化，引入加权误差函数：

$$
\begin{aligned}
e_k &= \varepsilon_k D(j\omega_k) = C(j\omega_k) - \widetilde{H}(j\omega_k)D(j\omega_k) \\
&= \boldsymbol{p}^{\mathrm{T}}(j\omega_k)\boldsymbol{c} - \widetilde{H}(j\omega_k)\left[1 + \boldsymbol{q}^{\mathrm{T}}(j\omega_k)\boldsymbol{d}\right] \\
&= \boldsymbol{p}^{\mathrm{T}}(j\omega_k)\boldsymbol{c} - \widetilde{H}(j\omega_k)\boldsymbol{q}^{\mathrm{T}}(j\omega_k)\boldsymbol{d} - \widetilde{H}(j\omega_k)
\end{aligned}
\tag{5.59}
$$

将式 (5.59) 中 k 从 $-L$ 到 L 共有 $2L$ 个方程，写成矩阵形式：

$$
\boldsymbol{e} = \boldsymbol{Pc} - \boldsymbol{Qd} - \widetilde{\boldsymbol{H}}
\tag{5.60}
$$

其中：

$$
\boldsymbol{e} = \{e_{-L}, \cdots, e_{-1}, e_1, \cdots, e_L\}^{\mathrm{T}}
\tag{5.61}
$$

$$
\widetilde{\boldsymbol{H}} = \{\widetilde{H}_{-L}, \cdots, \widetilde{H}_{-1}, \widetilde{H}_1, \cdots, \widetilde{H}_L\}^{\mathrm{T}}
\tag{5.62}
$$

$$
\boldsymbol{P} = \begin{bmatrix}
p_0(j\omega_{-L}) & p_1(j\omega_{-L}) & \cdots & p_{2n-2}(j\omega_{-L}) \\
\vdots & \vdots & & \vdots \\
p_0(j\omega_{-1}) & p_1(j\omega_{-1}) & \cdots & p_{2n-2}(j\omega_{-1}) \\
p_0(j\omega_1) & p_1(j\omega_1) & \cdots & p_{2n-2}(j\omega_1) \\
\vdots & \vdots & & \vdots \\
p_0(j\omega_L) & p_1(j\omega_L) & \cdots & p_{2n-2}(j\omega_L)
\end{bmatrix}
\tag{5.63}
$$

$$
\boldsymbol{Q} = \begin{bmatrix}
\widetilde{H}(j\omega_{-L})q_1(j\omega_{-L}) & \widetilde{H}(j\omega_{-L})q_2(j\omega_{-L}) & \cdots & \widetilde{H}(j\omega_{-L})q_{2n}(j\omega_{-L}) \\
\vdots & \vdots & & \vdots \\
\widetilde{H}(j\omega_{-1})q_1(j\omega_{-1}) & \widetilde{H}(j\omega_{-1})q_2(j\omega_{-1}) & \cdots & \widetilde{H}(j\omega_{-1})q_{2n}(j\omega_{-1}) \\
\widetilde{H}(j\omega_1)q_1(j\omega_1) & \widetilde{H}(j\omega_1)q_2(j\omega_1) & \cdots & \widetilde{H}(j\omega_1)q_{2n}(j\omega_1) \\
\vdots & \vdots & & \vdots \\
\widetilde{H}(j\omega_L)q_1(j\omega_L) & \widetilde{H}(j\omega_L)q_2(j\omega_L) & \cdots & \widetilde{H}(j\omega_L)q_{2n}(j\omega_L)
\end{bmatrix}
\tag{5.64}
$$

根据复数最小二乘法，得到目标函数为：

$$
\boldsymbol{E} = \boldsymbol{e}^{\mathrm{H}}\boldsymbol{e} = (\boldsymbol{Pc} - \boldsymbol{Qd} - \widetilde{\boldsymbol{H}})^{\mathrm{H}}(\boldsymbol{Pc} - \boldsymbol{Qd} - \widetilde{\boldsymbol{H}})
\tag{5.65}
$$

为了使 E 最小，令：

$$
\frac{\partial \boldsymbol{E}}{\partial \boldsymbol{c}} = 0, \qquad \frac{\partial \boldsymbol{E}}{\partial \boldsymbol{d}} = 0
\tag{5.66}
$$

得到：

$$
\left.
\begin{aligned}
\boldsymbol{P}^{\mathrm{H}}\boldsymbol{Pc} - \mathrm{Re}(\boldsymbol{P}^{\mathrm{H}}\boldsymbol{Qd}) - \mathrm{Re}(\boldsymbol{P}^{\mathrm{H}}\widetilde{\boldsymbol{H}}) = \boldsymbol{0} \\
\boldsymbol{Q}^{\mathrm{H}}\boldsymbol{Qd} - \mathrm{Re}(\boldsymbol{Q}^{\mathrm{H}}\boldsymbol{Pc}) - \mathrm{Re}(\boldsymbol{Q}^{\mathrm{H}}\widetilde{\boldsymbol{H}}) = \boldsymbol{0}
\end{aligned}
\right\}
\tag{5.67}
$$

写成矩阵形式为：

$$\begin{bmatrix} F & B \\ B^{\mathrm{T}} & G \end{bmatrix} \begin{bmatrix} c \\ d \end{bmatrix} = \begin{bmatrix} f \\ g \end{bmatrix} \tag{5.68}$$

其中：

$$F = P^{\mathrm{H}}P, G = Q^{\mathrm{H}}Q, B = -\mathrm{Re}(P^{\mathrm{H}}Q), f = \mathrm{Re}(P^{\mathrm{H}}\widetilde{H}), g = \mathrm{Re}(Q^{\mathrm{H}}\widetilde{H}) \tag{5.69}$$

由于 $pi(j\omega)$、$qi(j\omega)$ 为正交多项式，选取合适的 $p_i(j\omega)$、$q_i(j\omega)$，可以使 F 和 G 成为单位矩阵，则式(5.68)变为：

$$\begin{bmatrix} I & B \\ B^{\mathrm{T}} & I \end{bmatrix} \begin{bmatrix} c \\ d \end{bmatrix} = \begin{bmatrix} f \\ g \end{bmatrix} \tag{5.70}$$

展开式(5.70)得到两个独立的方程组：

$$(I - B^{\mathrm{T}}B)d = g - B^{\mathrm{T}}f \tag{5.71}$$

$$c = f - Bd \tag{5.72}$$

由式(5.71)和式(5.72)，得到 c 和 d 的最小二乘估计：

$$\left.\begin{array}{l} d = (I - B^{\mathrm{T}}B)^{-1}(g - B^{\mathrm{T}}f) \\ c = f - Bd \end{array}\right\} \tag{5.73}$$

求出 c 和 d 以后，将其转换成分子幂多项式和分母幂多项式系数向量 $\boldsymbol{\alpha}$、$\boldsymbol{\beta}$。于是便得到按式(5.55)表示的频响函数，进一步即可以求得系统的模态参数。

一个多自由度黏性阻尼线性系统的频响函数可以表示为：

$$H(j\omega) = \frac{\sum_{i=0}^{2N} c_i p_i(j\omega)}{\sum_{i=0}^{2N} d_i q_i(j\omega)} = \frac{\sum_{i=0}^{2N} c_i p_i(j\omega)}{\sum_{i=0}^{2N-1} d_i q_i(j\omega) + d_{2N} q_{2N}(j\omega)} = \frac{C(j\omega)}{D(j\omega)} \tag{5.74}$$

式中 $p_i(j\omega)$，$q_i(j\omega)$ 分别为第 i 阶分子和分母正交多项式；c_i，d_i 为正交多项式系数，均为有理数。

设在结构的某测点上工测试了 L 个频率点，为计算方便，将频率范围从 $k = 1, 2, \cdots, L$ 扩展到 $k = -L, \cdots, -1, 1, 2, \cdots, L$，引入数学上的负频率概念，即取 $\omega = \omega_{-L}, \cdots, \omega_{-1}, \omega_1, \omega_2, \cdots, \omega_L$，使得 $\omega_k = -\omega_{-k}$。负频率 $-\omega_k$ 的频响函数定义为：

$$H(j\omega_{-k}) = H(-j\omega_k) = H^*(j\omega_k) \tag{5.75}$$

若频响函数的测量值为 $\widetilde{H}_k$，同样满足上述关系，即

$$\widetilde{H}_{-k} = \widetilde{H}_k^* \tag{5.76}$$

频率点 $\omega = \omega_k$ 处的频响函数理论值 $H(j\omega_k)$ 与实测值 $\widetilde{H}_k$ 的差值是一个误差函数 $\hat{e}_k$，定义为：

$$\hat{e}_k = H(j\omega_k) - \widetilde{H}_k = \frac{C(j\omega_k)}{D(j\omega_k)} - \widetilde{H}_k \tag{5.77}$$

令 $d_{2N}=1$，引入加权误差函数 $\hat{e}_k$，即

$$e_k = \hat{e}_k D(j\omega_k) = \sum_{i=0}^{2N} c_i p_i(j\omega_k) - \widetilde{H}_k \Big[\sum_{i=0}^{2N-1} d_i q_i(j\omega_k) + q_{2N}(j\omega_k) \Big] \tag{5.78}$$

式(5.77)中 k 从 $-L$ 到 L 共有 $2L$ 个方程，写成矩阵形式为

$$\{e\} = [P]\{c\} - [Q]\{d\} - \{\omega\} \tag{5.79}$$

其中

$$\{e\}_{2L \times 1} = (e_{-L} \quad \cdots \quad e_{-1} \quad e_1 \quad \cdots \quad e_L)^{\mathrm{T}} \tag{5.80}$$

$$[P]_{2L \times (2N+1)} = \begin{bmatrix} p_0(j\omega_{-L}) & p_1(j\omega_{-L}) & \cdots & p_{2N-2}(j\omega_{-L}) \\ \vdots & \vdots & & \vdots \\ p_0(j\omega_{-1}) & p_1(j\omega_{-1}) & \cdots & p_{2N-2}(j\omega_{-1}) \\ p_0(j\omega_1) & p_1(j\omega_1) & \cdots & p_{2N-2}(j\omega_1) \\ \vdots & \vdots & & \vdots \\ p_0(j\omega_L) & p_1(j\omega_L) & \cdots & p_{2N-2}(j\omega_L) \end{bmatrix} \tag{5.81}$$

$$[Q]_{2L \times 2N} = \begin{bmatrix} \widetilde{H}_{-L}q_0(j\omega_{-L}) & \widetilde{H}_{-L}q_1(j\omega_{-L}) & \cdots & \widetilde{H}_{-L}q_{2N-1}(j\omega_{-L}) \\ \vdots & \vdots & \cdots & \vdots \\ \widetilde{H}_{-1}q_0(j\omega_{-1}) & \widetilde{H}_{-1}q_1(j\omega_{-1}) & \cdots & \widetilde{H}_{-1}q_{2N-1}(j\omega_{-1}) \\ \widetilde{H}_1 q_0(j\omega_1) & \widetilde{H}_1 q_1(j\omega_1) & \cdots & \widetilde{H}_1 q_{2N-1}(j\omega_1) \\ \vdots & \vdots & \vdots & \vdots \\ \widetilde{H}_L q_0(j\omega_{-1}) & \widetilde{H}_L q_0(j\omega_{-1}) & \cdots & \widetilde{H}_L q_{2N-1}(j\omega_L) \end{bmatrix}$$

$$\tag{5.82}$$

$$\{c\}_{(2N+1) \times 1} = \begin{bmatrix} c_0 & c_1 & \cdots & c_{2N} \end{bmatrix}^{\mathrm{T}} \tag{5.83}$$

$$\{d\}_{2N \times 1} = \begin{bmatrix} d_0 & d_1 & \cdots & d_{2N-1} \end{bmatrix}^{\mathrm{T}} \tag{5.84}$$

$$\{\omega\}_{(2N+1) \times 1} = \begin{bmatrix} \widetilde{H}_{-L}q_{2N}(j\omega_{-L}) \\ \vdots \\ \widetilde{H}_{-1}q_{2N}(j\omega_{-1}) \\ \widetilde{H}_1 q_{2N}(j\omega_1) \\ \vdots \\ \widetilde{H}_L q_{2N}(j\omega_L) \end{bmatrix}^{\mathrm{T}} \tag{5.85}$$

由此得到目标函数为 $E=\{e\}^{H}\{e\}$ ，采用最小二乘法，使 E 最小，即

$$\frac{\partial E}{\partial\{a\}}=\{0\},\frac{\partial E}{\partial\{b\}}=\{0\} \tag{5.86}$$

可以导出以下方程组：

$$\begin{bmatrix} [C] & [B] \\ [B]^{T} & [D] \end{bmatrix}\begin{Bmatrix} \{c\} \\ \{d\} \end{Bmatrix}=\begin{Bmatrix} \{g\} \\ \{f\} \end{Bmatrix} \tag{5.87}$$

其中

$$\begin{cases} [B]_{(2N+1)\times 2N}=-\mathrm{Re}([P]^{H}[Q]) \\ [C]_{(2N+1)\times(2N+1)}=[P]^{H}[P] \\ [D]_{2N\times 2N}=[Q]^{H}[Q] \\ [g]_{(2N+1)\times 1}=\mathrm{Re}([P]^{H}\{\omega\}) \\ [f]_{2N\times 1}=\mathrm{Re}([Q]^{H}\{\omega\}) \end{cases} \tag{5.88}$$

因为 $p_i(j\omega)$ ，$q_i(j\omega)$ 为正交多项式，满足下列条件：

$$\sum_{k=-L}^{L}p_{s}^{*}(j\omega_{k})p_{l}(j\omega_{k})=\sum_{k=-L}^{L}p_{s}(j\omega_{k})p_{l}^{*}(j\omega_{k})=\begin{cases} 1(s=l) \\ 0(s\neq l) \end{cases}$$

$$\sum_{k=-L}^{L}|\widetilde{H}_{k}|^{2}q_{s}^{*}(j\omega_{k})q_{l}(j\omega_{k})=\sum_{k=-L}^{L}|\widetilde{H}_{k}|^{2}q_{s}(j\omega_{k})q_{l}^{*}(j\omega_{k})=\begin{cases} 1(s=l) \\ 0(s\neq l) \end{cases}$$

$$\tag{5.89}$$

所以式(5.86)中的两个系数矩阵$[C]$，$[D]$均变成单位矩阵，即

$$\begin{bmatrix} [I_{1}] & [B] \\ [B]^{T} & [I_{2}] \end{bmatrix}\begin{Bmatrix} \{c\} \\ \{d\} \end{Bmatrix}=\begin{Bmatrix} \{g\} \\ \{0\} \end{Bmatrix} \tag{5.90}$$

由此可将式(5.86)分解成2个方程组：

$$([I_{2}]-[B]^{T}[B])\{d\}=-[B]^{T}\{g\} \tag{5.91a}$$

$$\{c\}=\{g\}-[B]\{d\} \tag{5.91b}$$

求解式(5.91a)和式(5.91b)得到系数向量$\{c\}$，$\{d\}$，然后转换相应的分子幂多项式和分母幂多项式系数向量$\{a\}$，$\{b\}$。于是得到分子、分母都是幂多项式的有理分时多项式表达的频响函数。

计算固有频率和阻尼比：求解过程如式(5.70)和式(5.71)。

计算模态振型：求解过程如式(5.72)、式(5.73)和式(5.74)。

用于频率响应函数曲线拟合的正交多项式有很多种，以下介绍最为常用的Forsythe复正交多项式。m 次复正交多项式可表示为：

$$Y(j\omega)=c_{0}y_{0}(j\omega_{k})+c_{1}y_{1}(j\omega_{k})+\cdots+c_{i}y_{i}(j\omega_{k})+\cdots+c_{m}y_{m}(j\omega_{k})$$

$$\tag{5.92}$$

式(5.92)中，$y_{l}(j\omega_{k})$ 是关于权 W_{k} 满足下列正交条件得第 i 次多项式：

$$\sum_{k=-L}^{L} W_k y_s^*(j\omega_k) y_l(j\omega_k) = \sum_{k=-L}^{L} W_k y_s(j\omega_k) y_l^*(j\omega_k) = \begin{cases} 1(s=l) \\ 0(s \neq l) \end{cases}$$

(5.93)

对于 Forsythe 复正交多项式，$y_l(j\omega_k)$ 的一般形式为：

$$y_l(j\omega_k) = j^l u_l(\omega_k)/\sqrt{d_l}$$

(5.94)

是(5.94)中，$u_l(\omega_k)$ 可以由以下地推公式得到：

$$u_0(\omega_k) = 1$$

(5.95)

$$u_1(\omega_k) = \omega_k$$

(5.96)

$$u_l(\omega_k) = \omega_k u_{l-1}(\omega_k) - u_{l-2}(\omega_k) d_{l-1}/d_{l-2} (l=2,3,\cdots,m)$$

(5.97)

而

$$d_l = \sum_{k=-L}^{L} W_k u_l^2(\omega_k)$$

(5.98)

对于分子多项式 $p_l(j\omega_k) = y_l(j\omega_k)$，可令 $W_k = 1$；

对于分母多项式 $q_l(j\omega_k) = y_l(j\omega_k)$，可令 $W_k = |\tilde{H}_k|^2$。

优缺点：

（1）采用正交多项式来表达频响函数有理分式的优越性在于有理分式分母系数向量 $\{a\}$ 可以独立于分子系数 $\{b\}$ 而求解，从而降低了方程组的阶数，节省了计算时间，但是，通过实践证明，在密集模态或模态耦合较大的情况下，采用 Forsythe 复正交多项式的正交多项式法的拟合效果要差一些；

（2）在曲线拟合不好的情况下，应该增加模态阶数，为噪声提供出口；

（3）本法需要注意剩余模态的影响（待识别频段以外的模态的影响），Richardson 曾用增加分子多项式阶数的方法来解决这个问题。若在待识别的频段内包含两个模态峰值，分母多项式阶数取 $2N=4$，而分子多项式阶数取为 $m=2N+3=7$，当然也可增加分母多项式的阶数，同样也可以取得较好的效果。

提取模态的阶数取 40 阶，曲线拟合才比较好。

输出结果：

输出结果
output

表 5.5
Table 5.5

		输出结果	
	频率(Hz)	阻尼比(%)	振型系数
1	46.321839680055	−0.966945469506501	−3.146248167786029+1.319140930325605i
2	49.2940490181796	0.848493069051502	−4.142105890181822+0.403866779032424i
3	71.6548164087859	−0.835736358486193	0.812281488538816+1.947387784613139i
4	82.0208232597027	0.824771789236950	−1.276726276044454+0.662203061149042i

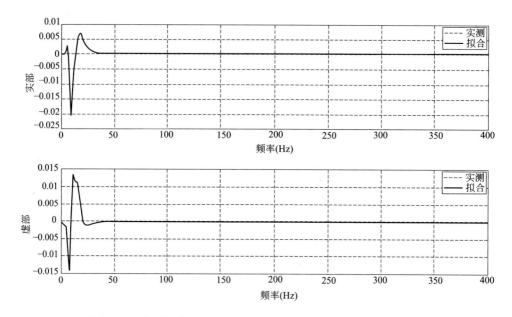

图 5.10　实测频响函数和拟合频响函数的实频和虚频曲线的对比

Fig 5.10　real frequencies and ordinal frequency comparison between
test frequency responses function and regression frequency responses function

采用 Forsythe 复正交多项式的正交多项式法的拟合，当提取模态阶数不同时，结果也不同，尽管曲线拟合较好，但所提取的模态均为虚拟模态，不是真实模态，且振型系数的值也很离谱，说明采用这种方法识别模态并不适合用在挡墙模态的识别中，究其原因是因为挡墙的振动具有密集模态或模态耦合较大的特性。

5.3.8　频域模态参数识别方法比较

对于现场悬臂挡墙试验，采用以上各种频域模态参数识别方法，测点 1 的模态识别结果见下表：

前三阶模态频率比较表　　表 5.6

comparison of the first three steps modal frequencies　　Table 5.6

阶数	频率(Hz)				
	导纳圆法	最小二乘法	加权最小二乘法	有理分式多项式法	正交多项式法
1	8.7390	6.4120	7.0701	5.9712	46.3218
2	10.3241	9.3415	9.7431	9.6298	49.2940
3	15.04807	17.8565	16.5653	11.8919	71.6548

前三阶阻尼比比较表　　　　　　　　　　　　　表 5.7

comparison of the first three steps damps　　　　　Table 5.7

阶数	阻尼比（%）				
	导纳圆法	最小二乘法	加权最小二乘法	有理分式多项式法	正交多项式法
1	37.9364	44.8027	31.6440	18.2427	−96.6945
2	26.0212	17.3102	15.2822	19.3083	84.8493
3	1.6720	18.5671	17.6817	23.83359	−83.5736

前三阶振型系数比较表　　　　　　　　　　　　表 5.8

comparison of the first three steps modal modal coefficients　　Table 5.8

阶数	振型系数				
	导纳圆法	最小二乘法	加权最小二乘法	有理分式多项式法	正交多项式法 1.0e+021
1	−0.0203	0.000079	0.000080	0.000016	3.4116
2	0.0167	0.000079	0.000055	0.00016	4.1617
3	0.0043	0.000013	0.000015	0.00011	2.1100

从频率和阻尼识别结果来看，除正交多项式法外，其他方法所识别的前三阶相对比较接近，但有一定的离散性，而对于振型系数则差别较大。

由于采用了 Forsythe 复正交多项式的正交多项式法的拟合，当提取模态阶数不同时，结果也不同，尽管曲线拟合较好，但所提取的模态均为虚拟模态，不是真实模态，且振型系数的值也很离谱，说明采用这种方法识别模态并不适合用在挡墙模态的识别中，究其原因是因为挡墙的振动具有密集模态或模态耦合较大的特性。

5.4　EMA 时域识别方法

5.4.1　ITD 方法

（The Ibrahim Time Domain Technique）ITD 方法是 S. R. Ibrahim 于 20 世纪 70 年代提出的一种用结构自由振动响应的位移、速度、加速度时域信号进行模态参数识别的方法。它的基本思想是以黏性阻尼线性多自由度系统的自由衰减响应可以表示为其各阶模态的线性组合理论为基础，根据测得的自由衰减信号，进行三次不同延时采样，构造自由响应采样数据的增广矩阵，即自由衰减响应数据矩阵，并由响应与特征值之间的复指数关系，建立特征矩阵的数学模型，求解特征值向量，再根据模型特征值与振动系统特征值的关系，求解出系统的模态参数。以下作具体介绍。

对于一个多自由度的线性时不变系统，运动方程可表示为：

$$[M]\{\ddot{x}(t)\}+[C]\{\dot{x}(t)\}+[K]\{x(t)\}=0 \tag{5.99}$$

系统第 i 测点在 t_k 时刻的自由振动响应可表示为各阶模态单独响应的叠加形式：

$$x_i(t_k)=\sum_{r=1}^{N}(\phi_{ir}e^{s_r t_k}+\phi_{ir}^*e^{s_r t_k^*})=\sum_{r=1}^{N}\phi_{ir}e^{s_r t_k} \tag{5.100}$$

式中，ϕ_{ir} 为 r 阶振型向量 $\{\phi_r\}$ 的第 i 分量，并且设 $\phi_{i(N+T)}=\phi_{ir}^*$，$S_{N+T}=S_T^*$，$M$ 为系统自由度数的 2 倍，$M=2N$。

设被测系统共有 n 个实际测点，测试得到 L 个时刻的系统自由振动响应值，且 L 比 M 大得多。在这里我们分 3 种情况：$n=M,n<M,n>M$，通常，实际测点数往往小于系统自由度数的 2 倍，甚至在很多情况下，实际测点只有 1 个。为了使测点数等于 M，需要采用延时的方法由实际测点构造出虚拟测点。延时采用采样时间间隔的整数倍，一般取 1，虚拟测点的自由振动响应可表示为：

$$\begin{cases}x_{t+n}(t_k)=x_t(t_k+\Delta t)\\x_{t+2n}(t_k)=x_t(t_k+2\Delta t)\end{cases} \tag{5.101}$$

这样便得到由实际测点和虚拟测点组成的 M 个测点在 L 个时刻的自由振动响应值所建立的响应矩阵 $[\boldsymbol{X}]$，即

$$\begin{bmatrix}x_{11}&x_{12}&\cdots&x_{1L}\\x_{21}&x_{22}&\cdots&x_{2L}\\\vdots&\vdots&&\vdots\\x_{M1}&x_{M2}&\cdots&x_{ML}\end{bmatrix}=\begin{bmatrix}\phi_{11}&\phi_{12}&\cdots&\phi_{1L}\\\phi_{21}&\phi_{22}&\cdots&\phi_{2L}\\\vdots&\vdots&&\vdots\\\phi_{M1}&\phi_{M2}&\cdots&\phi_{ML}\end{bmatrix}\begin{bmatrix}e^{s_1 t_1}&e^{s_1 t_2}&\cdots&e^{s_1 t_L}\\e^{s_2 t_1}&e^{s_2 t_2}&\cdots&e^{s_2 t_L}\\\vdots&\vdots&&\vdots\\e^{s_M t_1}&e^{s_M t_2}&\cdots&e^{s_M t_L}\end{bmatrix}$$

$$\tag{5.102}$$

简写为

$$[X]_{M\times L}=[\Phi]_{M\times M}[\Lambda]_{M\times L} \tag{5.103}$$

将包括虚拟测点在内的每一个测点都延时 Δt，则由式(5.100)可得

$$\tilde{x}_t(t)=x_t(t_k+\Delta t)=\sum_{r=1}^{N}\phi_{ir}e^{s_r(t_k+\Delta t)}=\sum_{r=1}^{N}\tilde{\phi}_{ir}e^{s_r t_k} \tag{5.104}$$

其中

$$\tilde{\phi}_{ir}=\phi_{ir}e^{s_r\Delta t} \tag{5.105}$$

因此，由 M 个测点在 L 个时刻的延时 Δt 的振动响应矩阵为：

$$[\tilde{X}]_{M\times L}=[\tilde{\Phi}]_{M\times M}[\Lambda]_{M\times L} \tag{5.106}$$

由式(5.105)和(5.106)可得

$$[\tilde{\Phi}]=[\Phi][\alpha] \tag{5.107}$$

其中$[\alpha]$为对角矩阵，其对角线上的元素为：

$$\alpha_r=\mathrm{e}^{s_r\Delta t} \tag{5.108}$$

综上我们可以得到：

$$[A][\Phi]=[\Phi][\alpha] \tag{5.109}$$

其中$[A]$为方程$A[X]=[\tilde{X}]$的最小二乘解，利用式(5.99)得

$$\begin{cases}[A]=[\tilde{X}][X]^{\mathrm{T}}([X][X]^{\mathrm{T}})^{-1}\\[A]=[\tilde{X}][\tilde{X}]^{\mathrm{T}}([X][\tilde{X}]^{\mathrm{T}})^{-1}\\[A]=\dfrac{1}{2}([\tilde{X}][X]^{\mathrm{T}}([X][X]^{\mathrm{T}})^{-1}+[\tilde{X}][X]^{\mathrm{T}}([X][\tilde{X}]^{\mathrm{T}})^{-1})\end{cases} \tag{5.110}$$

式(5.99)是一个标准的特征方程，$[A]$的第r阶特征值为$\mathrm{e}^{s_r\Delta t}$，相应的特征向量为特征向量矩阵$[\Phi]$的第r列，设求得的特征值为V_r，则

$$V_r=\mathrm{e}^{s_r\Delta t}=\mathrm{e}^{(-\xi_r\omega_r+j\omega_r\sqrt{1-\xi_r^2})\Delta t} \tag{5.111}$$

由此，可以求得系统的动力特性：

$$R_r=\ln V_r=s_r\Delta t \tag{5.111a}$$

$$\omega_r=\frac{|R_r|}{\Delta t} \tag{5.111b}$$

$$\xi_r=\sqrt{\frac{1}{1+\left(\dfrac{\mathrm{Im}(R_{\mathrm{T}})}{\mathrm{Re}(R_{\mathrm{T}})}\right)^2}} \tag{5.111c}$$

为了计算振型，需要先求出各阶的留数。设测点p的第r阶模态留数为A_{rp}则可以用下列公式来计算留数：

$$\begin{bmatrix}\mathrm{e}^{s_1t_1}&\mathrm{e}^{s_1t_2}&\cdots&\mathrm{e}^{s_1t_L}\\\mathrm{e}^{s_2t_1}&\mathrm{e}^{s_2t_2}&\cdots&\mathrm{e}^{s_2t_L}\\\vdots&\vdots&\vdots&\vdots\\\mathrm{e}^{s_Mt_1}&\mathrm{e}^{s_Mt_2}&\cdots&\mathrm{e}^{s_Mt_L}\end{bmatrix}\begin{bmatrix}A_{1p}\\A_{2p}\\\vdots\\A_{(2N)p}\end{bmatrix}=\begin{bmatrix}x_p(t_1)\\x_p(t_2)\\\vdots\\x_p(t_L)\end{bmatrix} \tag{5.112}$$

简写为：

$$[V]_{L\times 2N}\{\Phi\}_{2N\times 1}=\{h\}_{L\times 1} \tag{5.113}$$

用伪逆法可求得方程的最小二乘解。

求出各阶的模态留数后，归一化，即得到振型向量。

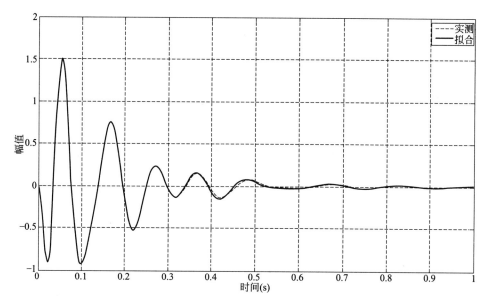

图 5.11 实测和 ITD 拟合的脉冲响应函数曲线的对比

Fig 5.11 comparison between test impulse responses function

curve and ITD regression impulse function

5.4.2 STD 方法

STD 法实质上是 ITD 法的一种节省时间的新的解算过程，是 Ibrahim 于 1986 年提出来的。在这个算法中，直接构造了 Hessenberg 矩阵，避免了对求特征值的矩阵〔**A**〕进行 **QR** 分解，因而使 ITD 方法的计算量大为降低，节省了内存和时间，而且有较高的识别精度，尤其对于误差的识别，可免除有偏误差，同时还减少了用户的参数选择。

首先构造自由振动响应矩阵和延时矩阵：

$$[X]_{M \times L} = [\Phi]_{M \times M} [\Lambda]_{M \times L} \tag{5.114}$$

$$[\widetilde{X}]_{M \times L} = [\widetilde{\Phi}]_{M \times M} [\Lambda]_{M \times L} \tag{5.115}$$

式（5.114）和式（5.115）经整理得到：

$$[\Phi] = [X][\Lambda]^{-1} \tag{5.116}$$

$$[\widetilde{\Phi}] = [\widetilde{X}][\Lambda]^{-1} \tag{5.117}$$

又

$$[\widetilde{\Phi}] = [\Phi][\alpha] \tag{5.118}$$

把式（5.116）和式（5.117）代入式（5.118）得：

$$[\widetilde{X}][\Lambda]^{-1} = [X][\Lambda]^{-1}[\alpha] \tag{5.119}$$

根据关系：

$$\widetilde{x}_i(t_k) = x_i(t_k + \Delta t) = x_i(t_{k+1}) \tag{5.120}$$

可以看出，$[\widetilde{X}]$ 和 $[X]$ 只存在线性关系，即

$$[\widetilde{X}] = [X][B] \tag{5.121}$$

由式(5.120) 可知，矩阵 $[B]$ 具有如下的形式：

$$[B] = \begin{bmatrix} 0 & 0 & 0 & \cdots & 0 & b_1 \\ 1 & 0 & 0 & \cdots & 0 & b_2 \\ 0 & 1 & 0 & \cdots & 0 & b_3 \\ \vdots & \vdots & \vdots & & \vdots & \vdots \\ 0 & 0 & 0 & \cdots & 1 & b_M \end{bmatrix} \tag{5.122}$$

显然 $[B]$ 是一个仅有一列未知元素的 Hessenberg 矩阵，为求这列元素，由式(5.121) 可知，

$$[X]\{b\} = \{\widetilde{x}\}_M \tag{5.123}$$

其中，

$$\{b\} = \{b_1, b_2, \cdots, b_M\} \tag{5.124}$$

式中，$[\widetilde{x}]_M$ 为 $[X]$ 第 M 列元素。

则 $\{b\}$ 的最小二乘解用伪逆法可表示为：

$$\{b\} = (X^T X)^{-1} X^T \{\widetilde{x}\}_M \tag{5.125}$$

将求出的 $\{b\}$ 代入，可得到 $[B]$，经整理后得：

$$[B][\Lambda]^{-1} = [\Lambda]^{-1}[\alpha] \tag{5.126}$$

式(5.126) 是一个标准特征值问题，由 $[B]$ 的特征值可求得模态频率和阻尼比，进而求出振型。

采用 QR 法求解一般矩阵的特征值问题时，需要先将原来的矩阵转换为 Hessenberg 矩阵，由于 $[B]$ 已经是 Hessenberg 矩阵，不需要进行转换，因此节省计算时间和计算机的内存。另外，与 ITD 法相比，本方法还考虑到了测量噪声的影响，同时还提高了识别的精度。

5.4.3 复指数法

复指数法分为单参考点（SRCE）和多参考点（PRCE）两种，前者是 20 世纪 70 年代后期发展起来的一种单输入多输出时域识别方法；后者是 20 世纪 80 年代初期首先由美国结构动力研究公司（SDRC）推出的一种多输入多输出时域识别方法。

复指数法是根据结构的自由振动响应或脉冲响应函数可以表示成复指数函数

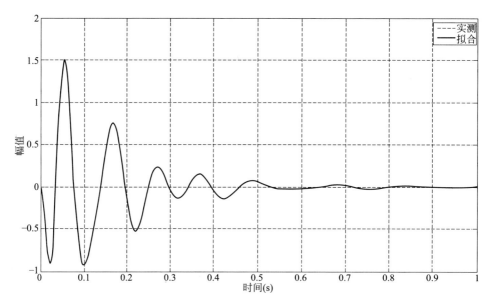

图 5.12　实测和 STD 拟合的脉冲响应函数曲线的对比

Fig 5.12　comparison between test impulse responses
function curve and STD regression impulse function

和的形式，然后用线性方法来确定未知参数。其主要思想是从振动微分方程的振型叠加法原理出发，建立振动响应与模态参数之间的关系表达式，通过对脉冲响应函数进行拟合得到完全的模态参数，获得了良好的拟合效果。基本方法是以 Z 变换因子中包含待识别的复频率，构造 Prony 多项式，使其零点等于 Z 变换因子的值，这样，将求解 Z 变换因子的值转换为求解 Prony 多项式的系数。为了求解这一系数，构造脉冲响应函数序列的自回归（AR）模型，自回归系数即 Prony 多项式的系数，可以通过在不同的起始位置从响应序列中提取数据，组成关于自回归系数的线性方程组，用伪逆法求出方程的最小二乘解得到自回归系数。然后采用高次代数方程的求解方法计算由自回归系数组成的 Prony 多项式的根，便可以获得各阶模态频率和阻尼比。再由脉冲响应数据序列构造该测点各阶脉冲响应幅值（留数）的线性方程组，用最小二乘法求解，对各测点均作上述识别，便可获得各阶模态振型。

设一个 N 自由度黏性阻尼线性系统中由 q 点激励引起的 p 点位移频响函数的表达式为：

$$H_{pq}(j\omega) = \sum_{r=1}^{N} \left(\frac{A_{rpq}}{j\omega - s_r} + \frac{A_{rpq}^*}{j\omega - s_r^*} \right)$$ （5.127）

简化掉与公式推导无关的脚标，整理后得

$$H(\omega) = \sum_{r=1}^{2N} \left(\frac{A_r}{j\omega - S_r} \right) \tag{5.128}$$

对式(5.128)进行逆 FFT 变换,便获得相应的脉冲响应函数:

$$h(t) = \text{Re}\left(\sum_{r=1}^{2N} A_r e^{s_r t} \right) \tag{5.129}$$

由于实测的脉冲响应函数是离散时间序列,变更式(5.129)可得

$$h_k = h(k\Delta t) = \sum_{r=1}^{2N} A_r e^{s_r t_k} = \sum_{r=1}^{2N} A_r e^{s_r k \Delta t} = \sum_{r=1}^{2N} A_r V_r^k \quad (k=0,1,2,\cdots,L) \tag{5.130}$$

其中 $V_r = e^{s_r \Delta t}$ 。

将式(5.130)写成方程组的形式为

$$\begin{cases} h_0 = \sum_{r=1}^{2N} A_r V_r^0 = A_1 + A_2 + \cdots + A_{2N} \\[2mm] h_1 = \sum_{r=1}^{2N} A_r V_r^1 = A_1 V_1 + A_2 V_2 + \cdots + A_{2N} V_{2N} \\[2mm] h_2 = \sum_{r=1}^{2N} A_r V_r^2 = A_1 V_1^2 + A_2 V_2^2 + \cdots + A_{2N} V_{2N}^2 \\[2mm] \qquad\qquad \vdots \\[2mm] h_L = \sum_{r=1}^{2N} A_r V_r^L = A_1 V_1^L + A_2 V_2^L + \cdots + A_{2N} V_{2N}^L \end{cases} \tag{5.131}$$

对于式(5.131),h_k 已知,问题是如何求 V_r 和 A_r。方法是将 V_r 看作是具有实系数 β_k(自回归系数)的 $2N$ 阶多项式的根,即

$$\sum_{k=0}^{2N} \beta_k h_k = \sum_{k=0}^{2N} \beta_k \sum_{r=1}^{2N} A_r V_r^k = \sum_{r=1}^{2N} A_r \sum_{k=0}^{2N} \beta_k V_r^k \tag{5.132}$$

因为 $\sum_{k=0}^{2N} \beta_k V_r^k = 0$,并且 $\beta_{2N} = 1$,所以式(5.132)可化为:

$$\sum_{k=0}^{2N-1} \beta_k h_k = -h_{2N} \tag{5.133}$$

为了计算 β_k,需要构造一个方程组,按每次取数时向后延时一个 Δt 的方式,依次从 h_k 中取出 $2N+1$ 个数据,代入式(5.133)中,构成一组方程:

$$\begin{cases} \sum_{k=0}^{2N-1}\beta_k h_k = \beta_0 h_0 + \beta_1 h_1 + \cdots + \beta_{2N-1}h_{2N-1} = -h_{2N} \\ \sum_{k=0}^{2N-1}\beta_k h_{k+1} = \beta_0 h_1 + \beta_1 h_2 + \cdots + \beta_{2N-1}h_{2N} = -h_{2N+1} \\ \qquad\qquad\qquad\qquad\vdots \\ \sum_{k=0}^{2N-1}\beta_k h_{k+M-1} = \beta_0 h_{M-1} + \beta_1 h_M + \cdots + \beta_{2N-1}h_{L-1} = -h_L \end{cases} \quad (5.134)$$

其中 $M=L-2N+1$

式(5.134) 可写成矩阵形式:

$$\begin{bmatrix} h_0 & h_1 & h_2 & \cdots & h_{2N-1} \\ h_1 & h_2 & h_3 & \cdots & h_{2N} \\ \vdots & \vdots & \vdots & & \vdots \\ h_{M-1} & h_M & h_{M+1} & \cdots & h_{L-1} \end{bmatrix} \begin{Bmatrix} \beta_0 \\ \beta_1 \\ \vdots \\ \beta_{2N-1} \end{Bmatrix} = - \begin{Bmatrix} h_{2N} \\ h_{2N+1} \\ \vdots \\ h_L \end{Bmatrix} \quad (5.135)$$

或缩写为:

$$[h]_{M\times 2N}\{\beta\}_{2N\times 1} = \{\tilde{h}\}_{M\times 1} \quad (5.136)$$

如果结构上有 n 个测点,可以构成 n 个待定系数相同的方程组,将他们联立可表示为:

$$\begin{bmatrix} [h]_1 \\ [h]_2 \\ \vdots \\ [h]_n \end{bmatrix} \begin{Bmatrix} \beta_0 \\ \beta_1 \\ \vdots \\ \beta_{2N} \end{Bmatrix} = \begin{Bmatrix} \{\tilde{h}\}_1 \\ \{\tilde{h}\}_2 \\ \vdots \\ \{\tilde{h}\}_n \end{Bmatrix} \quad (5.137)$$

缩写为:

$$[h]_{nM\times 2N}\{\beta\}_{2N\times 1} = \{\tilde{h}\}_{nM\times 1} \quad (5.138)$$

用伪逆法可求得方程组的最小二乘解, 即

$$\{\beta\} = ([h]^{\mathrm{T}}[h])^{-1}[h]^{\mathrm{T}}\{\tilde{h}\} \quad (5.139)$$

将得到的 $\{\beta\}$ 增加一个元素 $\beta_{2N}=1$,并代入式(5.136),得

$$\sum_{k=0}^{2N}\beta_k V^k = \beta_0 + \beta_1 V + \beta_2 V^2 + \cdots + \beta_{2N-1}V^{2N-1} + V^{2N} = 0 \quad (5.140)$$

求得由系数 β_k 组成得多项式的根 V_r,并由此可以求得模态频率和阻尼比。

然后可以通过得到的 V_r 计算出每个测点的留数 A_r,将式(5.134) 改写为:

$$\begin{bmatrix} 1 & 1 & 1 & \cdots & 1 \\ V_1 & V_2 & V_3 & \cdots & V_{2N} \\ \vdots & \vdots & \vdots & & \vdots \\ V_1^L & V_2^L & V_3^L & \cdots & V_{2N}^L \end{bmatrix} \begin{Bmatrix} A_1 \\ A_2 \\ \vdots \\ A_{2N} \end{Bmatrix} = - \begin{Bmatrix} h_0 \\ h_1 \\ \vdots \\ h_L \end{Bmatrix} \tag{5.141}$$

或简写为：

$$[V]_{(L+1) \times 2N} \{A\}_{2N} = \{h\}_{(L+1) \times 1} \tag{5.142}$$

计算出所有测点对应的所有模态留数后，归一化处理，即可得到所有的归一化复振型向量。

复指数法不依赖于模态参数的初始估计值。其优点在于将一个非线性拟合法问题变为线性问题来处理，带来了方便，而且为识别所需的复模态参数所需的原始数据较少。缺点在于为选择正确的模态阶数，要进行多次假定识别，才能确定正确的模态阶数，浪费时间。

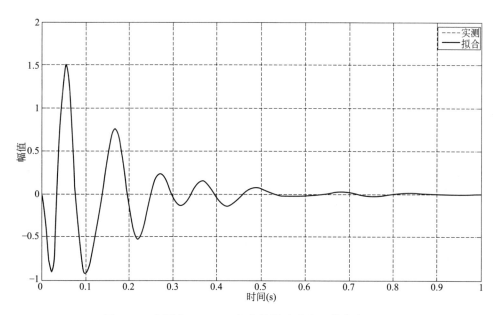

图 5.13 实测和 PRONY 拟合的脉冲响应函数曲线的对比

Fig 5.13 comparison between test impulse responses function curve
and PRONY regression impulse function

5.4.4 ARMA 模型时间序列分析法

ARMA 模型时间序列分析法简称为时序分析法，是一种利用参数模型对有序随机振动响应数据进行处理，从而进行模态参数识别的方法。参数模型包括 AR 自回归模型、MA 滑动平均模型和 ARMA 自回归滑动平均模型。1969 年

Akaike H 首次利用自回归滑动平均 ARMA 模型进行了白噪声激励下的模态参数识别。

N 个自由度的线性系统激励与响应之间的关系可用高阶微分方程来表示，在离散时间域内，该微分方程变成一系列不同时刻的时间序列表示的差分方程，即 ARMA 时序模型方程：

$$\sum_{k=0}^{2N} \alpha_k x_{t-k} = \sum_{k=0}^{2N} b_k f_{t-k} \tag{5.143}$$

式（5.143）表示响应数据序列 x_t 和历史值 x_{t-k} 的关系，其中等式的左边称为自回归差分多项式，即 AR 模型，右边称为滑动平均差分多项式，即 MA 模型。

由于 ARMA 过程，x_t 具有唯一的平稳解为

$$x_t = \sum_{i=0}^{\infty} h_i f_{t-i} \tag{5.144}$$

其中 h_i 为脉冲响应函数。

x_t 的相关函数为：

$$R_\tau = E\left[x_t x_{t+\tau}\right] = \sum_{i=0}^{\infty} \sum_{k=0}^{\infty} h_i h_k E\left[f_{t-i} f_{t+\tau-k}\right] \tag{5.145}$$

f_t 为白噪声，故

$$E\left[f_{t-i} f_{t+\tau-k}\right] = \begin{cases} \sigma^2 (k = \tau + i) \\ 0(其他) \end{cases} \tag{5.146}$$

式（5.146）代入式（5.145）得

$$R_\tau = \sigma^2 \sum_{i=0}^{\infty} h_i h_{i+\tau} \tag{5.147}$$

因为线性系统的脉冲响应函数 h_i 是脉冲激励 δ_t 激励系统时的输出响应，故由 ARMA 过程定义的表达式为

$$\sum_{k=0}^{2N} \alpha_k h_{t-k} = \sum_{k=0}^{2N} b_k \delta_{t-k} = b_t \tag{5.148}$$

由式（5.147）和式（5.148）可以得出：

$$\sum_{k=0}^{2N} \alpha_k R_{l-k} = \sum_{i=0}^{\infty} h_i \sum_{k=0}^{2N} b_k \delta_{l+i-k} = \sigma^2 \sum_{i=0}^{\infty} h_i h_{i+l} \tag{5.149}$$

对于一个 ARMA 过程，当 k 大于其阶次 $2N$ 时，参数 $b_k = 0$，所以当 $l > 2N$ 时，式（5.149）恒等于 0，于是有

$$\sum_{k=0}^{2N} \alpha_k R_{l-k} = R_l \, (l > 2N) \tag{5.150}$$

设相关函数的长度为 L，并令 $M=2N$，对于不同的 l 值，代入以上公式可以得到：

$$[R]_{(L-M)\times M}\{\alpha\}_{M\times l}=\{R'\}_{(L-M)\times l} \tag{5.151}$$

式(5.151) 为推广的 Yule-Walker 方程，用伪逆法求得方程的最小二乘解：

$$\{\alpha\}=([R]^{\mathrm{T}}[R])^{-1}([R]^{\mathrm{T}}\{R'\}) \tag{5.152}$$

由此求得了自回归系数。

滑动平均系数可通过以下方程组求解：

$$\begin{cases} b_0^2+b_1^2+\cdots+b_M^2=c_0 \\ b_0b_1+\cdots+b_{M-1}b_M=c_1 \\ \qquad\vdots \\ b_0b_M=c_M \end{cases} \tag{5.153}$$

滑动平均模型系数 b_k 的估算方法很多，主要的有基于 Newton-Raphson 算法的迭代最优化方法和最小二乘原理的次最优化方法。

当求得了 a_k，b_k 后，可以通过 ARMA 模型传递函数的表达式来计算系统的模态函数，传递函数为：

$$H(z)=\frac{\displaystyle\sum_{k=0}^{2N}b_zz^{-k}}{\displaystyle\sum_{k=0}^{2N}a_zz^{-k}} \tag{5.154}$$

用高次代数方程求解方法计算分母多项式的根：

$$\sum_{k=0}^{2N}a_zz^{-k}=1+a_1z^{-1}+\cdots+a_{2N}z^{-2N}=0 \tag{5.155}$$

求解得到的根为传递函数的极点，他们与系统模态参数之间的关系为：

$$\begin{cases} z_k=\mathrm{e}^{s_k\Delta t} \\ z_k^*=\mathrm{e}^{s_k^*\Delta t} \end{cases} \tag{5.156}$$

由此可以求得系统振型的求解如式(5.68)、式(5.69) 和式(5.70)。

优缺点：用 ARMA 模型时间序列分析法进行参数识别时，无能量泄露，分辨率高。但是模型的形式、阶次和参数都必须合理选择，否则误差较大。

5.4.5 时域模态参数识别方法比较

对于现场悬臂挡墙试验，采用以上各种时域模态参数识别方法，测点1的模态识别结果见表 5.9～表 5.11。

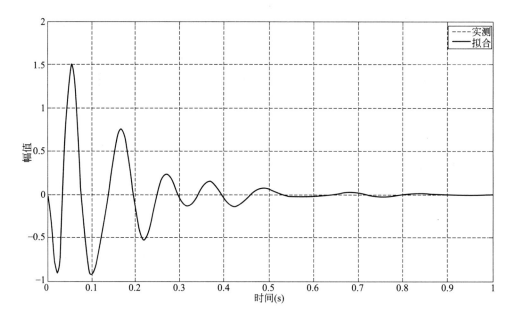

图 5.14 实测和 ARMA 拟合的脉冲响应函数曲线的对比

Fig 5.14 comparison between test impulse responses function curve
and ARMA regression impulse function

前 5 阶模态频率比较表 表 5.9

comparison of the first five modal frequencies Table 5.9

阶 数	频率(Hz)			
	ITD	STD	PRONY	ARMA
1	6.0374	5.9393	5.9982	5.9906
2	9.5545	9.4468	9.4804	9.4688
3	11.0652	11.5322	11.9328	11.8379
4	16.4594	16.4864	16.6574	16.6160
5	22.2053	22.6396	28.7552	29.4148

前 5 阶阻尼比比较表 表 5.10

comparison of the first five damps Table 5.10

阶 数	阻尼比(%)			
	ITD	STD	PRONY	ARMA
1	9.1462	9.5624	10.5140	10.3242
2	15.4687	14.5457	13.3052	13.4918
3	14.9474	16.0359	14.6447	14.7660
4	22.4597	24.3022	23.2996	23.3393
5	2.9089	19.9988	41.6833	42.3461

前 5 阶振型系数比较表　　　　　　　　　　　表 5.11

comparison of the first five modal coefficients　　　Table 5.11

阶数	振型系数			
	ITD	STD	PRONY	ARMA
1	0.1460	0.1412	0.1623	0.1582
2	1.6062	1.3840	1.1757	1.2007
3	0.8145	0.6913	0.4521	0.4767
4	1.2338	1.4739	1.2473	1.2708
5	0.000002	0.0148	0.3179	0.3455

　　从识别结果来看，所识别的前 4 阶相对比较接近，第 5 阶有一定较大差异，可以认为是虚拟模态。

5.5　整体识别方法

5.5.1　整体正交多项式法

　　由于采用单个频响函数独立识别挡土墙系统模态参数时，存在较大的误差，因此针对挡土墙系统的模态参数识别，提出采用整体正交多项式法识别模态参数。设在挡土墙表面共布置 n 个响应测点，挡土墙系统的频响函数可以按式（5.55）表达成一组正交多项式：

$$\left.\begin{array}{l} \boldsymbol{H}_1(j\omega)=\dfrac{\sum\limits_{i=0}^{2n-2}c_{1i}p_i(j\omega)}{\sum\limits_{i=0}^{2n}d_iq_{1i}(j\omega)}=\dfrac{\boldsymbol{p}^{\mathrm{T}}(j\omega)\boldsymbol{c}_1}{1+\boldsymbol{q}_1^{\mathrm{T}}(j\omega)\boldsymbol{d}}=\dfrac{C_1(j\omega)}{D_1(j\omega)} \\[4mm] \boldsymbol{H}_2(j\omega)=\dfrac{\sum\limits_{i=0}^{2n-2}c_{2i}p_i(j\omega)}{\sum\limits_{i=0}^{2n}d_iq_{2i}(j\omega)}=\dfrac{\boldsymbol{p}^{\mathrm{T}}(j\omega)\boldsymbol{c}_2}{1+\boldsymbol{q}_2^{\mathrm{T}}(j\omega)\boldsymbol{d}}=\dfrac{C_2(j\omega)}{D_2(j\omega)} \\[2mm] \qquad\qquad\vdots \\[2mm] \boldsymbol{H}_n(j\omega)=\dfrac{\sum\limits_{i=0}^{2n-2}c_{ni}p_i(j\omega)}{\sum\limits_{i=0}^{2n}d_iq_{ni}(j\omega)}=\dfrac{\boldsymbol{p}^{\mathrm{T}}(j\omega)\boldsymbol{c}_n}{1+\boldsymbol{q}_n^{\mathrm{T}}(j\omega)\boldsymbol{d}}=\dfrac{C_n(j\omega)}{D_n(j\omega)} \end{array}\right\} \qquad (5.157)$$

　　式中：$p_i(j\omega)$、$q_{ki}(j\omega)$ 为第 k 阶正交多项式，其中 $p_i(j\omega)$ 的加权系数为 1，与实测数据无关，可以统一表示，而 $q_{ki}(j\omega)$ 的加权系数与实测频响函数相关，每个测点需要一一表示。

C_{ki}、d_i 为正交多项式系数，均为有理数，其中 C_{ki} 为与模态振型有关的待定参数，每个测点不一样，而 d_i 与系统的模态频率和阻尼比有关，属于整体参数，因此可以统一表达。

按照单个频响函数的正交多项式法对多有测点进行一一求解，可以得到与式（2.31）形式相同的 n 个方程：

$$\left.\begin{aligned}
(I-B_1^T B_1)d &= g_1 - B_1^T f_1 \\
(I-B_2^T B_2)d &= g_2 - B_2^T f_2 \\
&\vdots \\
(I-B_n^T B_n)d &= g_n - B_n^T f_n
\end{aligned}\right\} \tag{5.158}$$

令：

$$Z_k = (I - B_k^T B_k), \quad u_k = g_k - B_k^T f_k \tag{5.159}$$

由式（5.158）和式（5.159）得到：

$$Zd = u \tag{5.160}$$

用伪逆法求最小二乘解，得到：

$$d = (Z^T Z)^{-1} Z^T u \tag{5.161}$$

求得系数向量 d 后，按照前节思路，将其转换成分母幂多项式的系数向量 β，进而求得系统的模态固有频率和阻尼比。

将解得的 d 代入式（2.46）得到方程组为：

$$\left.\begin{aligned}
c_1 &= f_1 - B_1 d \\
c_2 &= f_2 - B_2 d \\
&\vdots \\
c_n &= f_n - B_n d
\end{aligned}\right\} \tag{5.162}$$

求解方程组即得到各测点频响函数的分子正交多项式系数向量 C，将其转换成分母幂多项式的系数向量 α_k，并计算系统的振型。

5.5.2 特征系统实现法

特征系统实现算法（ERA），首先由美国国家航空与宇航局（NASA）所属的 langley 研究中心于 1984 年提出。它是一种属于多输入多输出的时域整体模态参数识别方法。它移植了自动控制理论中的最小实现理论，根据系统的脉冲响应数据，构造 Hankel 矩阵；然后对矩阵进行奇异值分解，通过奇异值分解的结果得到系统的最小实现；最后对最小实现的状态矩阵进行特征值分解，求得系统的特征值与特征向量，从而得到系统的模态参数（模态频率、阻尼比和振型等）。

1. 基本原理[137]

根据系统的振动微分方程，构造状态矢量 $e = [x, \dot{x}]^T$，并令：

$$\overline{A} = \begin{bmatrix} 0 & I \\ -M^{-1}K & -M^{-1}C \end{bmatrix} \tag{5.163}$$

$$\overline{B} = \begin{bmatrix} 0 \\ M^{-1} \end{bmatrix} \tag{5.164}$$

$\dot{e}(t)$ 是状态量和输入量的线性组合，得到系统的状态空间描述为：

$$\dot{e}(t) = \overline{A}e(t) + \overline{B}f(t) \tag{5.165}$$

输出向量：

$$y(t) = Ge(t) \tag{5.166}$$

式中：G 为观测矩阵。

如果 $t = t_0$ 时状态为 e_0，式(2.56) 的解为：

$$y(t) = Ge(t) = e^{\overline{A}(t-t_0)}e_0 + \int_{t_0}^{t} e^{\overline{A}(t-t_0)}\overline{B}f(\tau)\mathrm{d}\tau \tag{5.167}$$

将式(5.167) 离散化，设采样时间间隔为 Δt，采样点位 $t = t_0 + k\Delta t (k = 0, 1, 2, \cdots)$，记 $k\Delta t$ 为 k，作变量代换得到：

$$e(k+1) = Ae(k) + Bf(k) \tag{5.168}$$

其中：

$$A = e^{\overline{A}\Delta t} \qquad B = \left(\int_0^{\Delta t} e^{\overline{A}\tau} \right) \tag{5.169}$$

离散式(5.166) 的输出向量，得：

$$y(k) = Ge(k) \tag{5.170}$$

由于传递函数 Z 变换形式为：

$$H(z) = \sum_{k=0}^{\infty} h(k)z^{-k} \tag{5.171}$$

式中：$z = e^{s\Delta t}$ 为 Z 变换因子，$s = \sigma + j\omega$ 为复数域。

对式(5.168) 和式(5.170) 进行 Z 变换，得到：

$$zE(z) = AE(z) + BF(z) \tag{5.172}$$

$$Y(z) = GE(z) \tag{5.173}$$

由式(5.172) 可以得到：

$$E(z) = (zI - A)^{-1}BF(z) \tag{5.174}$$

代入式(5.173)，得到：

$$Y(z) = G(zI - A)^{-1}BF(z) = z^{-1}G(I - z^{-1}A)^{-1}BF(z) \tag{5.175}$$

从而传递函数：

$$H(z) = \frac{Y(z)}{F(z)} = z^{-1}G(I - z^{-1}A)^{-1}B \tag{5.176}$$

由于

$$(\boldsymbol{I} - z^{-1}\boldsymbol{A})^{-1} = \sum_{k=0}^{\infty}(z^{-1}\boldsymbol{A})^k = \sum_{k=0}^{\infty}\boldsymbol{A}^k z^{-k} \tag{5.177}$$

代入式(5.176)得到：

$$\boldsymbol{H}(z) = z^{-1}\boldsymbol{G}\sum_{k=0}^{\infty}\boldsymbol{A}^k z^{-k}\boldsymbol{B} = \sum_{k=0}^{\infty}\boldsymbol{G}\boldsymbol{A}^k\boldsymbol{B}z^{-k-1} = \sum_{k=0}^{\infty}\boldsymbol{G}\boldsymbol{A}^{k-1}\boldsymbol{B}z^{-k} \tag{5.178}$$

比较式(5.171)和式(5.178)得：

$$\left.\begin{array}{l} \boldsymbol{h}(0) = 0 \\ \boldsymbol{h}(k) = \boldsymbol{G}\boldsymbol{A}^{k-1}\boldsymbol{B} \end{array}\right\} \tag{5.179}$$

其中

$$\boldsymbol{h}(k) = \begin{bmatrix} h_{11}(k) & h_{12}(k) & \cdots & h_{1m}(k) \\ h_{21}(k) & h_{22}(k) & \cdots & h_{2m}(k) \\ \vdots & \vdots & & \vdots \\ h_{n1}(k) & h_{n2}(k) & \cdots & h_{nm}(k) \end{bmatrix} \tag{5.180}$$

式中：$h_{ij}(k)$ 为 k 时刻激励点 j 和响应点 i 之间的脉冲响应函数值。

式(5.179)为 ERA 数学模型，主要是为了由 $h(k)$ 构造系统的最小实现 $[\boldsymbol{A},\boldsymbol{B},\boldsymbol{G}]$。

根据脉冲响应数据构造 Hankel 矩阵：

$$\boldsymbol{H}(k-1) = \begin{bmatrix} \boldsymbol{h}(k) & \boldsymbol{h}(k+t_1) & \cdots & \boldsymbol{h}(k+t_{\beta-1}) \\ \boldsymbol{h}(s_1+k) & \boldsymbol{h}(s_1+k+t_1) & \cdots & \boldsymbol{h}(s_1+k+t_{\beta-1}) \\ \vdots & \vdots & & \vdots \\ \boldsymbol{h}(s_{\alpha-1}+k) & \boldsymbol{h}(s_{\alpha-1}+k+t_1) & \cdots & \boldsymbol{h}(s_{\alpha-1}+k+t_{\beta-1}) \end{bmatrix} \tag{5.181}$$

式中：$s_i(i=1,2,\cdots,\alpha-1)$、$t_i(i=1,2,\cdots,\beta-1)$ 为任意整数。

通常选择 $t_i = s_i = 1$，则式(5.181)变为：

$$\boldsymbol{H}(k-1) = \begin{bmatrix} \boldsymbol{h}(k) & \boldsymbol{h}(k+1) & \cdots & \boldsymbol{h}(k+\beta-1) \\ \boldsymbol{h}(1+k) & \boldsymbol{h}(2+k) & \cdots & \boldsymbol{h}(\beta+k) \\ \vdots & \vdots & & \vdots \\ \boldsymbol{h}(\alpha-1+k) & \boldsymbol{h}(\alpha+k) & \cdots & \boldsymbol{h}(\alpha+\beta-2+k) \end{bmatrix} \tag{5.182}$$

将式(5.179)代入式(5.182)得：

$$\boldsymbol{H}(k-1) = \begin{bmatrix} \boldsymbol{G} & \boldsymbol{GA} & \cdots & \boldsymbol{GA}^{\alpha-1} \end{bmatrix}^{\mathrm{T}} \boldsymbol{A}^{k-1} \begin{bmatrix} \boldsymbol{B} & \boldsymbol{AB} & \cdots & \boldsymbol{A}^{\beta-1}\boldsymbol{B} \end{bmatrix} \tag{5.183}$$

令

$$\boldsymbol{P} = \begin{bmatrix} \boldsymbol{G} & \boldsymbol{GA} & \cdots & \boldsymbol{GA}^{\alpha-1} \end{bmatrix}^{\mathrm{T}}$$

$$\boldsymbol{Q} = \begin{bmatrix} \boldsymbol{B} & \boldsymbol{AB} & \cdots & \boldsymbol{A}^{\beta-1}\boldsymbol{B} \end{bmatrix}$$

则式(5.183)为：

$$\boldsymbol{H}(k-1) = \boldsymbol{P}\boldsymbol{A}^{k-1}\boldsymbol{Q} \tag{5.184}$$

令 $k=1$，得到：

$$H(0)=PQ \tag{5.185}$$

将式(5.185)进行奇异值分解，得：

$$H(0)=U\textstyle\sum V^{T} \tag{5.186}$$

其中，U、V 是归一化的正交矩阵，$\sum$ 为对角矩阵：

$$\textstyle\sum=\mathrm{diag}[\sigma_1 \quad \sigma_2 \quad \cdots \quad \sigma_{2n}] \text{且} \sigma_1 \geqslant \sigma_2 \geqslant \cdots \geqslant \sigma_{2n} > 0 \tag{5.187}$$

引进矩阵

$$\left.\begin{array}{l} E_n^{T}=[I_n \quad 0_n \quad \cdots \quad 0_n]_{n\times\alpha n} \\ E_m^{T}=[I_m \quad 0_m \quad \cdots \quad 0_m]_{m\times\beta m} \end{array}\right\} \tag{5.188}$$

式中：I_m、I_n 为 m 和 n 阶单位矩阵；

0_m、0_n 为 m 和 n 阶零矩阵。

经推导，有

$$\left.\begin{array}{l} A=\textstyle\sum^{-\frac{1}{2}}U^{T}H(1)V\sum^{-\frac{1}{2}} \\ B=\textstyle\sum^{\frac{1}{2}}V^{T}E_m \\ G=E_n^{T}U\sum^{\frac{1}{2}} \end{array}\right\} \tag{5.189}$$

上式即为特征系统实现算法的基本公式，通过奇异值分解获得最小阶系统的实现。在得到离散时间系统的系统矩阵 $[A,B,G]$ 后，采用直接法求解系统的模态参数。

2. 模态参数识别

假设矩阵 $\overline{A}$ 的特征值矩阵为 Λ，特征矢量矩阵为 Φ'，则有：

$$\Phi'^{-1}\overline{A}\Phi'=\Lambda \tag{5.190}$$

其中：

$$\Lambda=\mathrm{diag}[s_1 \quad s_2 \quad \cdots \quad s_{2n}] \qquad \Phi'=[\varphi_1' \quad \varphi_2' \quad \cdots \quad \varphi_{2n}'] \tag{5.191}$$

将式(5.190)代入式(5.169)，由指数矩阵性质得：

$$A=\mathrm{e}^{\Phi'\overline{A}\Phi'^{-1}\Delta t}=\Phi'\mathrm{e}^{\Lambda\Delta t}\Phi'^{-1} \tag{5.192}$$

变换方程，即可得到：

$$\Phi'^{-1}A\Phi'=\mathrm{e}^{\Lambda\Delta t} \tag{5.193}$$

由式(5.193)可知，A 的特征矢量与 $\overline{A}$ 相同，特征值矩阵为：

$$Z=\mathrm{diag}[\mathrm{e}^{s_1\Delta t} \quad \mathrm{e}^{s_2\Delta t} \quad \cdots \quad \mathrm{e}^{s_{2n}\Delta t}] \tag{5.194}$$

由以上推导过程，可知求解系统模态参数的主要步骤为：

(1) 求解系统矩阵 A 特征值问题，获得系统的特征值矩阵 Z 和特征矢量矩阵 Φ'。

（2）由式(5.194)求解系统的特征值为：

$$s_1 = \frac{1}{\Delta t}\ln z_i \qquad (i = 1,2,\cdots,2n) \tag{5.195}$$

然后由式(5.136)求解得到系统无阻尼模态频率和阻尼比。

（3）由观测方程式(5.166)和式(5.189)，可知系统的模态振型矩阵 $\boldsymbol{\Phi}$ 为：

$$\boldsymbol{\Phi} = \boldsymbol{G}\boldsymbol{\Phi}' = \boldsymbol{E}_n^{\mathrm{T}}\boldsymbol{U}\sum{}^{\frac{1}{2}}\boldsymbol{\Phi}' \tag{5.196}$$

5.5.3 悬臂板式挡墙模态实验分析结果

1. 采用整体正交多项式法的识别结果

图 5.15～图 5.20 为工况 2 下部分测点频响曲线。

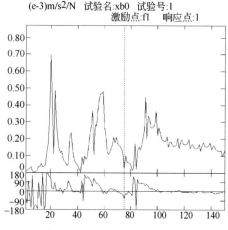

图 5.15 1 号响应点频响曲线

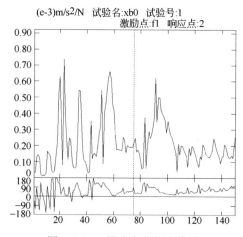

图 5.16 2 号响应点频响曲线

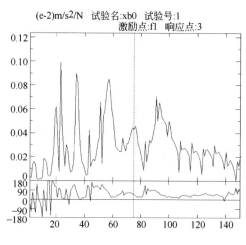

图 5.17 3 号响应点频响曲线

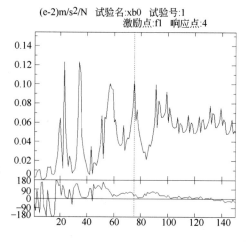

图 5.18 4 号响应点频响曲线

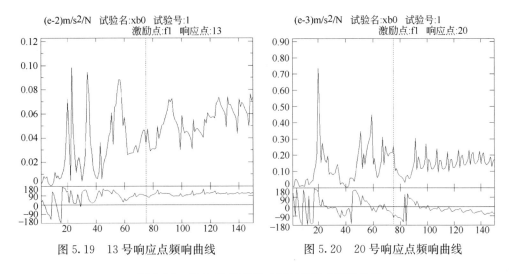

(e-2)m/s2/N　试验名:xb0　试验号:1
激励点:f1　响应点:13

(e-3)m/s2/N　试验名:xb0　试验号:1
激励点:f1　响应点:20

图 5.19　13 号响应点频响曲线

图 5.20　20 号响应点频响曲线

图 5.15～图 5.20 为工况 2 下部分测点频响曲线

Fig 5.15～Fig 5.20　Frequency response curve of the measuring point

采用整体正交多项式法对频响函数进行模态参数提取，各阶所对应的振型图见图 5.21，由图可知，实验悬臂板结构振型以横向平动为主。主频在 37Hz 左右。

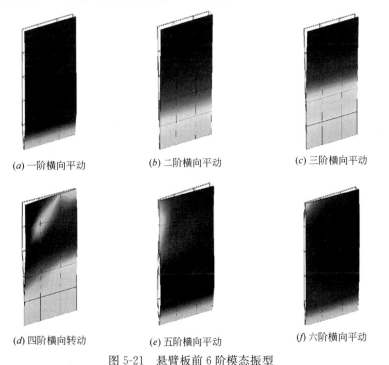

(a) 一阶横向平动　　　　(b) 二阶横向平动　　　　(c) 三阶横向平动

(d) 四阶横向转动　　　　(e) 五阶横向平动　　　　(f) 六阶横向平动

图 5-21　悬臂板前 6 阶模态振型

Fig 5.21　Cantilever plate before the six-order vibration mode locus

为了检验振型的正确性，在实验数据分析中采用了正交性检验的方法。主振型应满足正交性条件，即

$$\phi_r^T M \phi_s = \begin{cases} 0 & (r \neq s) \\ 1 & (r = s) \end{cases}$$

式中 ϕ_r、ϕ_s 为由实验所得之第 r 阶和第 s 阶模态振型向量；M 为确定的质量矩阵。当 $r = s = 10$ 时，式为 10×10 阶矩阵。若各阶振型满足正交性条件，则矩阵中的对角线元素应为 1，而非对角线元素应为 0，由于测试的误差，他们不可能绝对地等于 0 或 1，但若数值相差过大，则说明振型不正交，表明测出的振型不可信，表 5.12 给出了瞬态激励时所测得振型的正交性数据。

振型正交性检验　　　　　　　　　　表 5.12

Orthogonal modes test　　　　　　　　Table 5.12

阶数	1	2	3	4	5	6	7	8
1	1.0000	0.0668	0.0064	0.0165	0.0462	0.0206	0.0424	0.0685
2	0.0668	1.0000	0.0285	0.0322	0.0898	0.0829	0.0186	0.1600
3	0.0064	0.0285	1.0000	0.1561	0.0974	0.0790	0.1304	0.2005
4	0.0165	0.0322	0.1561	1.0000	0.0730	0.0028	0.0540	0.0765
5	0.0462	0.0898	0.0974	0.0730	1.0000	0.0477	0.0828	0.0614
6	0.0206	0.0829	0.0790	0.0028	0.0477	1.0000	0.0636	0.2900

由正交性检验数据得知，表 5.12 中非对角线元素值只有少量大于 0.1。表明本章所测试的振型在可信范围内。各工况下的挡墙模态识别结果如下：

各工况下的挡墙主振频率识别结果　　　　　　表 5.13

main frequency identification results of retailing wall under different jobs Table 5.13

阶数	工况 1	工况 2	工况 3	工况 4
1	60.18	31.44	24.64	15.52
2	90.24	45.89	34.02	19.10
3	103.45	72.34	52.84	37.79
4	133.56	86.42	66.62	44.96
5	148.80	98.64	74.645	58.49
6	167.84	110.41	83.17	65.33

各工况下的挡墙主振阻尼识别结果　　　　　　表 5.14

main damp identification results of retailing wall under different jobs Table 5.14

阶数	工况 1	工况 2	工况 3	工况 4
1	1.62	2.39	3.92	4.67
2	1.07	3.04	4.07	4.48
3	0.90	4.11	4.28	4.65
4	1.06	2.12	2.69	3.38
5	1.66	1.89	2.43	2.86
6	0.35	0.885	1.31	2.87

2. 采用特征系统实现法的识别结果

首先对各测点的响应信号采用随机减量法计算自由衰减响应，再用 ERA 计算模态。图 5.22 为工况二下模态识别的稳定图。

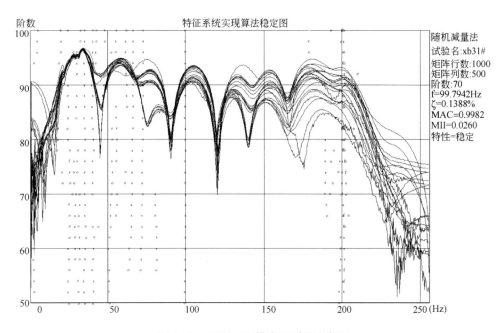

图 5.22　工况二下模态识别的稳定图

各工况下的挡墙模态识别结果如下：

各工况下的挡墙主振频率识别结果　　　　　　表 5.15

main frequency identification results of retailing wall under different jobs　Table 5.15

阶数	工况1	工况2	工况3	工况4
1	58.83	35.13	20.96	14.53
2	94.66	50.28	31.78	22.37
3	110.07	78.62	49.64	35.32
4	127.36	91.07	72.30	46.36
5	151.29	107.37	81.65	64.18
6	172.43	115.56	79.23	71.58

两种方法的识别结果是比较接近的，可以看出，当墙后填土后，整个挡墙系统的各阶主振频率明显减小，阻尼增大。而当填土上有堆载且堆载增加时，各阶主振频率也逐渐减小，阻尼逐渐增大。

各工况下的挡墙主振阻尼识别结果　　　　　　表 5.16

main damp identification results of retailing wall under different jobs　　Table 5.16

阶数	工况 1	工况 2	工况 3	工况 4
1	1.88	2.36	2.98	3.89
2	1.12	2.84	3.69	4.22
3	1.29	3.81	4.19	4.88
4	0.99	2.01	2.45	3.23
5	2.11	2.36	3.17	4.87
6	1.30	1.86	2.46	3.05

5.5.4　现场悬臂式挡土墙模态试验分析成果

第二章的现场悬臂式挡土墙模态试验中，7 次激发的激励力和测点 1 的加速度时间历程曲线见图 5.23 和图 5.24；模态频率拟合结果见表 5.17。

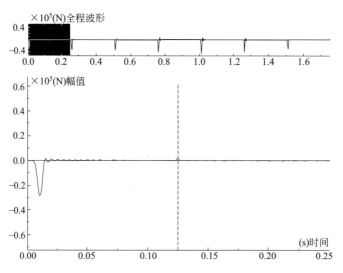

图 5.23　七次完整触发与单次触发展开激励力时间历程曲线

Fig 5.23　Time history curve of seven integrated inspiring and one magnifying for inspiring force

各工况下的挡墙主振频率识别结果　　　　　　表 5.17

main frequency identification results of retailing wall under different jobs　　Table 5.17

阶数	1	2	3	4	5	6
频率(Hz)	10.384	20.361	43.792	66.702	88.232	126.382
阻尼(%)	34.062	13.257	14.694	10.359	12.766	10.820

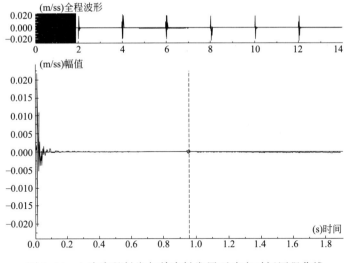

图 5.24　七次完整触发与单次触发展开响应时间历程曲线

Fig 5.24　Time history curve of seven integrated inspiring and one magnifying for response

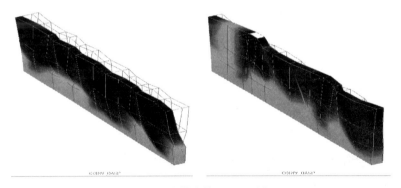

图 5.25　试验模态第一、六阶振型图

Fig 5.25　First and sixthvibration mode of experimental modal test

　　由图 5.23 知：由于激励能量在各阶模态分布不均，1、2、3、4、6 阶峰值小且波形较陡，5、7 阶模态峰值明显且波形较缓。综合分析所有频响函数曲线：从第 8 阶开始（包括第八阶），模态不再连续出现，不同测点处模态个数与模态阶次不再相同。又由图 5.25 知第一阶振型较连贯，第六阶连贯性较弱，事实上，随着阶次增加，振型连贯性是逐渐减弱的。

6 支挡结构数值模态分析技术

6.1 支挡结构系统低应变动力响应数值模拟

在计算机出现之前，科学研究主要依靠理论科学和实验手段两种方法。理论科学主要对各种自然现象的内在规律进行研究，试图用严密的数学模型描述这些规律，在一定条件下求出准确解，得出的结果用来判断模型是否反映实际现象，是否有需要改进的地方。实验科学试图在实验室用简化的实物模型来模拟实际的自然实体或工程实物，通过一系列设备仪器进行观测测量，揭示其本质规律性的东西。事实上，许多需要研究的对象，根本不可能精确地用理论描述出来，而用实验手段，不是太大就是太小、不是太快就是太慢，要模拟它们也是困难重重。伽利略和牛顿分别奠定了科学实验方法和科学理论方法，对全世界的科技发展起到了极为重要的作用。随着计算机的出现和发展，对于那些精确性还不够，数学模型还未定型的问题，通过计算机利用数值模拟可以进行多个方案的模拟计算和对比筛选，或当数学模型复杂到解析求解不可能时，科学数值计算就成为解决问题的唯一手段，所以现代计算数学方法已成为当今科研工作的第三种科学方法。计算数学方法包括有限差分法、有限元法、边界元法、谱方法等，本节拟采用动力有限元法来描述支挡结构系统的动力响应问题。

6.1.1 支挡结构结构系统低应变动力响应的有限元分析方法

1. 二阶系统瞬态分析

支挡结构系统的动力学分析中，存在质量矩阵，它对应的是位移的二阶导数（即加速度），所以系统在时间上存在二阶状态，为二阶系统。其求解的方程是：

$$[M]\ddot{\vec{u}} + [C]\dot{\vec{u}} + [K]\vec{u} = \vec{F} \tag{6.1}$$

其中，$[M]$ 为质量矩阵，$[C]$ 为阻尼矩阵，$[K]$ 为刚度矩阵，对应的项分别是加速度项、速度项和位移项，$\vec{F}$ 为施加在杆顶的瞬时荷载。

在求解该方程时，通常采用两种方法：前向差分时间积分法和纽马克时间积分法。前向差分法是一种显式方法，主要用于进行非线性动力学分析，如爆破分析以及复杂接触问题的计算（ANSYS/LS-DYNA）。纽马克时间积分法是一种隐式方法，主要思路是把式(6.1)中自由度的导数项（速度和加速度项）用相邻点的位移项代替。最终的替代方程是：

$$(a_0[M]+a_1[C]+[K])\vec{u}_{n+1}=\vec{F}+[M](a_0\vec{u}_n+a_2\dot{\vec{u}}_n+a_3\ddot{\vec{u}}_n)+$$
$$[C](a_1\vec{u}_n+a_4\dot{\vec{u}}_n+a_5\ddot{\vec{u}}_n) \tag{6.2}$$

其中，a_i 是与时间步长相关的系数，分别为：

$$a_0=1/\alpha\Delta t^2 \qquad a_1=\delta/\alpha\Delta t \qquad a_2=1/\alpha\Delta t$$
$$a_3=1/2\alpha-1 \qquad a_4=\delta/\alpha-1 \qquad a_5=\Delta t/[2(\delta/\alpha-2)] \tag{6.3}$$

可以直接输入 α，δ 以控制积分过程中各个项的作用，也可用 ANSYS 提供的替代方法，只需输入一个参数 γ，它们之间用简单的函数关系式相连：

$$\alpha=(1+\gamma)^2/2 \qquad \delta=1/2+\gamma \tag{6.4}$$

γ 称为幅度衰变因子，只要将 γ 设置为大于等于 0 的数，则方程(6.2)是无条件稳定的，即无论选取的时间步长为多少，迭代求解过程都是稳定的，而条件稳定指求解稳定性依赖于时间步长的选取。通常设置 γ 为略大于 0 的数，如 0.005。

2. 求解方法

对于二阶瞬态方程，有三种求解方法，一是完全瞬态分析（Full），这种方法不做任何其他假设、直接对方程求解，所以适用范围广，求解操作简单，但求解速度相对较慢，内存和硬盘需求较其他两种方法高；二是模态叠加分析（Mode Superpos'n），它使用结构的自然频率和振型来确定其对瞬态力函数的响应。三是缩减分析（Reduced），它是利用缩减结构矩阵来求解平衡方程。

3. 初始条件

在瞬态分析中，必须给系统指定初始条件，初始时的 $\vec{u}$、$\dot{\vec{u}}$、$\ddot{\vec{u}}$ 值都必须指定，若不指定，则系统默认为 0。对于缩减分析，只能静态分析得到初始条件，对于支挡结构系统动力测试的初始条件，$\vec{u}$、$\dot{\vec{u}}$、$\ddot{\vec{u}}$ 值都为 0。

4. 时间步长

瞬态分析中积分时间步长是重要而难以确定的选项。它决定了求解精度和求解时间。时间步长越长，求解精度越差，但求解消耗越小。在设置步长时，有如下准则：

（1）计算响应频率时，时间步长应当足够小，以能求解出结构的运动和响应。由于结构动力学响应可以看成是各阶模态响应的组合，时间步长应小到能够解出对整体响应有贡献的最高阶模态。事实上，时间步长还应比该最大频率对应的时间少的多，通常，积分步长应为 20 倍最大频率的倒数。若要得到加速度结果，应当设置更小的时间步长。

（2）时间步长应当足够反映载荷时间历程。对于线性载荷，时间步长可设置得较大，但对于非线性载荷，由于需要用线性载荷去拟合，应当设置得足够小。特别是对于阶跃载荷，要求在发生阶跃附近的点设置较小的步长，以紧紧跟随载荷的阶跃变化。

（3）若要计算波的传播，则时间步长应当小到足以捕捉到波。

5．瞬态荷载的施加

瞬态动力学的荷载为时间的函数，加载时要把随时间变化的曲线分割成合适的荷载步，荷载时间关系曲线上的每个拐角都应设为一个荷载步。加载第一步通常是设定初始条件，然后才是为荷载步指定荷载和荷载步选项。对于每一个荷载步，都需要指定荷载值和时间值，当然还包括阶跃式或斜坡式选项、自动步长选项等，再把每个荷载步写入荷载步文件中，然后统一求解。这里采用实际测试过程中的一个聚能锤的激励信号作为荷载施加，见图 6.1。

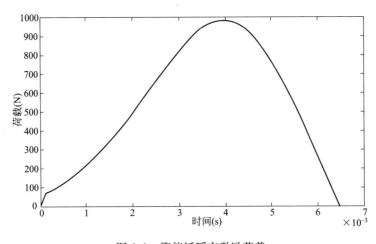

图 6.1　聚能锤瞬态激励荷载

Fig 6.1　Impluse load of hammer

6．阻尼

阻尼是动态分析的一个重要概念，是系统能否最终趋于稳态的重要因素。ANSYS 把阻尼分为 5 类：

（1）Rayleigh 阻尼：包括质量阻尼系数（Alpha 阻尼）和刚度阻尼系数（Beta 阻尼），这时系统阻尼矩阵计算为：

$$[C] = \alpha[M] + \beta[K] \tag{6.5}$$

可以直接设置 Alpha 和 Beta 两个阻尼常数。也可用振型阻尼比 ξ_i 计算。ξ_i 是某个振型 i 的实际阻尼和临界阻尼之比。若 ω_i 是模态 i 的固有角频率，则 α 和 β 与振型阻尼比的关系为：

$$\xi_i = \alpha/2\omega_i + \beta\omega_i/2 \tag{6.6}$$

许多实际问题中，质量阻尼可以忽略，则可以由已知的振型阻尼比和固有角频率计算出 β 值：

$$\beta = 2\xi_i/\omega_i \tag{6.7}$$

由于在一个载荷步中只能有一个阻尼值，因此应当选取该载荷步中被激活的最主

要频率 ω_i 来计算阻尼。当质量阻尼不可忽略时，可以假定在某个频率范围内，质量阻尼与刚度阻尼之和为常数，即：$\alpha+\beta=C$，然后再联立阻尼比方程，求解得到质量阻尼 α 和刚度阻尼 β。

（2）材料阻尼：和材料相关的阻尼允许将 β 阻尼作为材料性质来指定。

（3）恒定阻尼比：这是结构分析中指定阻尼的最简单方法，表示实际阻尼与临界阻尼之比。

（4）振型阻尼：振型阻尼用于对不同振动模态指定不同的阻尼比。

（5）单元阻尼：单元阻尼只有当单元具有黏性阻尼特征时才进行计算。

6.1.2 支挡结构系统低应变动力响应的三维有限元模拟

1. 输入参数的取值

在对结构系统进行动态响应分析过程中，都要碰到一个如何确定岩体的动态特性参数的问题。诸如动态弹性模量、泊松比、阻尼比以及黏性系数等参数的确定。目前，在有限单元法数值分析中，这些关键性参数的来源主要有两条途径：

实验室模型试验或现场实测，把试验模型的测试结果直接应用于真实环境中去。目前，这类方法应用较广的领域是土木、水工建设中结构的动态分析。包括如何使用共振柱仪配合动三轴仪测动剪模量和阻尼比；以及直接从土坝的响应中分析土坝材料的动剪模量和阻尼因子的方法；还有将试验测得的动态弹性模量与静态弹性模量之间的关系建立了经验公式。但是，所有这一切，都隐含着一个条件，那就是测试条件与实际应用环境之间必须有一定的相似性（包括载荷的幅值，频谱和约束条件）。试验研究虽然是解决问题的一条有效途径，但应当看到它的缺陷在于：不同频谱、不同幅值的外激励条件下，其材料特性参数是不同的，测试结果只能适用于与试验频谱、幅值相近的环境中。同时，试验边界对这些特性参数有相当大的影响，也不能忽视。

完全采用静态参数替代动态参数（指弹性模量，泊松比等），这种方法应用于岩土类材料会引起较大的误差，即使金属材料在高频激励下也存在类似的问题。

对于悬臂式挡土墙的计算参数选取，可以根据实际的勘察报告资料数据为基础，通过对有限元模型进行瞬态动力分析，和现场试验模态参数进行对比，得出合理的挡土墙有限元模型物理参数。而当有限元模型通过瞬态激励得出的加速度响应信号提取的模态参数与现场试验得出的模态参数基本一致，所以可以认为有限元模型可以在一定程度上可以代表实际现场做各种工况下的瞬态动力学分析。对于第3章的高填方路基悬臂式挡土墙，其挡土墙系统模型的基本参数取值如

下：挡土墙的弹性模量 $E_w = 28\text{GPa}$，泊松比 $\mu_w = 0.2$，密度 $\rho_w = 2450\text{kg/m}^3$，阻尼比 $\zeta_w = 0.02$；土体的剪切波速 $v_s = 400\text{m/s}$，泊松比 $\mu_s = 0.3$，密度 $\rho_s = 1800\text{kg/m}^3$，阻尼比 $\zeta_s = 0.05$，黏聚力 $C_s = 3.8\text{kPa}$，内摩擦角 $\varphi_s = 31°$。为挡土墙系统模型尺寸示意图，挡土墙纵向长度取 12m。

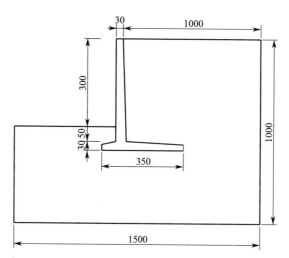

图 6.2 挡土墙系统有限元模型尺寸示意图（单位：cm）

Fig 6.2 The size range of retaining wall system model numerical experiments

2. 现场悬臂式挡墙结构系统有限元模型的建立

挡墙结构体系的动力响应是挡墙与墙后填土之间动力相互作用的问题，两者的刚度是根据它们的本构关系或应力—应变定律加以确定的。在低应变动力响应中，由于所用激振能量小，墙体、填土均处于弹性范围内。另外，在振动过程中两者之间并未产生显著的滑动，可以认为变形是连续的，没有必要使用交界面单元。因此，为了简化计算，在分析中挡墙系统均采用线弹性本构模型，且假定界面间无相对滑动。另外，填土及其后边坡体是一种半无限介质，属于半无限域，在进行动力有限元分析过程中，必须引入人工边界，为了防止人为边界处应力波的反射并考虑围岩的阻尼作用，这里采用振型阻尼比来模拟围岩对散射波能量的吸收且假定围岩为均质岩土体。必须划分合适的计算范围，并使计算范围区域外尽可能得接近实际状态。本节采用各向同性的半无限空间模型，为了减少单元数目，三维有限元分析的区域大小及其网格的划分是在试算的基础上进行的，其确定的原则是：计算所得的反射波形不随边界的扩展而有明显变化，对挡土墙单元划分适当加密。经过试算，挡土墙及墙后 2～3m 网格划分较密，土体网格不需要划分过细，特别是离挡土墙稍远处，不同的网格划分所得到的反射曲线完全重合。因此，在边界附近，单元可以适当划大。计算范围的外边界可以采用三种方式处理：位移边界；应力边界；混合边界条件。本模拟中采用的是位移边界条件，即土体的边界是固定端约束，即：既要限制线位移，还要限制角位移。至于悬臂式挡土墙底部，由于有土与之共同作用可以按固定端约束下面土体进行模拟。另外，在挡土墙与墙后土体边界上没有相互的位移，即在这些边界上没有相互滑动，位移是协调一致的。由于现场模型较大，动力测试试验针对两个变形缝之间的悬臂式挡土墙进行了动力特性测试试验，简化后数值模拟模型如图 6.3 所示，挡土墙和土体均采用 SOLID45 弹性单元模拟。

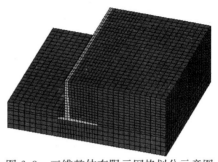

图 6.3 三维整体有限元网格划分示意图

Fig 6.3 Three dimensional finite element mesh

3. 模型的求解

现场悬臂式挡墙激励点和响应点布置见图 3.28，布置原则：激励测点的选择以远离模态振型节点，且保证激励点可激发出所关心的模态为标准；响应测点则以远离振型节点和靠近振型幅值点为原则，共布置测点 39 个，测试方向为垂直墙面方向。在激励点处施加瞬态荷载，采用完全法（FULL）进行求解，得到各响应点的位移时程曲线，再对时间求两次导得到响应点加速度曲线。由于挡土墙系统现场采样频率 1024Hz，因此，测点加速度响应曲线输出的时间间隔取为 1/1024s，见图 6.4。

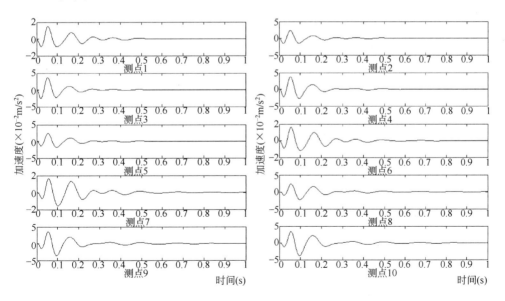

图 6.4 测点 1～10 点加速度响应信号时间历程曲线

Fig 6.4 Time history curve of acceleration response signal for the testing points 1～10

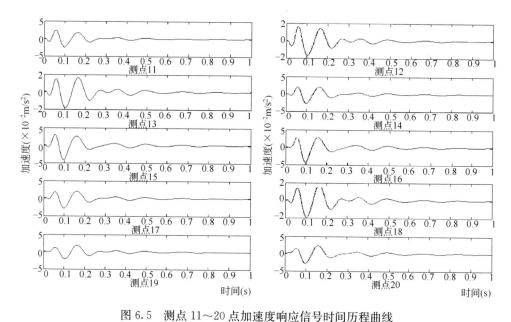

图 6.5　测点 11～20 点加速度响应信号时间历程曲线

Fig 6.5　Time history curve of acceleration response signal for the testing points 11～20

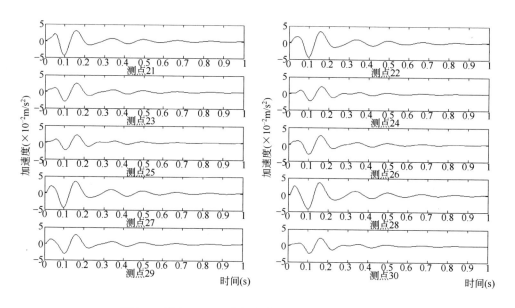

图 6.6　测点 21～30 点加速度响应信号时间历程曲线

Fig 6.6　Time history curve of acceleration response signal for the testing points 21～30

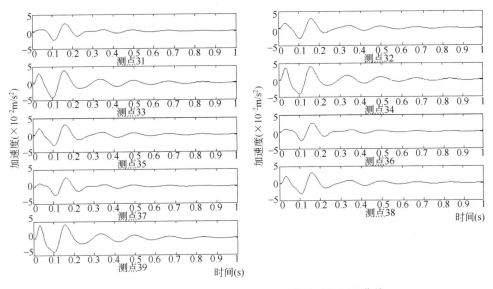

图 6.7 测点 31～39 点加速度响应信号时间历程曲线

Fig 6.7 Time history curve of acceleration response signal for the testing points 31～39

4. 模态参数识别结果

得到各测点的加速度时程响应后，采用特征系统实现法和整体正交多项式法进行挡土墙系统的模态识别。然而，对实际结构进行现场振动测量时，由于受到多方面因素的制约，不可能得到结构所有的模态特性，一般只能获得低阶的模态特性，因此，在后续章节分析中仅采用前 4 阶模态振型 $\varphi_1 \sim \varphi_4$ 和前 4 阶模态频率 $\omega_1 \sim \omega_4$ 来分析。由于模态参数识别涉及图形较多，仅给出测点 35 的幅值谱曲线见图 6.8，两种方法识别出的模态频率和阻尼比见表 6.1，两种方法识别出的模态振型基本一致见图 6.5，图中模态振型值均进行归一化处理。

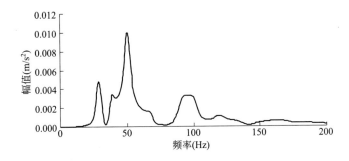

图 6.8 测点 35 的幅值谱曲线

Fig 6.8 The amplitude spectrum curve of the measuring point 35

挡土墙系统的频率和阻尼比   表 6.1

Frequency and damping ratio of retaining wall system   Table 6.1

模态阶数	特征系统实现法		整体正交多项式法	
	频率（Hz）	阻尼（%）	频率（Hz）	阻尼（%）
1	28.204	2.442	28.289	2.448
2	30.503	2.885	30.408	2.873
3	37.328	4.201	37.500	4.147
4	48.558	4.946	48.155	4.612

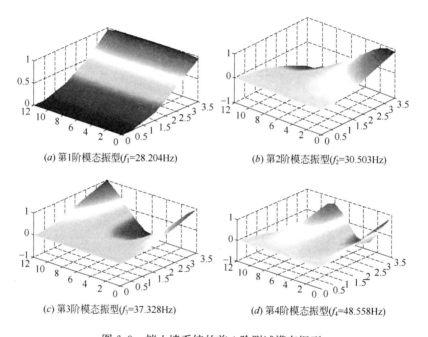

(a) 第1阶模态振型(f_1=28.204Hz)   (b) 第2阶模态振型(f_2=30.503Hz)

(c) 第3阶模态振型(f_3=37.328Hz)   (d) 第4阶模态振型(f_4=48.558Hz)

图 6.9 挡土墙系统的前 4 阶测试模态振型

Fig 6.9 First 4 test mode shapes of retaining wall system

由图 6.9 和表 6.1 可知，两种模态参数识别方法得到的频率误差较小，表明两种方法均适用于挡土墙系统的模态参数识别，且在每阶固有频率处测点的幅值谱曲线均产生明显的突变，因此可以根据幅值谱曲线大致确定固有频率的范围。

由图 6.9 可以得到：挡土墙系统第 1 阶振型绕墙底弯曲，第 2 阶振型绕墙长度中心线成反对称转动，第 3 阶振型绕墙长度 1/4、3/4 线成对称转动，第 4 阶振型绕墙长度 1/6、3/6、5/6 线成反对称转动。

6.2 支挡结构系统简化动测数值模型

6.2.1 模型基本假定

经对比土体作用下挡墙试验模态与墙体结构有限元模态参数可知，土体对系统模态特性影响较大，应用有限元进行模态分析时，挡墙结构系统的总刚度、质量矩阵分别为挡墙结构刚度、质量矩阵 $[K_{st}]$、$[M_{st}]$ 与土体附加刚度、质量矩阵 $[K_{s0}]$、$[M_{s0}]$ 的叠加；即：$[K] = [K_{st}] + [K_{s0}]$，$[M] = [M_{st}] + [M_{s0}]$。挡墙结构刚度、质量矩阵可按常规方法予以确定，土体附加参数（附加质量、刚度矩阵）的识别，需要将挡土墙从挡墙系统中分割出来，作为一个特定结构来研究其模态特性，建立相应悬臂挡土墙系统的简化动测模型，为便于分析作以下基本假定：

①悬臂挡土墙底板的刚度较大，忽略底板的影响，将立板底部视作固接；

②悬臂挡土墙视为薄板单元，将其离散后计算挡土墙结构的物理参数；

③土体简化成一系列的附加刚度和附加阻尼来模拟，和挡土墙附着在一起；

④共同运动的墙后土体简化成附加质量，集中作用在相应的节点处；

⑤挡土墙与土体之间完全接触。

悬臂挡土墙系统的简化动测模型见图 6.10，由图 6.10 可知，简化动测模型

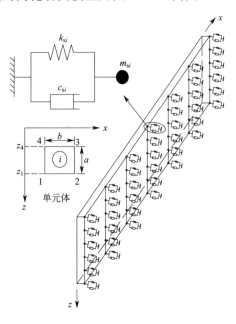

图 6.10 悬臂挡土墙系统的简化动测模型

Fig 6.10 Simplified dynamic－detection model of cantilever retaining wall system

143

的关键是如何合理地确定土体的附加参数。其他类型的挡土墙可以根据实际情况进行相应的简化。

6.2.2 土体附加参数理论分析

由于采用低应变法测试挡土墙系统的模态参数，所用激振能量较小，墙后土体可以认为处于静力平衡状态，因此假设土体的地基反力系数的分布形式与静力状态相似，即土体的地基反力系数随深度呈双参数非线性分布[91]，与挡土墙墙后土体位移有关，表示为：

$$K_s(z) = K_{s0}z^t \tag{6.8}$$

式中：K_{s0}、t 为待识别参数；z 为计算点深度（m）。

将式（6.8）中的参数取不同值，可以得到工程中常用的 3 种地基反力系数的分布图形，如图所示：

①当 $t=0$ 时，土体的地基反力系数 K_s 为一常数等于 K_{s0}，即张氏法（常数法），如图 6.11(a) 所示。

②当 $t=1$ 时，土体的地基反力系数 K_s 与深度呈线性分布，$K_s = K_{s0} \times z$，即 m 法，如图 6.11(b) 所示。

③当 $t=0.5$ 时，土体的地基反力系数 K_s 随深度成抛物线分布，$K_s = K_{s0} \times z^{0.5}$，即 c 法，如图 6.11(c) 所示。

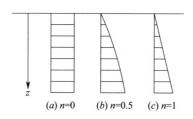

图 6.11　地基反力系数沿深度的分布形式

Fig 6.11　The distribution form of coefficient of subgrade reaction force along the depth

土体动压力与墙土振动特性相关，且在简谐振动时，土体位移成非线性分布[90,181]，因此，假设土体单位面积的附加质量也呈双参数非线性分布，即：

$$M_s(z) = M_{s0}(H-z)^s \tag{6.9}$$

式中：M_{s0}、s 为待识别参数；H 为挡土墙高度（m）。

根据杜正国[184]求解地基刚度矩阵的思想，求解土体附加参数表达式，即把墙土相互作用所产生的单元反力依据内力平衡条件分配到单元的四个节点上，由图 6.10 分离的单元体，得到单元 i 的各节点的附加刚度为：

$$k_1^i = k_2^i = \frac{b \int_{z_4}^{z_1} K_{s0} z^t (z - z_4) \, dz}{2a} = \frac{bK_{s0}}{2a(t+1)(t+2)}$$
$$[z_4^{t+2} - (t+2) z_4 z_1^{t+1} + (t+1) z_1^{t+2}] \tag{6.10}$$

$$k_3^i = k_4^i = \frac{b \int_{z_4}^{z_1} K_{s0} z^t (z_1 - z) \, dz}{2a} = \frac{bK_{s0}}{2a(t+1)(t+2)}$$
$$[z_1^{t+2} - (t+2) z_1 z_4^{t+1} + (t+1) z_4^{t+2}] \tag{6.11}$$

式中：z_1、z_4 分别为单元 i 节点 1 和节点 4 的 z 方向坐标；a，b 为单元长度；其他符号意义同前。

同理，可以得到单元 i 的各节点的附加质量为：

$$m_1^i = m_2^i = \frac{bM_{s0}}{2a(s+1)(s+2)} \{ (H-z_4)^{s+2} - (H-z_1)^{s+1}$$
$$[H - (2+s)z_4 + (1+s)z_1] \} \tag{6.12}$$

$$m_3^i = m_4^i = \frac{bM_{s0}}{2a(s+1)(s+2)} \{ (H-z_1)^{s+2} - (H-z_4)^{s+1}$$
$$[H - (2+s)z_1 + (1+s)z_4] \} \tag{6.13}$$

式中：各符号意义同前。

挡土墙系统经离散化处理后，根据有限元"单元集总"原则，得到节点 i 的土体附加刚度和附加质量可以分别表示为：

$$k_{si} = \sum k_{si}^e \qquad m_{si} = \sum m_{si}^e \tag{6.14}$$

附加阻尼采用瑞利阻尼，节点 i 的土体附加阻尼为：

$$c_{si} = \alpha_s k_{si} + \beta_s m_{si} \tag{6.15}$$

式中：α_s、β_s 分别为土体的质量阻尼系数和刚度阻尼系数。

综上所述，土体附加参数识别的关键是如何合理确定 K_{s0}、t、M_{s0}、s、α_s、β_s 六个参数，减少了设计变量的个数。由于有限元软件 ANSYS 提供的优化设计模块具有丰富的优化设计方法，能解决多种工程优化问题，下面基于 ANSYS 优化设计模块来探讨多种算法的适用性。

6.3 参数识别的有限元优化设计

优化设计实际上是一种寻找确定最优方案的技术。所谓"最优方案"，指的是一种方案可以满足所有的设计要求，而且可以使目标值达到最小值。也就是说，最优方案就是一个最有效率的方案。

6.3.1 优化设计的数学模型

参数识别主要是基于有限元软件 ANSYS 基础上展开，在 ANSYS 中优化问题可以表示为：

$$\begin{cases} \min \quad Fit = f(\boldsymbol{X}) \quad \boldsymbol{X} = \{x_1, x_2, \cdots, x_n\} \\ \quad x_i^l \leqslant x_i \leqslant x_i^u \\ \text{s. t.} \\ \quad g_i(\boldsymbol{X}) \leqslant g_i^u \quad (i=1,2,\cdots,m_1) \\ \quad h_i^l \leqslant h_i(\boldsymbol{X}) \quad (i=1,2,\cdots,m_2) \\ \quad \omega_i^l \leqslant \omega_i(\boldsymbol{X}) \leqslant \omega_i^u \quad (i=1,2,\cdots,m_3) \end{cases} \tag{6.16}$$

式中：Fit 为目标函数；x_i 为设计变量，即待识别参数，其中上标 l 表示设计变量的下限，u 表示上限；g_i、h_i、w_i 分别为不同边界条件的状态变量，是设计变量的函数，其中上标 l 表示下限，u 表示上限；$n = m_1 + m_2 + m_3$ 为状态变量总数。

由式(6.16)可知，基于 ANSYS 优化设计模块识别土体附加参数，必须引入三个基本概念：目标函数、设计变量、状态变量，总称为优化变量。

6.3.2 优化设计的基本概念

1. 目标函数（OBJ）：必须是设计变量的函数，通过改变设计变量使目标函数达到最小值。

在 ANSYS 优化模块中，只能设定一个目标函数，并且只能求解最小值优化。目前用于结构物理参数识别中的目标函数较多，这里主要采用以下 4 个目标函数作为判据：

（1）基于频率的目标函数

根据动力学方程，结构物理参数与模态参数相对应，即一个确定系统的模态特性是不变的，因此可以依据频率相对变化率的平方和作为土体附加参数识别的目标函数，表示为：

$$Fit_1(\boldsymbol{X}) = \sum_{i=1}^{n} \left(\frac{\omega_i - \widetilde{\omega}_i}{\omega_i} \right)^2 \quad \boldsymbol{X} \in (\Theta) \tag{6.17}$$

式中　$\boldsymbol{X}$——待识别参数的向量；

　　　n——测试获得模态总阶数；

　　　ω_i——计算得到的第 i 阶模态频率；

　　　$\widetilde{\omega}_i$——测试得到的第 i 阶模态频率；

　　　Θ——待识别参数的取值范围。

（2）基于振型的目标函数

系统的模态振型和模态频率一一对应，反映了系统的模态特性，因此也可以依据测试振型和计算振型的误差平方和作为目标函数，表示为：

$$Fit_2(\boldsymbol{X}) = \sum_{i=1}^{n} \sum_{j=1}^{Num} (\varphi_{ij} - \widetilde{\varphi}_{ij})^2 \quad \boldsymbol{X} \in (\Theta) \tag{6.18}$$

式中　φ_{ij}——计算得到的测点 j 的第 i 阶模态振型值；

　　　$\widetilde{\varphi}_{ij}$——测试得到的测点 j 的第 i 阶模态振型值；

　　Num——系统的总测点数。

（3）基于频率和振型的目标函数

$$Fit_3(\boldsymbol{X}) = w_1 \sum_{i=1}^{n} \left(\frac{\omega_i - \widetilde{\omega}_i}{\omega_i} \right)^2 + w_2 \sum_{i=1}^{n} \sum_{j=1}^{Num} (\varphi_{ij} - \widetilde{\varphi}_{ij})^2 \quad \boldsymbol{X} \in (\Theta) \tag{6.19}$$

式中：ω_1、ω_2 分别为频率和振型的权重；由于频率测试的精度较高，一般情况下，权重 $\omega_1 \geqslant \omega_2$。

权重对算法结果影响较大，当 ω_1 较大时，退化成基于频率的目标函数；当 ω_2 较大时，退化成基于振型的目标函数。

（4）基于时程响应的目标函数

由于确定的系统在相同激励条件下同一测点的时程响应是不变的，因此在测试获得系统的激励数据和响应数据后，利用测试的激励数据作为系统数值模拟的输入，将计算响应与测试响应的误差平方和作为目标函数，表示为：

$$Fit_4(\boldsymbol{X}) = \sum_{i=1}^{Num} \sum_{j=1}^{L} (y_i(j) - y_i(\widetilde{j}))^2 \quad \boldsymbol{X} \in (\Theta) \tag{6.20}$$

式中　$y_i(j)$——计算得到的测点 i 的 j 时刻响应值；

　　　$\widetilde{y}_i(j)$——测试得到的测点 i 的 j 时刻响应值；

　　　　L——测量数据的总长度；

　　Num——系统的总测点数。

2. 设计变量（DV）：为了使目标函数最小而需要优化的变量，也称为"自变量"。

在 ANSYS 中每个设计变量都必须大于 0，需要设置每个变量的取值范围，最多只允许定义 60 个设计变量。一般情况下，要尽可能少的定义设计变量，太多的设计变量可能搜索不到最优设计，尽可能的统一有相互联系的设计变量；设计变量的取值范围不能太大，太大可能不能表示好的设计域，同时也不能太小，太小可能排除最优设计。一般应该根据经验值确定取值范围，如果没有经验值作为参考，可以根据有限元软件进行试算确定取值范围。针对本章土体附加参数识别问题，设计变量为 K_{s0}、t、M_{s0}、s、α_s、β_s 六个参数。

3. 状态变量（SV）：设计约束条件，也称为"因变量"，是设计变量的函数，如最大应力、最大变形、自振频率等。

在 ANSYS 中可以定义不超过 100 个状态变量，但不是必须定义的，每个状态变量可能会有单边或双边限制，表达形式见式(6.16)。这里状态变量采用挡土墙系统第 1 阶固有频率 ω_1。

　　4. 设计序列：确定一个特定模型的参数的集合。

　　一般来说，设计序列是由优化变量（目标函数、设计变量、状态变量）的数值来确定的，但所有的模型参数（包括不是优化变量的参数）组成了一个设计序列。

　　5. 分析文件：利用 APDL 语言编写的一个 ANSYS 命令流输入文件，包括一个完整的分析过程（前处理，加载及求解，后处理）等。

　　它必须包含一个参数化的有限元模型，完全用参数化语言定义的有限元模型，不是必须指出设计变量，状态变量和目标函数。由这个文件可以自动生成优化循环文件，并在优化计算中不断的循环处理。

　　6. 一次循环：一个分析周期，即执行一次分析文件。最后一次循环的输出存储在文件 Jobname. OPO 中。优化迭代是产生新的设计序列的一次或多次分析循环。一般来说，一次迭代等同于一次循环。但对于一阶优化方法，一次迭代代表着多次循环。

6.3.3　有限元优化技术

　　所谓优化方法是使目标函数在特定的约束条件下达到最小值的传统优化方法。ANSYS 提供了两种可用的优化方法：零阶方法和一阶方法，同时提供了很好的外部接口供用户编写优化程序代替原有方法。

　　（1）零阶方法（直接法）：这是一个完善的零阶方法，仅使用状态变量和目标函数的逼近方法，而不用到它的偏导数。该方法是通用的方法，可以有效的处理绝大多数的工程问题。

　　本方法中，程序用曲线拟合来建立目标函数和设计变量之间的相互关系。首先通过用几个设计变量序列计算目标函数，然后求得各数据点间最小平方实现。该结果曲线（或平面）称为逼近。每次优化循环生成一个新的数据点，目标函数就完成一次更新。实际上是逼近被求解最小值而并非目标函数。

　　状态变量也是同样处理的，每个状态变量都生成一个逼近并在每次循环后更新。

　　（2）一阶方法（间接法）：本方法使用因变量对设计变量的一阶偏导数。在每次迭代过程中，用最大斜度法或共轭方向法确定搜索方向，并用线搜索法进行最小化。

　　一阶方法是将真实的有限元结果最小化，而不是对逼近数值进行处理，因此该方法精度很高，尤其是在因变量变化很大，设计空间也相对较大时，但是，同时存在着消耗的机时较多等缺点。

　　优化工具是搜索和处理设计空间的技术。下面是 ANSYS 自带可用的优化工具：

（1）单步运行：实现一次循环并求出一个 FEA 解。可以通过一系列的单次循环，每次求解前设定不同的设计变量来研究目标函数与设计变量的变化关系。

（2）随机搜索法：进行多次循环，每次循环设计变量随机变化。用户可以指定最大循环次数和期望合理解的数目。本工具主要用来研究整个设计空间，并为以后的优化分析提供合理解。

（3）等步长搜索法：以一个参考设计序列为起点，本工具生成几个设计序列。它按照单一步长在每次计算后将设计变量在变化范围内加以改变。对于目标函数和状态变量的整体变化评估可以用本工具实现。

（4）乘子计算法：是一个统计工具，用来生成由各种设计变量极限值组合的设计序列。这种技术与经验设计的技术相关，后者是用二阶的整体和部分因子分析。主要目标是计算目标函数和状态变量的关系和相互影响。

（5）最优梯度法：对用户指定的参考设计序列，本工具计算目标函数和状态变量对设计变量的梯度。使用本工具可以确定局部的设计敏感性。

6.3.4 收敛准则

在 ANSYS 每次循环结束时都要进行收敛检查，收敛准则与优化方法有关系。

当采用零阶方法时，满足下列条件之一时收敛：

①当前设计与最佳合理设计目标函数值的变化小于允差

$$|OBJ_{当前} - OBJ_{最佳}| < TOLER_{OBJ} \qquad (6.21)$$

②当前设计与前一设计目标函数的差值应小于允差。

$$|OBJ_{当前} - OBJ_{前一}| < TOLER_{OBJ} \qquad (6.22)$$

③对每一个设计变量，当前设计与最佳合理设计的变化小于各自的允差。

$$|DV_{当前} - DV_{最佳}| < TOLER_{DV} \qquad (6.23)$$

④对每一个设计变量，当前设计与前一设计的变化小于各自的允差。

$$|DV_{当前} - DV_{前一}| < TOLER_{DV} \qquad (6.24)$$

当采用一阶方法时，满足零阶方法的收敛条件①或收敛条件③时收敛。

6.3.5 土体附加参数识别步骤

以现场悬臂挡土墙为数值算例，建立挡土墙系统简化动测模型，进行有限元优化设计的参数识别，通常包括以下几个步骤：

1. 生成循环使用的分析文件

该文件必须包括模型整个分析过程，一般有两种方法生成：①用系统编辑器逐行输入；②交互式地生成分析分析，即将 ANSYS 的 LOG 文件作为基础建立分析文件。本文采用方法①生成分析文件，主要是由于该方法可以省去删除多余命令的麻烦，编写过程简洁，避免了不必要的语句，提高循环效率。ANSYS 优化设计的分析文件主要包括以下内容：

（1）确定单元类型、材料类型和实参数

挡土墙采用 SOLID45 单元模拟，单元长度 0.5m，假定为线弹性本构模型，参数取值同 6.1.2；附加质量采用 MASS21 单元模拟，按式（4.5）～式（4.7）计算每个单元的实参数大小；土体附加刚度和附加阻尼采用 COMBIN14 单元模拟，按式（4.3）、式（4.4）、式（4.7）、式（4.8）计算每个单元实参数大小。其中土体附加参数的初始值分别取：$K_{s0}=1\times10^7$、$t=1$、$M_{s0}=50$、$s=1$、$\alpha_s=5$、$\beta_s=1\times10^{-4}$。挡土墙系统简化动测模型的有限元网格划分见图 6.12。

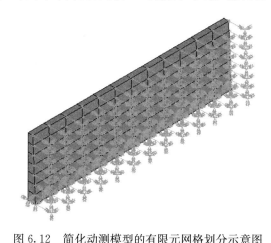

图 6.12　简化动测模型的有限元网格划分示意图

Fig 6.12　Finite element mesh of simplified dynamic－detection model

①施加荷载

当采用式（6.20）作为目标函数时，脉冲荷载激励的位置和大小同 6.1.2，保证系统的输入条件是相同的，采用其他 3 个目标函数时不需要这一步。

②确定分析类型和求解方法

当采用式（6.17）～ 式（6.19）作为目标函数时，分析类型选择模态分析，求解方法选择阻尼法；当采用式（6.20）作为目标函数时，分析类型选择瞬态响应分析，求解方法选择完全法。

③提取结果

必须使用参数化提取结果，并将结果赋值给相应参数，这些参数一般作为后续优化模块的状态变量和目标函数。当采用式（6.17）～式（6.19）作为目标函数时，按图 3.28 测点布置图提取每个测点的前 4 阶模态振型和前 4 阶模态频率；当采用式（6.20）作为目标函数时，分别提取测点 3、25、35、41 的加速度时程响应值。

2. 在 ANSYS 数据库里建立与分析文件中变量相对应的参数

3. 进入 ANSYS 优化模块，指定分析文件

4. 声明优化变量

针对本章的土体附加参数识别问题，设计变量为：K_{s0}、t、M_{s0}、s、α_s、β_s 六个参数，根据 ANSYS 不断试算和经验取值范围，每个变量的取值范围取为 $5\times10^6 \leqslant K_{s0} \leqslant 100\times10^6$、$5\times10^{-6} \leqslant t$，$s \leqslant 5$ 和 $M_{s0} \leqslant 500$、$\alpha_s \leqslant 20$、$\beta_s \leqslant 1\times 10^{-3}$；选取第 1 阶自振频率（$\omega_1$）作为状态变量，取值范围取为 $\omega_1 \leqslant 35$；目标函数分别采用式(6.17)～式(6.20)，主要是为了比较各个目标函数的优化结果，选择出最优结果。

5. 选择优化工具或优化方法

根据各优化工具和优化方法的特点，分别采用 3 种组合方法进行优化：随机搜索＋零阶法、随机搜索＋一阶法、零阶法＋一阶法。

6. 指定优化循环控制方式

7. 进行优化分析

8. 查看设计序列结果和后处理

在 ANSYS 优化设计过程中，必须指定一个目标函数，这里分别采用式(6.17)～式(6.20) 作为目标函数，各目标函数均需要测试值作为已知条件，采用三维整体有限元模型的分析结果作为测试值代入目标函数中，土体附加参数识别流程图见图 6.13，挡土墙系统参数识别的等效分析模型见图 6.14。

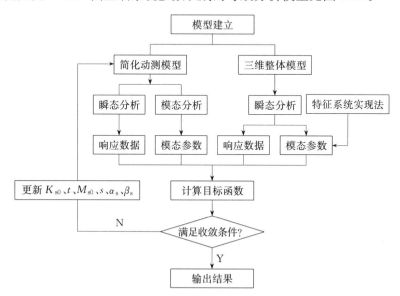

图 6.13 土体附加参数识别流程图

Fig 6.13 The flow diagram of added parameter identification for soil

151

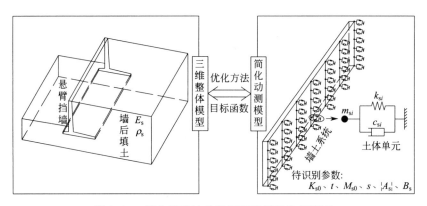

图 6.14 挡土墙系统参数识别的等效分析模型

Fig 6.14 The equivalent analysis model of parameter identification on the retaining wall system

6.4 土体附加参数识别结果分析

6.4.1 结果对比分析

根据前文分析，按参数识别基本步骤建立挡土墙系统简化动测模型和有限元优化设计文件，得到不同组合优化设计方法识别的土体附加参数结果分别见表 6.2～表 6.5。

基于频率的附加参数识别结果　　　　　　　　　　表 6.2

Identification results of added parameter based on frequency　　Table 6.2

参数　　方法	随机搜索＋零阶法	随机搜索＋一阶法	零阶法＋一阶法
$K_{s0}(\times 10^7)$	2.156	2.211	2.172
t	1.483	1.501	1.904
M_{s0}	55.808	59.320	52.487
s	0.574	0.577	0.736
α_s	5.020	14.701	13.119
$\beta_s(\times 10^{-4})$	3.994	1.025	3.806
目标函数值	3.596×10^{-7}	6.923×10^{-6}	1.202×10^{-9}

基于振型的附加参数识别结果　　　　　　　　　　表 6.3

Identification results of added parameter based on frequency and mode shape　　Table 6.3

参数　　方法	随机搜索＋零阶法	随机搜索＋一阶法	零阶法＋一阶法
$K_{s0}(\times 10^7)$	2.338	2.338	2.196
t	1.752	1.752	1.854

参数 ＼ 方法	随机搜索＋零阶法	随机搜索＋一阶法	零阶法＋一阶法
M_{s0}	57.688	57.688	50.478
s	0.629	0.629	0.704
α_s	14.586	14.586	5.020
$\beta_s(\times10^{-4})$	1.445	1.445	1.006
目标函数值	5.516×10^{-6}	5.516×10^{-6}	1.715×10^{-7}

基于频率和振型的附加参数识别结果　　　　　　　　　表 6.4

Identification results of added parameter based on mode shape　　Table 6.4

参数 ＼ 方法	随机搜索＋零阶法	随机搜索＋一阶法	零阶法＋一阶法
$K_{s0}(\times10^7)$	2.126	2.391	2.177
t	1.909	1.729	1.868
M_{s0}	51.526	58.101	56.918
s	0.701	0.742	0.654
α_s	5.001	5.451	14.979
$\beta_s(\times10^{-4})$	1.002	1.840	3.370
目标函数值	4.451×10^{-7}	2.748×10^{-5}	1.077×10^{-7}

基于加速度时程响应的附加参数识别结果　　　　　　表 6.5

Identification results of added parameter based on acceleration time history response　Table 6.5

参数 ＼ 方法	随机搜索＋零阶法	随机搜索＋一阶法	零阶法＋一阶法
$K_{s0}(\times10^7)$	2.246	2.185	2.172
t	1.782	1.831	1.875
M_{s0}	57.531	58.128	58.623
s	0.598	0.607	0.625
α_s	12.365	11.472	11.284
$\beta_s(\times10^{-4})$	4.136	3.578	3.256
目标函数值	6.623×10^{-2}	1.691×10^{-2}	8.587×10^{-3}

　　由表 6.2～表 6.5 可知，基于模态参数识别的阻尼系数结果较发散，而基于加速度时程响应识别的阻尼结果较稳定，主要原因可能是阻尼对挡土墙系统模态参数的影响较小，而对系统的加速度时程响应影响较大产生的；各组合方法对附加刚度和附加质量的识别结果较稳定。

　　为了选择出最优的参数识别结果，首先，基于目标函数最小原则，分别选取每个目标函数对应的最优方案，分别记为方案 1、方案 2、方案 3 和方案 4；其次，分别计算各方案对应的 4 个目标函数值；最后，通过比较各方案的目标函数值选择出最优方案对应的土体附加参数作为最终结果，对比分析见表 6.6。

<table>
<tr><td colspan="5" align="center">优化方案比选</td><td>表 6.6</td></tr>
</table>

方案 目标函数	方案 1	方案 2	方案 3	方案 4
Fit$_1$	1.202×10^{-9}	1.108×10^{-4}	3.035×10^{-8}	6.312×10^{-10}
Fit$_2$	5.852×10^{-5}	1.715×10^{-7}	7.435×10^{-8}	1.147×10^{-8}
Fit$_3$	5.852×10^{-5}	1.110×10^{-4}	1.077×10^{-7}	1.210×10^{-8}
Fit$_4$	2.705×10^{-2}	0.186	1.581×10^{-2}	8.587×10^{-3}

以上方案比选的表头英文为：Comparison optimization scheme　Table 6.6

由表 6.6 可知，基于加速度时程响应的参数识别结果最好，因此将其作为后文分析的基本参数；基于振型和频率的参数识别结果次之，仅基于振型的参数识别结果最差。

6.4.2　阻尼影响分析

为了研究阻尼对挡土墙系统的动力特性和模态特性的影响，本小节采用 6.5.1 节基于加速度时程响应识别出的土体附加参数作为基本参数，并对三维整体有限元模型、简化动测模型和忽略阻尼的简化动测模型的分析结果进行对比，结果分别见图 6.15～图 6.18 和表 6.7。

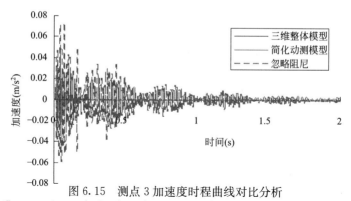

图 6.15　测点 3 加速度时程曲线对比分析

Fig 6.15　Comparative analysis of acceleration time history curve on the measuring point 3

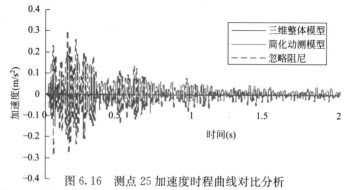

图 6.16　测点 25 加速度时程曲线对比分析

Fig 6.16　Comparative analysis of acceleration time history curve on the measuring point 25

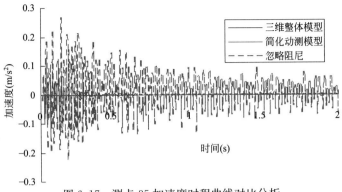

图 6.17　测点 35 加速度时程曲线对比分析

Fig 6.17　Comparative analysis of acceleration time history curve on the measuring point 35

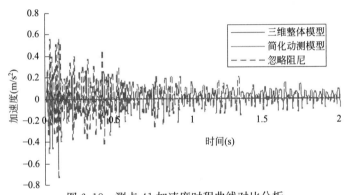

图 6.18　测点 41 加速度时程曲线对比分析

Fig 6.18　Comparative analysis of acceleration time history curve on the measuring point 41

频率对比分析　　　　　　　　　　　　　表 6.7

Comparative analysis of frequency　　　　　　　Table 6.7

频率阶次 工况	三维整体模型	简化动测模型	忽略阻尼
1	28.204	28.195	28.317
2	30.503	30.498	30.611
3	37.328	37.324	37.422
4	48.558	48.551	48.639

由图 6.15～图 6.18 和表 6.7 可知，阻尼对挡土墙系统加速度时程响应影响较大，三维整体模型和简化动测模型的加速度时程响应较为吻合，表明 6.4.1 节识别的土体附加参数是准确的和可行的；阻尼对模态参数影响较小。因此，第 5章、第 6 章主要是基于模态参数的基础进行挡土墙系统损伤识别，可以忽略阻尼的影响。同时也解释了 6.5.1 节参数识别结果所产生的误差原因所在。

7 基于模态参数的支挡结构损伤识别

结构系统损伤表现为结构动态特性的变化，将导致结构产生不同程度的安全隐患。支挡结构在土木工程基础设施中具有非常重要的地位，及时对支挡结构进行损伤检测可以减少很多安全事故的发生。因此，准确识别支挡结构的损伤位置和损伤程度是尤为重要的。

近几十年以来，伴随传感器技术、信号分析处理技术、计算机技术、模态测试技术和最优化求解技术等的迅速发展，损伤识别技术在土木工程中不断完善成熟和得到广泛应用。目前，损伤识别方法主要包括：动力指纹法、模型修正法、灵敏度分析法、反分析法和人工智能法等。其中基于模态参数的损伤指标法引起学者们的青睐，在结构识别中应用广泛，其主要思想是通过模态试验测试结构系统的动力响应（加速度、速度和位移）信号，再利用模态参数识别技术得到结构系统的模态参数，最后结合有限元数值模拟分析结果，利用结构损伤前、后模态参数的变化构造合理的损伤识别指标，进而判定结构是否存在损伤、损伤位置和评估结构损伤程度。本章在已有的研究基础上，以悬臂支挡结构结构系统作为研究对象，详细介绍基于模态参数的损伤识别方法，构造了模态平均曲率差和柔度差平均曲率的损伤识别指标，提出了改进多种群遗传算法的支挡结构系统的整体损伤识别方法和分区损伤识别方法，首先利用模态参数和物理参数关系，通过系统的特征方程建立目标函数，再利用改进多种群遗传算法搜索得到支挡结构系统的损伤位置和损伤程度。最后，通过某悬臂支挡结构数值算例，最后通过某悬臂支挡结构算例，对各损伤指标进行对比分析，验证所构造的损伤指标的有效性，比较分析两种识别方法的适用性和优越性。

7.1 支挡结构损伤识别指标

损伤识别指标的构造和选择是结构损伤识别的首要问题。一般用于损伤位置和损伤程度的判定最好采用局域量，且需满足以下 4 个基本条件：①对结构局部损伤比较敏感；②是位置坐标的函数，且与损伤程度成单调性；③在损伤位置处，损伤指标具有明显的突变；④在非损伤位置处，损伤指标的变化幅度小于预先设定的阀值 ε。目前常用的损伤识别指标有如下几个：

（1）利用频率变化率 RF 作为损伤识别指标，可以定义为[6,7]：

$$RF_i = \frac{\omega_i^{u} - \omega_i^{d}}{\omega_i^{u}} \times 100\% \qquad (7.1)$$

式中：RF_i 为系统损伤前后的第 i 阶圆频率变化率，$RF_i = 0$ 表示无损伤，$RF_i > 0$ 表示有损伤；

ω_i^{u}、ω_i^{d} 分别为系统损伤前、后的第 i 阶圆频率。

但是固有频率属于全局量，只能判定支挡结构系统是否存在损伤，对系统的损伤位置和损伤程度识别较为困难。

（2）将损伤前、后的振型变化率 RD 定义为损伤识别指标[19]：

$$RD_{i,j,k} = \left| \frac{\varphi_{i,j,k}^{u} - \varphi_{i,j,k}^{d}}{\varphi_{i,j,k}^{u}} \right| \times 100\% \qquad (7.2)$$

式中：$RD_{i,j,k}$ 为第 i 阶模态在 (j,k) 位置处的振型变化率；

$\varphi_{i,j,k}^{u}$、$\varphi_{i,j,k}^{d}$ 分别为系统损伤前、后第 i 阶振型在 (j,k) 位置处的振型值。

由式(7.2)可知，振型相对变化率 RD 和位置一一对应，因此利用 RD 图形可以识别损伤位置。

（3）将高斯曲率模态差 $MGCD$ 作为损伤识别指标，表示为[31-33]：

$$MGCD = |MGC^{u} - MGC^{d}| \qquad (7.3)$$

式中：MGC^{u}、MGC^{d} 分别为系统的损伤前、后模态高斯曲率。

其中：模态高斯曲率 MGC 按式(7.4)计算：

$$MGC = \frac{\varphi_{xx}\varphi_{zz} - \varphi_{xz}^2}{(1 + \varphi_x^2 + \varphi_z^2)^2} \qquad (7.4)$$

式中：φ_x、φ_z 和 φ_{xx}、φ_{xz}、φ_{zz} 分别为振型曲面 $\varphi(x,z)$ 的一阶和二阶偏导。

文献[31-33]表明：当结构发生损伤时，表现为结构的刚度矩阵下降，将导致损伤处的 MGCD 指标值突变，而无损伤处 MGCD 指标值无明显的变化，且 MGCD 指标值是位置坐标的函数，随着损伤程度的增加损伤处的 MGCD 指标值也逐渐增加，因此，可以根据 MGCD 指标值判定结构的损伤位置和损伤程度。然而，这些常用的损伤识别指标主要是针对一维的杆系结构或简单的板结构进行损伤识别，对于复杂的支挡结构系统目前没有相关的研究文献。

目前，基于模态曲率的损伤识别方法在梁结构、桁架结构中应用较多[20~28]，在支挡结构（板结构）中应用很少。当支挡结构系统发生损伤时，即刚度下降将导致支挡结构截面曲率发生变化，因此，通过比较支挡结构系统损伤前后的模态曲率变化可以识别出系统的损伤位置。假设无损状态下系统的模态振型是精确已知的，测得在役支挡结构上相应的模态振型后，可以计算出损伤前后的模态曲率，从而确定系统是否发生损伤及其损伤位置。

对于一维梁结构，模态曲率振型利用中心差分法比较容易获得，可以表示为[20]：

$$\varphi''_{i,j} = \frac{\varphi_{i,j-1} - 2\varphi_{i,j} + \varphi_{i,j+1}}{\Delta^2} \tag{7.5}$$

式中：$\varphi''_{i,j}$ 为结构的第 i 阶振型在第 j 位置上的曲率模态；$\varphi_{i,j}$ 为第 i 阶振型在第 j 位置上的振型值；Δ 为相邻节点之间的距离。

对于二维曲面，存在主曲率、高斯曲率和平均曲率等概念，因此，这里引入微分几何中的平均曲率知识，分别推导了模态平均曲率差和柔度差平均曲率的损伤识别指标，下面详细阐述这两种指标。

7.1.1 模态平均曲率差 MMCD

由微分几何知识，设支挡结构系统的某阶模态振型曲面 $\varphi_i = \varphi_i(x,z)$ 上任一点的两个主曲率为 k_1、k_2。则它们的平均值 $(k_1 + k_2)/2$ 称为振型曲面在该点的模态平均曲率，以 MMC 表示。即：

$$MMC = \frac{k_1 + k_2}{2} = \frac{EN - 2FM + GL}{2(EG - F^2)} \tag{7.6}$$

其中，E、F、G、L、M、N 分别表示为：

$$\left. \begin{array}{l} E = 1 + \varphi_x^2、F = \varphi_x \varphi_z、G = 1 + \varphi_z^2 \\[2mm] L = \frac{\varphi_{xx}}{\sqrt{1 + \varphi_x^2 + \varphi_z^2}}、M = \frac{\varphi_{xz}}{\sqrt{1 + \varphi_x^2 + \varphi_z^2}}、N = \frac{\varphi_{zz}}{\sqrt{1 + \varphi_x^2 + \varphi_z^2}} \end{array} \right\} \tag{7.7}$$

式中：φ_x、φ_z 和 φ_{xx}、φ_{xz}、φ_{zz} 分别为振型曲面 $\varphi(x,z)$ 的一阶和二阶偏导。

将式(7.7)代入式(7.6)，得到模态平均曲率为：

$$MMC = \frac{(1 + \varphi_x^2)\varphi_{zz} - 2\varphi_x \varphi_z \varphi_{xz} + (1 + \varphi_z^2)\varphi_{xx}}{2(1 + \varphi_x^2 + \varphi_z^2)^{3/2}} \tag{7.8}$$

式中：φ_x、φ_z 和 φ_{xx}、φ_{xz}、φ_{zz} 分别为振型曲面 $\varphi(x,z)$ 的一阶和二阶偏导。

利用中心差分法，可以很容易得到振型曲面 $\varphi(x,z)$ 的各阶导数，表示如下：

$$\left.\begin{aligned}
(\varphi_x)_{j,k} &= \frac{\varphi_{j,k+1} - \varphi_{j,k-1}}{2\Delta x} \\[1mm]
(\varphi_z)_{j,k} &= \frac{\varphi_{j+1,k} - \varphi_{j-1,k}}{2\Delta z} \\[1mm]
(\varphi_{xz})_{j,k} &= \frac{\varphi_{j+1,k+1} - \varphi_{j+1,k-1} + \varphi_{j-1,k-1} - \varphi_{j-1,k+1}}{4\Delta x \Delta z} \\[1mm]
(\varphi_{xx})_{j,k} &= \frac{\varphi_{j,k+1} - 2\varphi_{j,k} + \varphi_{j,k-1}}{\Delta x^2} \\[1mm]
(\varphi_{zz})_{j,k} &= \frac{\varphi_{j+1,k} - 2\varphi_{j,k} + \varphi_{j-1,k}}{\Delta z^2}
\end{aligned}\right\} \tag{7.9}$$

式中：Δx、Δz 分别为 x、z 方向的单元长度。

分别计算支挡结构系统的损伤前、后的模态平均曲率 MMC^u、MMC^d，再求其差值的绝对值作为模态平均曲率差 $MMCD$，可以表示为：

$$MMCD = |MMC^u - MMC^d| \tag{7.10}$$

当 $MMCD(j,k) > \varepsilon$ 时，说明支挡结构系统在位置 (j,k) 处存在损伤；当 $MMCD(j,k) < \varepsilon$ 时，说明支挡结构系统在位置 (j,k) 处无损伤，其中 ε 为预先设定的阀值。$MMCD$ 指标值只能直接识别出系统的损伤位置，不能直接确定系统的损伤程度，因此需要建立 $MMCD$ 指标值和损伤程度的关系，通过拟合曲线或者最优化求解方法，确定损伤位置处的损伤程度。

7.1.2 柔度差平均曲率 FDMC

目前，柔度矩阵在简单的梁结构、桁架结构等工程中的损伤识别应用广泛。Raghavendrachar 和 Aktan[34]、Pandey 和 Biswas[35] 均证明了模态柔度比固有频率和模态振型对损伤更加敏感。将一维结构的柔度矩阵扩展到二维平面结构，构造了柔度差平均曲率 FDMC。

由 Pandey 和 Biswas[35] 提出，将模态振型经过正交归一化处理以后，根据系统的模态参数（频率、振型），可以得到支挡结构系统的柔度矩阵 F 的表达式：

$$\boldsymbol{F} = \boldsymbol{\Phi}\boldsymbol{\Omega}^{-1}\boldsymbol{\Phi}^{\mathrm{T}} = \sum_i^m \frac{1}{\omega_i^2}\boldsymbol{\varphi}_i\boldsymbol{\varphi}_i^{\mathrm{T}} \tag{7.11}$$

式中：m 为提取的振型阶数；$\boldsymbol{\Phi} = [\boldsymbol{\varphi}_1, \boldsymbol{\varphi}_2, \cdots, \boldsymbol{\varphi}_m]$ 为振型矩阵；$\boldsymbol{\varphi}_i$ 为正交归一化后的第 i 阶振型；$\boldsymbol{\Omega} = \mathrm{diag}(\omega_i^2)$ 为由固有频率平方组成的对角矩阵；ω_i 为第 i 阶固有频率。可以通过较少的模态参数得到结构的模态柔度矩阵。

将支挡结构系统的表面划分成 $(a-1) \times (b-1)$ 个单元，支挡结构系统的第 i 阶振型 $\boldsymbol{\varphi}_i$ 可以表示为：

$$\boldsymbol{\varphi}_i = \begin{bmatrix} \varphi_{i,1,1} & \cdots & \varphi_{i,1,k} & \cdots & \varphi_{i,1,b} \\ \vdots & \vdots & \vdots & \vdots & \vdots \\ \varphi_{i,j,1} & \cdots & \varphi_{i,j,k} & \cdots & \varphi_{i,j,b} \\ \vdots & \vdots & \vdots & \vdots & \vdots \\ \varphi_{i,a,1} & \cdots & \varphi_{i,a,k} & \cdots & \varphi_{i,a,b} \end{bmatrix} \qquad (7.12)$$

式中：$\varphi_{i,j,k}$ 为节点位置 (j,k) 处的第 i 阶振型值。

为了方便计算柔度矩阵，对 φ_i 按下式重新编排：

$$\begin{aligned} \boldsymbol{\varphi}_i' &= \{\varphi_{i,1,1} \quad \cdots \quad \varphi_{i,1,b} \quad \cdots \quad \varphi_{i,a,1} \quad \cdots \quad \varphi_{i,a,b}\}^{\mathrm{T}} \\ &= \{\varphi_{i,1}' \quad \cdots \quad \varphi_{i,b}' \quad \cdots \quad \varphi_{i,(a-1) \times b+1}' \quad \cdots \quad \varphi_{i,a \times b}'\}_{nn \times 1}^{\mathrm{T}} \end{aligned} \qquad (7.13)$$

式中：$nn = a \times b$。

由式(7.13) 代入式(7.11)，可得到柔度矩阵 $\boldsymbol{F}$ 为：

$$\boldsymbol{F} = \begin{bmatrix} \sum\limits_{i=1}^{m} \dfrac{\varphi_{i,1}' \varphi_{i,1}'}{\omega_i^2} & \sum\limits_{i=1}^{m} \dfrac{\varphi_{i,1}' \varphi_{i,2}'}{\omega_i^2} & \cdots & \sum\limits_{i=1}^{m} \dfrac{\varphi_{i,1}' \varphi_{i,nn}'}{\omega_i^2} \\ \sum\limits_{i=1}^{m} \dfrac{\varphi_{i,2}' \varphi_{i,1}'}{\omega_i^2} & \sum\limits_{i=1}^{m} \dfrac{\varphi_{i,2}' \varphi_{i,2}'}{\omega_i^2} & \cdots & \sum\limits_{i=1}^{m} \dfrac{\varphi_{i,2}' \varphi_{i,nn}'}{\omega_i^2} \\ \vdots & \vdots & \vdots & \vdots \\ \sum\limits_{i=1}^{m} \dfrac{\varphi_{i,nn}' \varphi_{i,1}'}{\omega_i^2} & \sum\limits_{i=1}^{m} \dfrac{\varphi_{i,nn}' \varphi_{i,2}'}{\omega_i^2} & \cdots & \sum\limits_{i=1}^{m} \dfrac{\varphi_{i,nn}' \varphi_{i,nn}'}{\omega_i^2} \end{bmatrix} \qquad (7.14)$$

假定支挡结构系统损伤前、后的柔度矩阵分别为 $\boldsymbol{F}_{\mathrm{u}}$ 和 $\boldsymbol{F}_{\mathrm{d}}$，柔度差矩阵 $\Delta\boldsymbol{F}$ 为：

$$\Delta\boldsymbol{F} = \boldsymbol{F}_{\mathrm{u}} - \boldsymbol{F}_{\mathrm{d}} \qquad (7.15)$$

柔度矩阵差 $\Delta\boldsymbol{F}$ 每一列对应一个节点，故可以采用列元素平均值作为识别节点损伤的参数 $\delta\boldsymbol{F}$，则第 r 列平均值可以表示为：

$$\delta F_r = \frac{1}{nn} \sum_{q=1}^{nn} \Delta F_{qr} \qquad (r = 1, 2, \cdots, nn) \qquad (7.16)$$

将向量 $\delta\boldsymbol{F}$ 重新编排成 $a \times b$ 阶矩阵 $\boldsymbol{\delta}$：

$$\boldsymbol{\delta} = \begin{bmatrix} \delta_{1,1} & \cdots & \delta_{1,k} & \cdots & \delta_{1,b} \\ \vdots & \vdots & \vdots & \vdots & \vdots \\ \delta_{j,1} & \cdots & \delta_{j,k} & \cdots & \delta_{j,b} \\ \vdots & \vdots & \vdots & \vdots & \vdots \\ \delta_{a,1} & \cdots & \delta_{a,k} & \cdots & \delta_{a,b} \end{bmatrix} \qquad (7.17)$$

式中：$\delta_{j,k}=\delta F_{(j-1)\times b+k}$。

由支挡结构系统的柔度差曲面 δ，可以得到柔度差平均曲率 $FDMC$ 为：

$$FDMC=\frac{k_1+k_2}{2}=\frac{EN-2FM+GL}{2(EG-F^2)} \tag{7.18}$$

其中，E、F、G、L、M、N 分别表示为：

$$\left. \begin{array}{l} E=1+\delta_x^2,F=\delta_x\delta_z,G=1+\delta_z^2 \\ L=\dfrac{\delta_{xx}}{\sqrt{1+\delta_x^2+\delta_z^2}},M=\dfrac{\delta_{xz}}{\sqrt{1+\delta_x^2+\delta_z^2}},N=\dfrac{\delta_{zz}}{\sqrt{1+\delta_x^2+\delta_z^2}} \end{array} \right\} \tag{7.19}$$

将式(7.19) 代入式(7.18)，得到柔度差平均曲率为：

$$FDMC=\frac{(1+\delta_x^2)\delta_{zz}-2\delta_x\delta_z\delta_{xz}+(1+\delta_z^2)\delta_{xx}}{2(1+\delta_x^2+\delta_z^2)^{3/2}} \tag{7.20}$$

式中：δ_x、δ_z 和 δ_{xx}、δ_{xz}、δ_{zz} 分别为柔度差曲面 $\delta(x,z)$ 的一阶和二阶偏导。

采用中心差分法，可以得到柔度差曲面 $\delta(x,z)$ 的各阶偏导：

$$\left. \begin{array}{l} (\delta_x)_{j,k}=\dfrac{\delta_{j,k+1}-\delta_{j,k-1}}{2\Delta x} \\ (\delta_z)_{j,k}=\dfrac{\delta_{j+1,k}-\delta_{j-1,k}}{2\Delta z} \\ (\delta_{xz})_{j,k}=\dfrac{\delta_{j+1,k+1}-\delta_{j+1,k-1}+\delta_{j-1,k-1}-\delta_{j-1,k+1}}{4\Delta x\Delta z} \\ (\delta_{xx})_{j,k}=\dfrac{\delta_{j,k+1}-2\delta_{j,k}+\delta_{j,k-1}}{\Delta x^2} \\ (\delta_{zz})_{j,k}=\dfrac{\delta_{j+1,k}-2\delta_{j,k}+\delta_{j-1,k}}{\Delta z^2} \end{array} \right\} \tag{7.21}$$

式中：Δx，Δz 为单元长度。

将式(7.21) 代入式(7.20)，即可得到柔度差平均曲率 $FDMC$。在损伤位置处 $FDMC$ 指标值会产生突变，且随着损伤程度增加而增加；在无损伤位置处 $FDMC$ 指标值变化很小。因此，$FDMC$ 指标符合损伤指标的 4 个基本条件。

7.1.3 损伤程度识别

根据损伤指标识别出支挡结构的损伤位置后，继而进一步确定损伤单元的损伤程度。对于支挡结构仅存在单处损伤时，可以直接根据损伤程度 DE 与损伤指标值 DI 之间的关系确定损伤位置处的损伤程度；对于多处损伤情况，本章所提出的新损伤指标（$MMCD$、$FDMC$）基本不受其他单元损伤的影响，可以转化成多次单处损伤程度识别，因此，这里挡墙损伤程度的识别均采用新损伤指标，主要步骤如下：

（1）利用模态试验获得支挡结构的模态参数（频率、振型），计算支挡结构的各个测试位置处的损伤指标值 DI，然后根据上面所介绍的方法，识别出支挡结构系统的损伤位置；

（2）通过 ANSYS 建立支挡结构系统简化动测模型，进行模态分析获取挡墙损伤位置处损伤程度 DE 与损伤指标值 DI 之间的对应关系；

（3）把实测分析得到的损伤位置处的损伤指标值 DI 代入上述关系中，得到挡墙损伤位置处的损伤程度 DE。

基于模态测试的支挡结构系统损伤识别原理如图 7.1 所示。损伤指标法识别支挡结构的损伤程度是一种间接方法，损伤指标法的精度取决于实测支挡结构的模态参数以及其损伤位置处损伤程度 DE 与损伤指标值 DI 之间的对应关系。

采用 $MMCD$ 或 $FDMC$ 指标时，损伤指标值 DI 为单元各节点的损伤指标值（$MMCD$、$FDMC$）的平均值。

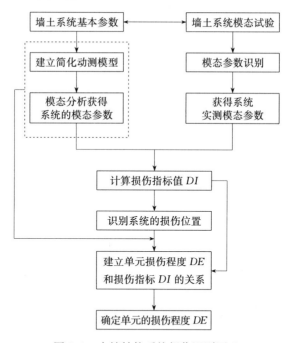

图 7.1　支挡结构系统损伤识别原理

Fig 7.1　Damage identification principle of retaining wall system

7.1.4　算例分析

为了考察本章所构造的损伤识别新指标对结构损伤的敏感性和优越性，本节采用数值试验方法，在通用有限元软件 ANSYS 平台上，对不同损伤状况的悬臂支挡结构系统进行模态分析，获得系统的模态参数，以模拟实测的模态参数，计算各损伤指标值的变化情况。

以第 5 章的悬臂支挡结构为数值算例，其中土体的附加参数采用最优方案的识别结果，同时由于阻尼对支挡结构系统模态参数影响很小，忽略阻尼的影响。即土体附加参数分别取：$K_{s0}=2.172\times10^7$、$t=1.875$、$M_{s0}=58.623$、$s=0.625$。将悬臂支挡结构划分成 7×12 个单元，应用 ANSYS 软件分析悬臂挡墙损伤前、后的模态特性，将其作为实测模态参数计算各损伤指标值。悬臂挡墙有限元网格划分见图 7.2，其中阴影部分为预先设置的损伤单元号及位置。

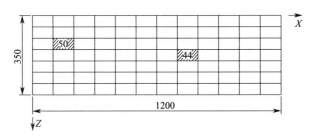

图 7.2 支挡结构有限元网格（cm）

Fig 7.2 Finite element mesh of retaining wall（cm）

文中挡墙结构的损伤程度 DE 采用弹性模量的降低来模拟，为了研究不同损伤情况下各损伤指标的有效性，文中主要模拟的工况见表 7.1。

损伤工况表　　　　　　　　　　　　　　　　　　　表 7.1

Damage case　　　　　　　　　　　　　　　　　　Table 7.1

工况	损伤单元	损伤程度(%)
1	44	10
2	44	20
3	44、50	10、10
4	44、50	10、20
5	44、50	20、20

1. 已有损伤识别指标结果分析

（1）频率变化率 RF

各工况下支挡结构系统的固有频率见表 7.2，各工况计算得到的 RF 指标值见表 7.3。

各工况固有频率 表7.2

阶次	工况	无损	工况1	工况2	工况3	工况4	工况5
第1阶		28.317	28.305	28.292	28.299	28.293	28.280
第2阶		30.611	30.602	30.593	30.593	30.583	30.574
第3阶		37.422	37.408	37.392	37.389	37.369	37.354

由表7.2和表7.3可知，各阶频率在损伤前、后变化很小，RF 指标的最大值约为 0.2%，由于现场测试存在测试误差。因此，仅根据频率变化 RF 指标，无法判断出支挡结构的损伤位置和损伤程度。

各工况 RF 指标值 表7.3

The RF value of different cases Table 7.3

阶次	工况	工况1	工况2	工况3	工况4	工况5
第1阶		0.042	0.088	0.063	0.087	0.132
第2阶		0.028	0.058	0.058	0.090	0.120
第3阶		0.039	0.080	0.088	0.141	0.181

（2）振型变化率 RD

各工况第1阶振型变化率 RD 见图7.3。由图7.3可知，各工况第1阶振型变化率在每个节点位置处均发生变化，并无规律可循，且在损伤位置处也没有产生突变，其他几阶振型变化率的规律也基本相同。因此，仅根据振型变化率 RD 无法判定支挡结构的损伤位置和损伤程度。

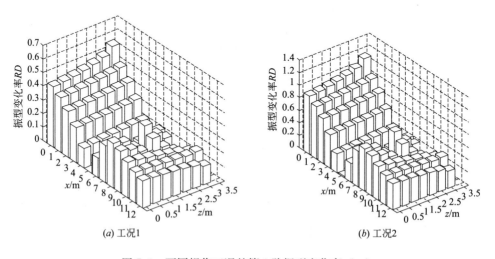

(a) 工况1　　　　　　　　　　　(b) 工况2

图7.3　不同损伤工况的第1阶振型变化率（一）

Fig 7.3　The first order modal shape rate of different cases（1）

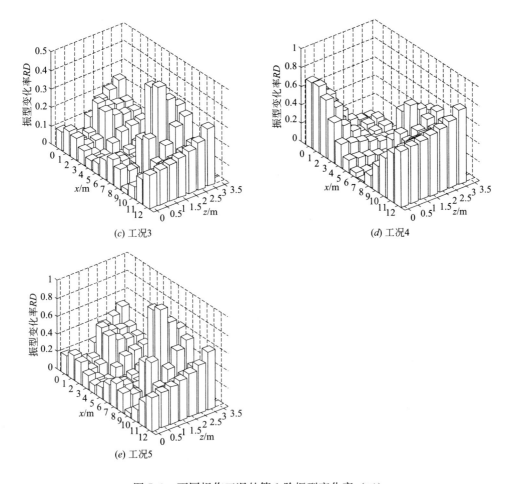

图 7.3　不同损伤工况的第 1 阶振型变化率（二）

Fig 7.3　The first order modal shape rate of different cases（2）

（3）高斯曲率模态差 MGCD

图 7.4 是挡墙系统不同损伤工况的高斯曲率模态差的变化情况。与振型变化率 RD 相比较，MGCD 指标受损伤影响更大，在损伤位置处均产生突变。由图 7.4 可以得到：

①在悬臂支挡结构的损伤位置处，虽然 MGCD 指标均发生明显的突变，但是在损伤位置附近的节点位置处也存在突变现象。因此，根据 MGCD 指标可以大致判定出悬臂支挡结构的损伤位置，也可能存在误判现象；

②无论对于支挡结构的单处损伤、多处损伤、同一损伤程度还是不同损伤程度均能大致识别出损伤位置，且 MGCD 指标随着损伤程度增加而增加。因此，可以根据单元损伤程度和 MGCD 指标值的相互关系确定损伤单元的损伤程度。

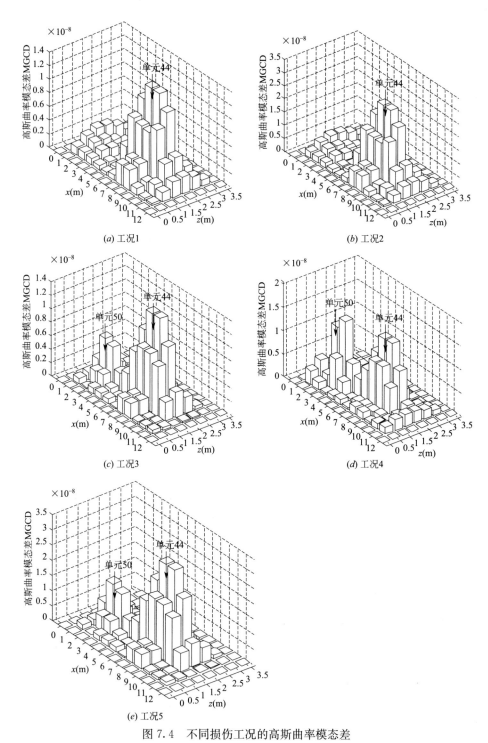

图 7.4 不同损伤工况的高斯曲率模态差

Fig 7.4 The gaussian curvature male difference of different cases

2. 损伤识别新指标结果分析

（1）模态平均曲率差 MMCD

利用悬臂挡墙损伤前、后模态平均曲率构建了模态平均曲率差的挡墙损伤识别新指标，各工况的模态平均曲率差见图 7.5。由图 7.5 和图 7.4 比较分析可知：

①对模态平均曲率差和高斯曲率模态差的损伤指标进行对比分析，可以清楚表明 MMCD 指标能更加准确的识别支挡结构的损伤位置。

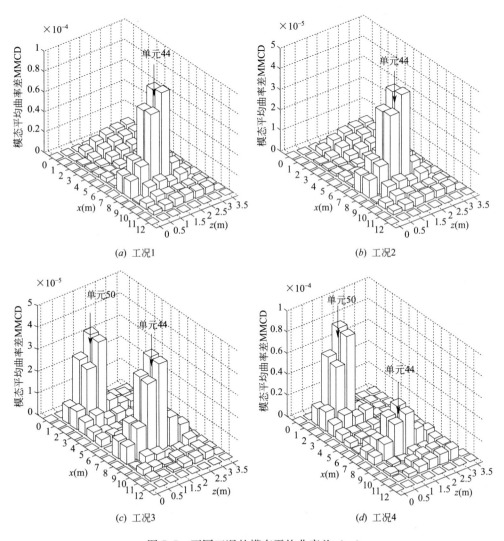

(*a*) 工况1 (*b*) 工况2

(*c*) 工况3 (*d*) 工况4

图 7.5　不同工况的模态平均曲率差（一）

Fig 7.5　The modal mean curvature difference of different cases（1）

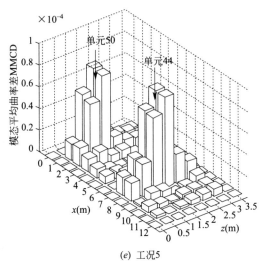

(e) 工况5

图 7.5　不同工况的模态平均曲率差（二）

Fig 7.5　The modal mean curvature difference of different cases（2）

②无论对于支挡结构单处损伤、多处损伤、同一损伤程度还是不同损伤程度，在支挡结构的损伤位置处，本章所提出的 MMCD 指标均发生明显的突变，且损伤位置附近的 MMCD 指标值较小。因此，根据 MMCD 指标可以清楚的确定悬臂支挡结构的损伤位置；

③MMCD 指标随着损伤程度增加而增加，且每个损伤单元的 MMCD 受其他损伤单元的影响很小。因此，根据单元损伤程度和 MMCD 指标的相互关系，可以逐步评估每个损伤单元的损伤程度。

（2）柔度差平均曲率 FDMC

利用悬臂挡墙损伤前、后的前 3 阶模态参数，计算柔度差平均曲率 FDMC 的挡墙损伤识别新指标，对比分析图 7.4 和图 7.6 可知：

①悬臂支挡结构发生单处损伤时，FDMC 指标发生明显的突变，可以清楚的识别支挡结构单元 44 发生损伤；FDMC 指标值随着损伤程度增加而增加，因此，可以根据损伤单元的损伤程度和指标 FDMC 相互关系来确定单元损伤程度。

②悬臂支挡结构多处产生损伤时，无论各单元的损伤程度是相同的还是不同的，根据 FDMC 指标的突变位置均可以清楚识别支挡结构单元 44、50 存在损伤。

③对于单处损伤和多处损伤，同一位置产生相同损伤程度时，损伤单元的 FDMC 指标值基本相同，即每个损伤单元的 FDMC 指标值不受其他损伤单元的影响。因此，可以根据单处损伤时单元的损伤程度和 FDMC 指标值的相互关系逐步确定每个损伤单元的损伤程度。

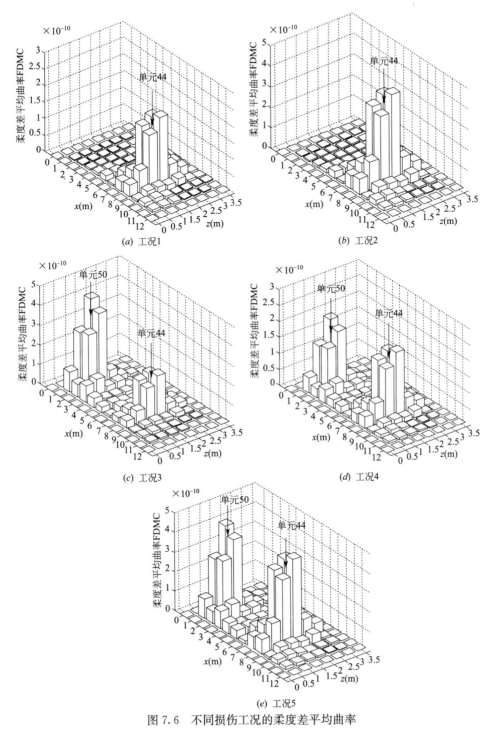

图 7.6 不同损伤工况的柔度差平均曲率

Fig 7.6 The flexibility-difference mean curvature of different cases

④模拟的各种工况下 FDMC 指标值在损伤位置处均产生明显突变，能准确的识别出损伤单元；而 MDGC 指标值虽然在损伤位置处产生突变，但是在损伤位置周边也产生了明显突变，容易存在误判。故本章所提出的新指标 FDMC 能更好的识别出损伤位置。

3. 损伤程度识别

根据前文的分析，应用损伤指标 MMCD 和 FDMC 均能准确的识别出支挡结构的损伤发生在单元 44 和单元 50。损伤位置确定以后，可采用 7.1.3 节方法确定单元损伤程度，即分别求取单元 44、50 损伤时损伤程度 DE 与损伤指标的对应关系。其中，单元损伤程度范围为 [0，60%]，间隔为 5%。单元损伤程度与 MMCD 指标值的关系曲线见图 7.7 和图 7.8，与 FDMC 指标值的关系曲线见图 7.9 和图 7.10。

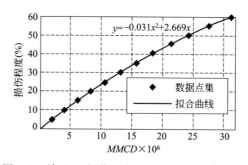

图 7.7 单元 44 损伤程度和指标 MMCD 的关系

Fig 7.7 The relationship between damage extent of element 44 and Index MMCD

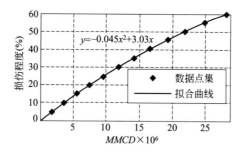

图 7.8 单元 50 损伤程度和指标 MMCD 的关系

Fig 7.8 The relationship between damage extent of element 50 and Index MMCD

根据图 7.7～图 7.10 的拟合曲线，将实际损伤单元的 *MMCD* 指标值和 *FDMC* 指标值代入拟合曲线公式就可以确定每个损伤单元的损伤程度，各工况的损伤程度的预测结果见表 7.4。

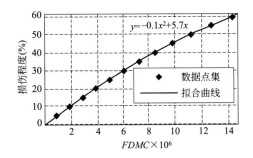

图 7.9　单元 44 损伤程度和指标 FDMC 的关系

Fig 7.9　The relationship between damage extent of
element 44 and index FDMC

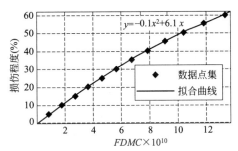

图 7.10　单元 50 损伤程度和指标 FDMC 的关系

Fig 7.10　The relationship between damage extent of
element 50 and index FDMC

由表 7.4 和图 7.7～图 7.10 分析可知：单元的损伤程度与 MMCD 指标值和 FDMC 指标值基本呈抛物线关系；单处损伤识别精度高于多处损伤，主要是由于损伤程度识别忽略了损伤单元之间的相互影响；基于 FDMC 指标的损伤程度识别精度高于基于 MMCD 指标的识别结果，但误差基本保持在 5% 以内。因此，损伤程度预测的结果均能满足工程精度的要求。

损伤程度识别结果　　　　　　　　　　　　　表 7.4

The calculation results of damage extent　　　Tabel 7.4

工况	损伤单元	基于损伤指标 MMCD 的识别结果			基于损伤指标 FDMC 的识别结果		
		实际值(%)	预测值(%)	误差(%)	实际值(%)	预测值(%)	误差(%)
1	44	10	10.2	2.0	10	9.98	0.2
2	44	20	20.2	1.0	20	20.23	1.15
3	44、50	10、10	9.6、9.5	3.7、4.6	10、10	10.0、9.9	0.1、1.1
4	44、50	10、20	9.6、21.0	4.4、5.1	10、20	10.1、20.1	0.6、0.35
5	44、50	20、20	20.2、19.8	1.2、0.95	20、20	20.3、20.2	1.55、1.1

7.2　支挡结构系统损伤识别的改进多种群遗传算法

结构损伤识别问题在近几十年是土木工程十分活跃的一个研究领域，其中基于模态测试的损伤识别方法具有理论严谨和应用简单等优点得到广泛应用，可以归结为结构动力学反问题，即参数识别问题。通常将其作为一个最优化问题来求解，分别对结构损伤前后力学模型的参数进行修正，比较损伤前后参数的差异达到损伤识别的目的。

遗传算法作为一种基于人工智能的优化算法，是一类借鉴生物界的进化规律（适者生存，优胜劣汰遗传机制）演化而来的随机化搜索方法。在 1975 年由美国的 John Holland 教授首次提出，具有较强的全局搜索能力、内在的隐并行性、能自动获取和指导优化的搜索空间和自适应地调整搜索方向、较强的鲁棒性等优点。已经在不同结构类型的损伤诊断中得到广泛应用[45-64]，可以直接将损伤位置和损伤程度作为决策变量进行编码和遗传操作，因此，能够同时识别出结构的损伤位置和损伤程度，避免了许多方法只能识别结构的损伤位置，而不能对结构的损伤程度进行定量分析的不足。然而，由于结构损伤识别问题是一个复杂的非线性优化问题，直接采用简单遗传算法进行优化求解也存在着一些不足，主要表现为：随着结构自由度增加，求解量呈非线性增加，越来越复杂，计算量很大，非常耗时；当待识别参数较多时，会导致算法的搜索效率降低和计算精度降低等，失去原有的优越性；目标函数的选择对识别结果影响很大。因此，许多研究者构造不同的目标函数，并采用改进遗传算法[46,47]、[55-58]和混合遗传算法[54]等方法来提高识别精度、搜索能力、收敛速度，减小计算量等。

为此，在已有研究成果的基础上，提出采用改进多种群遗传算法的支挡结构系统的整体损伤识别方法和分区损伤识别方法。首先利用模态参数和物理参数关系，通过系统的特征方程建立目标函数，再利用改进多种群遗传算法搜索得到支挡结构系统的损伤位置和损伤程度。

7.2.1　改进多种群遗传算法

遗传算法模拟了自然选择和遗传过程中所发生的复制、交叉和变异等现象，从初始种群出发，通过选择、交叉和变异等简单操作，产生新的更适应自然环境的个体，使群体进化到搜索空间中越来越好的区域，通过不断的繁衍进化，最后收敛到最适应自然环境的个体即为问题的最优解[93]。但是，简单遗传算法容易出现早熟和停滞现象，为了克服简单遗传算法的缺点，提高全局搜索能力，本章提出应用改进多种群遗传算法（IMGA）进行支挡结构系统损伤识别，主要对编码方案、交叉算子和变异算子进行改进。

IMGA 主要思想是每个子种群分别独立采用遗传算法进行复制、交叉、变异操作，子种群每进化若干代就进行子种群间的迁移。

1. 编码

应用改进多遗传算法进行最优化求解时，首先要解决的问题是编码方案的选择，所谓编码是把可行解从其解空间中转换到改进多种群遗传算法能够处理的搜索空间的转换方法。研究表明编码方案的好坏直接影响到遗传算法的交叉算子和变异算子等，同时也影响到算法的搜索能力、运算效率和种群多样性等问题。

编码方法主要分为[93]：二进制编码方法、符号编码方法和浮点数编码方法。针对土木工程中的损伤识别问题，由于待识别参数较多，因此本章采用浮点数编码方法，其相对于二进制编码方法，具有精度较高、个体的编码长度等于变量的个数、编码长度较短、搜索空间较大和运算效率更高等优点。

2. 初始化种群

遗传算法起始于群体操作，因此要根据编码方法确定初始群体，初始群体的特性直接影响到算法的搜索结果和算法性能、效率等。要保证初始群体在其解空间中尽量分散和均匀分布才能更加准确的搜索到全局最优解。种群规模太小，不能保证种群多样性，容易使算法陷入局部最优解；种群规模太大，虽然保证种群的多样性，但是增加了计算量，效率降低。因此，本章提出采用改进多种群遗传算法进行最优化求解，将初始种群大小 $M \times N$ 分割成 M 个子种群，每个子种群规模大小 N，每个子种群中进行独立的遗传操作，并不断淘汰适应度较低的个体，插入新个体，保证种群的多样性，同时在子种群中将适应度较高的个体进行迁移，提高了运算效率。

针对支挡结构系统的损伤识别问题，采用了实数编码方法，因此，设计的初始种群长度为待识别参数个数。

3. 遗传算子

遗传算子是遗传算法最重要的环节，也是遗传算法一个重要的研究方向。遗传算法主要的三个基本算子[93]：选择算子、交叉算子和变异算子等。对于改进多种群遗传算法，每个子种群进行独立的选择、交叉和变异操作，且每个子种群算法参数可以设置不同。

（1）选择算子[93]

选择操作是根据个体的目标函数值所转换的适应度函数值的大小，适应度较高的个体被遗传到下一代群体中的概率较大，而适应度较低的个体被遗传到下一代群体中的概率较小。这样可以保证有用的遗传信息不被丢失，提高算法的全部收敛性和算法效率。

目前选择算子主要有以下几类：

①比例选择

比例选择主要包括轮盘赌选择、期望值选择、Boltzmann 选择等。在简单的遗传算法中，常根据每个个体的适应度值与整个群体中个体适应度值之和的比值大小采用"轮盘赌选择"方法。对于改进多种群遗传算法，每个个体在子种群中被选择的概率 p_{si}：

$$p_{si} = \frac{f(x_i)}{\sum\limits_{i=1}^{N} f(x_i)}$$ （7.22）

式中：N 为子种群规模大小；$f(x_i)$ 为子种群中第 i 个个体的适应度值；p_{si} 为第 i 个个体被选中的概率。

轮盘赌选择虽然操作简单，但是容易引起"早熟收敛"和"搜索迟钝"等问题。

②基于排序的选择

主要有线性排序方法和非线性排序方法。依据个体的适应度函数值的大小按降序进行排序，然后基于排序分配每个个体被选中的概率。该方法对个体适应度函数值的正、负及数值差异程度没有要求，可以更好地避免"早熟收敛"和"搜索迟钝"等现象。

对于线性排序，其适应度值按下式计算：

$$f(x_i) = 2 - sp + 2 \times (sp-1) \times \frac{i-1}{N-1}$$ （7.23）

式中：$f(x_i)$ 为子种群中第 i 个个体的适应度值；N 为子种群规模大小；sp 为选择压力；i 为个体在子种群中的序位。

对于非线性排序，其适应度值按下式计算：

$$f(x_i) = \frac{N \times X(i)^{i-1}}{\sum\limits_{i=1}^{N} X(i)}$$ （7.24）

其中 X 是多项式方程的根：

$$0 = (sp-1) \times X^{N-1} + sp \times X^{N-2} + \cdots + sp \times X + sp$$ （7.25）

然后，根据各个体的适应度值，通过式(7.22)计算每个个体被选中的概率。

③基于局部竞争的选择

主要有随机竞争选择、随机联赛选择等。这类方法当群体规模较大时，由于避免计算总体适应度值或进行排序等操作，减少了计算量。

针对以上各选择方法的优劣特点，综合考虑损伤识别问题，本章采用非线性排序选择法。

（2）交叉算子

交叉操作是将选择操作选择出来的优秀个体，每次按照一定的交叉概率 pc 选出两个个体进行重组变换形成新个体的操作。其在遗传算法中具有极其重要的作用，改善了遗传算法的全部搜索能力，与编码方案有关。当采用二进制编码方法时，常采用单点交叉、多点交叉、均匀交叉等；当采用浮点数编码方法时，常采用离散重组、线性重组、中间重组和算术交叉等。由于本章采用浮点数编码方法，采用算术交叉进行交叉操作。该方法是通过选择出的两个个体通过线性组合形成两个新个体。其中两个新个体按照下式计算[222]：

$$\begin{cases} x'_A = rx_B + (1-r)x_A \\ x'_B = rx_A + (1-r)x_B \end{cases} \tag{7.26}$$

式中：x'_A、x'_B 分别为产生的两个新个体；

x_A、x_B 分别为被选择的两个父代个体；

r 是 $[0, 1]$ 上的随机数。

在交叉操作中交叉概率 P_c 是一个重要的控制参数。简单遗传算法中以预先设定的交叉概率进行遗传操作，与个体适应度值无关，影响算法的效率和性能。若交叉概率太大，会破坏种群中的优良个体；若交叉概率太小，产生新个体的速度较慢，降低了算法运算效率。因此，本章采用自适应技术对简单遗传算法的交叉概率进行改进，即适应度值越高的个体 Pc 越小，保留了优良个体不被破坏。并将其运用到多种群遗传算法的各子种群中，提高了多种群遗传算法的全局搜索能力，自适应交叉概率 p_c 按下式计算：

$$P_c = \begin{cases} P_{c1} - \dfrac{(P_{c1} - P_{c2})(f' - \overline{f})}{f_{max} - \overline{f}} & f' \geqslant \overline{f} \\ P_{c1} & f' < \overline{f} \end{cases} \tag{7.27}$$

式中：P_{c1}、P_{c2} 为相应参数；f_{max} 为种群中最大适应度值；$\overline{f}$ 为种群平均适应度值；

f 为要交叉的两个个体中较大的适应度值。

（3）变异算子

变异算子是从群体中任选一个个体，通过某种变异操作形成一个新个体。其主要目的是为了改善遗传算法的局部搜索能力和维持种群的多样性，避免了"早熟收敛"现象。主要的变异操作方法包括均匀变异、非均匀变异、高斯变异、基本位变异和边界变异等。由于本章采用浮点数编码方法，采用变异概率 P_m 执行非均匀变异操作，设一个父代个体 $p = \{x_1, x_2, \cdots, x_k, \cdots, x_M\}$，变

量 x_k 被选择进行变异，则变异后新个体 $p=\{x_1, x_2, \cdots, x'_k, \cdots, x_M\}$，其中[222]：

$$x'_k=\begin{cases}x_k+r(x^u_k-x_k)(1-t/T)^2 & R>0.5 \\ x_k+r(x_k-x^l_k)(1-t/T)^2 & R\leqslant0.5\end{cases} \tag{7.28}$$

式中：x^u_k、x^l_k 分别为变量 xk 的上下界；r、R 为 $[0, 1]$ 上的随机数；t 为当前代数；T 为最大迭代次数。

变异概率 P_m 是变异操作的关键。变异概率太大，虽然保持了种群的多样性，但是会使遗传算法的搜索效率降低，甚至不收敛；变异概率太小，不能保持种群的多样性，会使种群陷入"早熟收敛"现象。对于浮点数编码方法而言，变异概率的作用更为显著，如果采用简单遗传算法固定不变的变异概率，遗传算法搜索性能并不理想。因此采用了动态自适应变异概率，可以保留优良个体不被破坏。自适应变异概率 p_m 按下式计算：

$$P_m=\begin{cases}P_{m1}-\dfrac{(P_{m1}-P_{m2})(f-\overline{f})}{f_{max}-\overline{f}} & f\geqslant\overline{f} \\ P_{m1} & f<\overline{f}\end{cases} \tag{7.29}$$

式中：f 为要变异的个体适应度值。其他符号意义同前。

（4）移民算子[93]

由于采用多种群遗传算法，各种群是独立进行选择、交叉和变异操作，相互之间通过移民算子联系起来。移民算子主要通过移民频率 $MIGGEN$ 和移民数目（$MIGR \times N$）来控制，移民频率是每进化 $MIGGEN$ 代采用循环迁移模式交换子种群间的个体，移民数目为每次移民时需要交换的个体数量 $MIGR \times N$。

4. 适应度函数

遗传算法在进化迭代过程中，仅以个体的适应度值为依据，选出最优个体。而适应度函数是根据目标函数确定的用于评价群体中各个体优劣的标准，是算法演化过程的驱动力。因此适应度函数在遗传算法中起着至关重要的作用，一般适应度函数是通过目标函数变换而来。对于本章采用基于非线性排序的选择操作，并不要求适应度函数总是为非负，只需根据目标函数值大小按降序进行个体适应度值分配，直接将目标函数作为适应度函数，避免了适应度函数确定困难的不足。

5. 终止条件

遗传算法是反复迭代的全局性概率搜索方法，目的是要在所有可行解空间中寻找一个最优解。因此需要预先设定算法的终止条件，常用的判断准则[222]：

① 设置终止代数 T：即遗传算法迭代了 T 次后就停止运行。

② 设置允许值 ε：针对本章的参数识别问题，即目标函数值小于允许值时停止运行。

③ 判断收敛状态：连续几代个体平均适应度变化小于某一极小的阈值。

这里终止条件采用①作为判据。

7.2.2 整体损伤识别方法

1. 无损支挡结构系统动力特性模型

由第 5 章分析可知，阻尼对支挡结构系统的模态参数影响很小，一般情况下可以忽略阻尼的影响。根据动力学理论，当忽略阻尼影响时，支挡结构系统的特征方程表示如下：

$$(K_w + K_s)\Phi = (M_w + M_s)\Phi\Omega \tag{7.30}$$

式中：K_w、M_w 分别为支挡结构的刚度矩阵、质量矩阵（采用集中质量矩阵）；

K_s、M_s 分别为土体的附加刚度矩阵、附加质量矩阵；

Φ 为振型矩阵，$\Phi = [\varphi_1, \varphi_2, \cdots, \varphi_i, \cdots, \varphi_n]$，$\varphi_i$ 为相应的第 i 阶振型向量；

Ω 为各阶固有角频率平方构成的对角矩阵，$\Omega = \mathrm{diag}(\omega_i^2)$；

n 为系统总自由度数。

其中，假设 q 对应无土体附加参数的自由度，r 对应有附加土体参数自由度，则有：

$$K_s = \begin{bmatrix} \mathbf{0}_{q \times q} & \mathbf{0}_{q \times r} \\ \mathbf{0}_{r \times q} & \mathrm{diag}(k_{si}) \end{bmatrix}_{n \times n}, M_s = \begin{bmatrix} \mathbf{0}_{q \times q} & \mathbf{0}_{q \times r} \\ \mathbf{0}_{r \times q} & \mathrm{diag}(m_{si}) \end{bmatrix}_{n \times n} \tag{7.31}$$

$$K_w = \begin{bmatrix} k_{w,11} & k_{w,12} & \cdots & k_{w,1n} \\ k_{w,21} & k_{w,22} & \cdots & k_{w,2n} \\ \vdots & \vdots & \ddots & \vdots \\ k_{w,n1} & k_{w,n2} & \cdots & k_{w,nn} \end{bmatrix}_{n \times n}, M_w = \begin{bmatrix} m_{w,11} & m_{w,12} & \cdots & m_{w,1n} \\ m_{w,21} & m_{w,22} & \cdots & m_{w,2n} \\ \vdots & \vdots & \ddots & \vdots \\ m_{w,n1} & m_{w,n2} & \cdots & m_{w,nn} \end{bmatrix}_{n \times n}$$

$$\tag{7.32}$$

2. 整体损伤识别原理

根据式(7.30)，可以得到支挡结构系统损伤前后的特征方程分别为：

$$(K_w^u + K_s^u)\Phi^u - (M_w^u + M_s^u)\Phi^u\Omega^u = 0 \tag{7.33}$$

$$(K_w^d + K_s^d)\Phi^d - (M_w^d + M_s^d)\Phi^d\Omega^d = 0 \tag{7.34}$$

式中：上标 u 和 d 分别表示系统无损伤和有损伤两种状态下的参数。

当墙后填土存在不同程度的损伤（如不密实、空洞等现象）或者支挡结构发生损伤时，一般认为损伤仅导致系统的刚度变化，而质量没有改变，因此：

$$K_w^d = K_w^u - \Delta K_w \qquad K_s^d = K_s^u - \Delta K_s \tag{7.35}$$

$$M_{w}^{d}=M_{w}^{u} \qquad M_{s}^{d}=M_{s}^{u} \tag{7.36}$$

将式(7.35)、式(7.36)代入式(7.34)，得到损伤时的特征方程为：

$$(K_{w}^{u}+K_{s}^{u})\boldsymbol{\Phi}^{d}-(M_{w}^{u}+M_{s}^{u})\boldsymbol{\Phi}^{d}\boldsymbol{\Omega}^{d}-(\Delta K_{w}+\Delta K_{s})\boldsymbol{\Phi}^{d}=0 \tag{7.37}$$

对于支挡结构系统，系统的损伤可能由于支挡结构本身的刚度降低而出现，也可能由于墙后土体附加刚度降低而导致。因此，假定支挡结构本身损伤采用弹性模量折减来模拟；而土体附加刚度的损伤根据 6.2.2 节分析，可以表示成无损伤状态下土体的附加刚度 k_{si}^{u} 乘以反映损伤程度 β_{si} 的系数 α_{si}，分别表示成：

$$E_{wi}^{d}=(1-\beta_{wi})E_{wi}^{u}=\alpha_{wi}E_{wi}^{u}；k_{si}^{d}=(1-\beta_{si})k_{si}^{u}=\alpha_{si}k_{si}^{u} \tag{7.38}$$

式中：β_{wi}、β_{si} 分别为第 i 单元支挡结构、土体的损伤程度；

α_{wi}、α_{si} 分别为支挡结构弹性模量、土体附加刚度的折减系数，其值介于 $[0，1]$ 之间，对于无损伤单元，$\alpha_{i}=1$。

假设支挡结构系统发生损伤后仍满足线性叠加原理，即损伤是在系统的单元水平上刚度发生折减，因而损伤时刚度减小量可以表示为：

$$\Delta K_{w}=\sum_{i}\alpha_{wi}K_{w}^{u} \qquad \Delta K_{s}=\sum_{i}\alpha_{si}K_{s}^{u} \tag{7.39}$$

将式(7.39)代入式(7.37)得到：

$$(K_{w}^{u}+K_{s}^{u})\boldsymbol{\Phi}^{d}-(M_{w}^{u}+M_{s}^{u})\boldsymbol{\Phi}^{d}\boldsymbol{\Omega}^{d}-\left(\sum_{i}\alpha_{wi}K_{w}^{u}+\sum_{i}\alpha_{si}K_{s}^{u}\right)\boldsymbol{\Phi}^{d}=0 \tag{7.40}$$

上式即为损伤识别的基本方程，其主要的待识别参数为 α_{wi}、α_{si}，而折减系数 α_{wi} 和 α_{si} 直接反映单元水平上的刚度折减，因此可以根据其识别值大小同时确定支挡结构系统的损伤位置和损伤程度。

采用改进多种群遗传算法进行支挡结构系统的损伤识别，实际上是把支挡结构系统的损伤识别问题进行最优化求解。将反映支挡结构系统模态特性的特征方程式(7.40)直接定义为遗传算法的目标函数，因此，利用最小二乘法准则，整体损伤识别时的优化问题可以表示为：

$$\begin{cases} \min \quad f(\alpha_{i})= \\ \frac{1}{2}\left\| (K_{w}^{u}+K_{s}^{u})\boldsymbol{\Phi}^{d}-(M_{w}^{u}+M_{s}^{u})\boldsymbol{\Phi}^{d}\boldsymbol{\Omega}^{d}-\left(\sum_{i}\alpha_{wi}K_{w}^{u}+\sum_{i}\alpha_{si}K_{s}^{u}\right)\boldsymbol{\Phi}^{d}\right\|_{2}^{2} \\ s.t. \quad 0\leqslant\alpha_{i}=\{\alpha_{w1},\cdots,\alpha_{wm},\alpha_{s1},\cdots,\alpha_{sn}\}\leqslant 1 \quad (i=1,2,\cdots,m+n) \end{cases}$$
$$\tag{7.41}$$

式中：m、n 分别代表支挡结构和土体的待识别参数个数。

根据以上分析，采用数值试验验证整体损伤识别方法的可行性，支挡结构系统损伤识别的流程图见图 7.11。

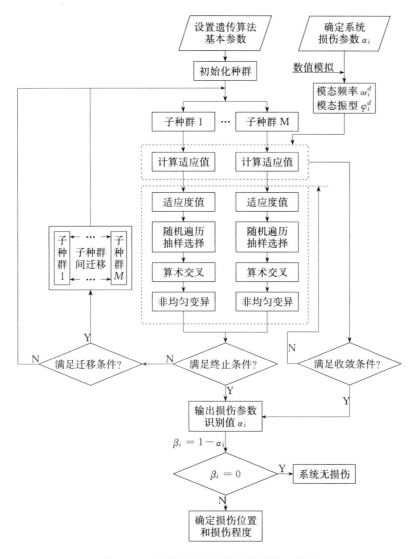

图 7.11　支挡结构系统损伤识别的流程图

Fig 7.11　The flow chart of damage identification on retaining wall system

3. 实例验证

为了验证本节方法在支挡结构系统损伤识别中的适用性,采用第 5 章悬臂挡土墙例子作为数值算例。为了简化分析问题,假定第 5 章识别出的最优的土体附加参数在无损伤状态下是准确的,可以模拟挡墙系统的动力特性,损伤结构的模态参数(频率、振型)采用有限元数值模拟获得,损伤按式(7.38)来模拟。悬臂挡土墙网格划分见图 7.12,其中阴影部分为预先设置的损伤单元号及位置。墙后土体的附加参数见表 7.5。

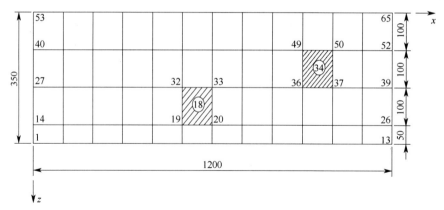

图 7.12　挡土墙有限元网格（cm）

Fig 7.12　Finite element mesh of retaining wall（cm）

土体的附加参数　　　　　　　　　　　　　表 7.5

Added parameters of the soil　　　　　　　Table 7.5

节点号	1	14	27	40	53
附加刚度 k_{si}（MN/m）	25.980	57.979	41.200	12.353	0.975
附加质量 m_{si}（kg）	2.218	16.505	37.253	51.574	29.968
节点号	2	15	28	41	54
附加刚度 k_{si}（MN/m）	51.960	115.958	82.400	24.706	1.952
附加质量 m_{si}（kg）	4.436	33.010	75.506	103.148	59.936

　　在有限元离散处理中，从左往右从下往上的单元编号用矩阵 E 表示，相应节点编号用矩阵 N 表示：

$$E = \begin{bmatrix} 37 & 38 & \cdots & 48 \\ 25 & 26 & \cdots & 36 \\ 13 & 14 & \cdots & 24 \\ 1 & 2 & \cdots & 12 \end{bmatrix} \qquad (7.42)$$

$$N = \begin{bmatrix} 53 & 54 & \cdots & 65 \\ \vdots & \vdots & \vdots & \vdots \\ 14 & 15 & \cdots & 26 \\ 1 & 2 & \cdots & 13 \end{bmatrix} \qquad (7.43)$$

　　挡土墙系统的损伤可能存在支挡结构本身损伤、墙后土体损伤及其组合状况，因此，这里主要分析支挡土墙单独损伤、土体单独损伤、墙土同时损伤，损伤位置相同、墙土同时损伤，损伤位置不同等情况。主要计算工况见表 7.6，其中 k_{s19}、k_{s20}、k_{s32}、k_{s33} 为对应挡土墙 18 单元 4 个节点处的土体附加刚度；

k_{s36}、k_{s37}、k_{s49}、k_{s50}为对应挡土墙 34 单元 4 个节点处的土体附加刚度。

损伤工况表　　　　　　　　　　　　**表 7.6**

Damage case　　　　　　　　　　　**Table 7.6**

工况	工况	损伤单元	损伤程度(%)
支挡结构单独损伤	1	18	20
	2	18、34	20
土体单独损伤	3	k_{s19}、k_{s20}、k_{s32}、k_{s33}	20
	4	k_{s19}、k_{s20}、k_{s32}、k_{s33} k_{s36}、k_{s37}、k_{s49}、k_{s50}	20
支挡结构、土体同时损伤	5	18 k_{s19}、k_{s20}、k_{s32}、k_{s33}	20
	6	18 k_{s36}、k_{s37}、k_{s49}、k_{s50}	20

（1）挡土墙单独损伤

工况 1、2 属于支挡结构单独损伤时的单处损伤和多处损伤状况，采用式 (7.41) 作为目标函数，待识别参数为 $\alpha = \{\alpha_{w1}, \cdots, \alpha_{w48}\}$ 共 48 个。采用改进多种群遗传算法进行识别，其主要参数设置为：子种群数量 $M=5$，子种群规模 $N=40$，变量个数 $N_{var}=48$，交叉概率参数 $P_{c1}=0.9$、$P_{c2}=0.5$，变异概率参数 $P_{m1}=0.4$、$P_{m2}=0.1$，子种群迁移率 $MIGR=0.2$，移民频率 $MIGGEN=20$，遗传代数 $T=5000$。算法的迭代过程见图 7.13，识别结果见图 7.14 和图 7.15。

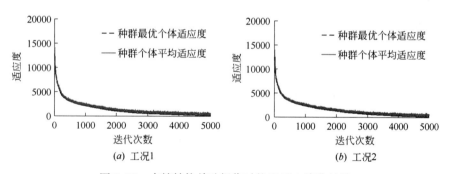

图 7.13 支挡结构单独损伤时的 IMGA 演化过程

Fig 7.13 The evolution process of IMGA on the retaining wall with decline of stiffness

由图和图可知，对于支挡结构单独存在损伤时，无论是单处损伤还是多处损伤，采用改进多种群遗传算法均能识别出支挡结构的损伤位置，且能同时识别出损伤程度，但存在一定的误差，误差最大值为 6.25%。同时，在其他单元处可能存在误判，但误判损伤单元的损伤程度较小。

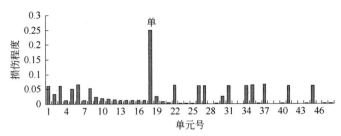

图 7.14　工况 1 损伤识别结果

Fig 7.14　Damage identification results of case 1

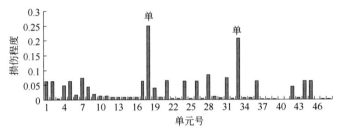

图 7.15　工况 2 损伤识别结果

Fig 7.15　Damage identification results of case 2

（2）土体单独损伤

工况 3、4 属于土体单独损伤情况，采用式（7.41）作为目标函数，根据 6.2 节简化动测模型底板底部固结的假定，待识别参数为 $\alpha = \{\alpha_{s14}, \cdots, \alpha_{s65}\}$ 共 52 个。其算法主要参数设置同支挡结构单独损伤状况。算法的迭代过程见图 7.16，识别结果见图 7.17 和图 7.18。

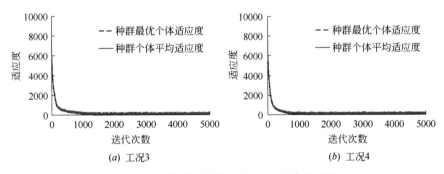

图 7.16　土体单独损伤时的 IMGA 演化过程

Fig 7.16　The evolution process of IMGA on the soil with decline of stiffness

由图 7.16 可知，对于土体单独存在损伤时，经过 1200 次迭代后，基本收敛到准确值，采用本章提出方法能够准确识别出土体损伤位置和损伤程度。

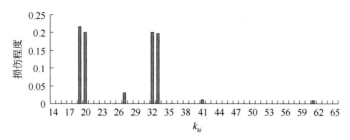

图 7.17 工况 3 损伤识别结果

Fig 7.17 Damage identification results of case 3

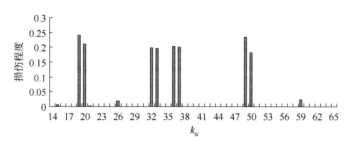

图 7.18 工况 4 损伤识别结果

Fig 7.18 Damage identification results of case 4

（3）支挡结构、土体同时损伤

工况 5、6 分别为支挡结构、土体同时损伤，损伤位置相同和损伤位置不同两种情况，采用式（6.20）作为目标函数，待识别参数为 $\alpha = \{\alpha_{w1}, \cdots, \alpha_{w48}, \alpha_{s14}, \cdots, \alpha_{s65}\}$ 共 100 个。其算法主要参数设置为：遗传代数 $T = 10000$，其他参数同支挡结构单独损伤状况。算法的迭代过程见图 7.19，识别结果见图 7.20 和图 7.21。

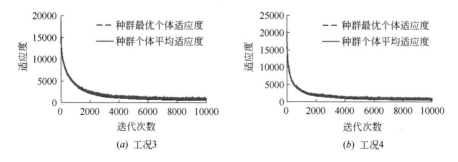

图 7.19 支挡结构、土体同时损伤时的 IMGA 演化过程

Fig 7.19 The evolution process of IMGA on the retaining wall and soil with decline of stiffness

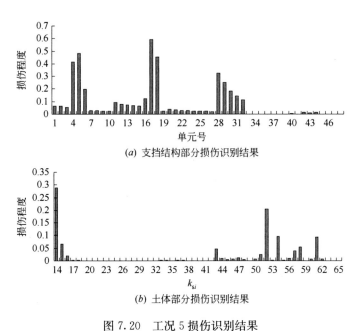

(a) 支挡结构部分损伤识别结果

(b) 土体部分损伤识别结果

图 7.20 工况 5 损伤识别结果

Fig 7.20 Damage identification results of case 5

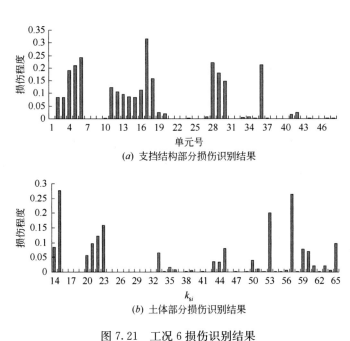

(a) 支挡结构部分损伤识别结果

(b) 土体部分损伤识别结果

图 7.21 工况 6 损伤识别结果

Fig 7.21 Damage identification results of case 6

由图 7.19～图 7.21 分析可知，对于支挡结构、土体同时损伤时，无论对于损伤位置相同还是不同，即使经过 10000 次迭代也不能识别到满意的结果。主要是由于待识别参数太多，同时损伤时存在耦合现象，改进多种群遗传算法失去其搜索性能的优越性等。

综上所述，采用改进多种群遗传算法对支挡结构系统进行整体损伤识别时，对于支挡结构或土体仅产生单独损伤时，只要多迭代几次，能够识别到比较满意的结果，但是对于支挡结构、土体同时产生损伤时，由于待识别参数较多，即使迭代很多也不能识别到准确的结果。

7.2.3　分区损伤识别方法

1. 分区损伤识别原理

根据 7.2.2 的分析，对于多自由度的支挡结构系统而言，仅发生单独损伤时，采用整体损伤识别方法来识别支挡结构系统的损伤是可行的，当支挡结构、土体同时存在损伤时，随着待识别参数的增加，求解式(7.41)的优化问题所需要的计算量呈非线性增加，且计算效率和识别精度也降低。因此，对于待识别参数较多的支挡结构系统，需要进一步的寻找解决措施。因此，提出采用分区损伤识别方法，其主要出发点：由于支挡结构系统待识别的参数较多，同时识别出这些参数是不切实际的，运算效率也很低，因此，可以将支挡结构系统分成 N 块，通过识别支挡结构系统每一部分而非全部的参数来减少计算量、提高识别效率，同时保证参数识别的精度。将支挡结构按图分成 N 个区域。

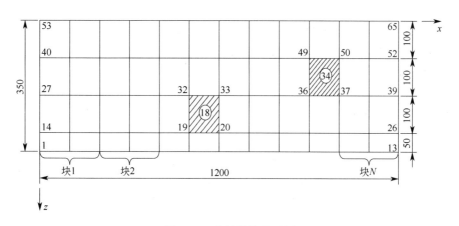

图 7.22　支挡结构分区图

Fig 7.22　The partition of retaining wall

将支挡结构按图分成 N 块以后，提取每块影响范围所对应的刚度矩阵、质量矩阵。提取方法：首先，取各自由度所对应的刚度矩阵、质量矩阵的行元素，然后，去除列元素全部为"0"的列，凝聚成每块所对应的刚度矩阵、质量矩阵。

假定无损状态下第 j 块所对应的刚度矩阵、质量矩阵分别为 $\boldsymbol{K}_{uj}$、$\boldsymbol{M}_{uj}$，可以得到第 j 块所对应的损伤时的特征方程为：

$$(\boldsymbol{K}_{w}^{uj} + \boldsymbol{K}_{s}^{uj})\boldsymbol{\Phi}^{dj} - (\boldsymbol{M}_{w}^{uj} + \boldsymbol{M}_{s}^{uj})\boldsymbol{\Phi}^{dj}\boldsymbol{\Omega}^{d} - (\sum_{i}\alpha_{wi}\boldsymbol{K}_{w}^{uj} + \sum_{i}\alpha_{si}\boldsymbol{K}_{s}^{uj})\boldsymbol{\Phi}^{dj} = 0$$

(7.44)

按式(5.41)的方法构建每块结构的目标函数为：

$$\begin{cases} \min \quad f(\alpha_i^j) = \\ \dfrac{1}{2}\left\| (\boldsymbol{K}_{w}^{uj} + \boldsymbol{K}_{s}^{uj})\boldsymbol{\Phi}^{dj} - (\boldsymbol{M}_{w}^{uj} + \boldsymbol{M}_{s}^{uj})\boldsymbol{\Phi}^{dj}\boldsymbol{\Omega}^{d} - (\sum_{i}\alpha_{wi}^{j}\boldsymbol{K}_{w}^{uj} + \sum_{i}\alpha_{wi}^{j}\boldsymbol{K}_{s}^{uj})\boldsymbol{\Phi}^{dj} \right\|_2^2 \\ \text{s.t.} \quad 0 \leqslant \alpha_i^j = \{\alpha_{w1}^j, \cdots, \alpha_{wm}^j, \alpha_{s1}^j, \cdots, \alpha_{sn}^j\} \leqslant 1 \quad (i = 1, 2, \cdots, m+n; j = 1, 2, \cdots, N) \end{cases}$$

(7.45)

上式为分区损伤识别法每块的目标函数，可知，对支挡结构系统进行分区后，通过一次识别一块系统参数来实现对整个支挡结构系统参数的识别，每块所需要识别的参数将减小，提高了算法效率和识别精度。

2. 损伤识别步骤

根据以上分析，分区损伤识别法主要步骤：

(1) 将支挡结构系统分成 N 块，提取无损状态下支挡结构系统每块所对应的刚度矩阵 K_{uj}、质量矩阵 M_{uj}；

(2) 根据实测模态参数（振型、频率），提取与刚度矩阵相对应的模态参数 Φ_{dj}、Ω_d；

(3) 将式(7.45)为目标函数，采用改进多种群遗传算法对支挡结构系统进行识别，判定支挡结构系统的损伤位置和损伤程度。

3. 实例验证

为了验证分区损伤识别方法的优越性，以上节的悬臂挡土墙为例，损伤工况同表 7.6，将支挡结构每 2m 分成一块，共 6 块。

(1) 支挡结构单独损伤

工况 1、2 属于支挡结构单独损伤时的单处损伤和多处损伤状况，采用式(7.45)作为目标函数。针对预设损伤位置，块 3 的待识别参数为 $\alpha = \{\alpha_{w1}^3, \cdots, \alpha_{w8}^3\}$ 共 8 个。采用改进多种群遗传算法进行识别，其主要参数设置为：子种群数量 $M = 5$，子种群规模 $N = 40$，变量个数 $N_{var} = 8$，交叉概率参数 $P_{c1} = 0.9$、$P_{c2} = 0.5$，变异概率参数 $P_{m1} = 0.4$、$P_{m2} = 0.1$，子种群迁移率 $MIGR = 0.2$，移民频率 $MIGGEN = 20$，遗传代数 $T = 200$。第 3 块参数识别的算法迭代过程见图 7.23，其他块经过 200 次迭代都收敛到最优解，未贴出迭代过程图，识别结果见图 7.24 和图 7.25。

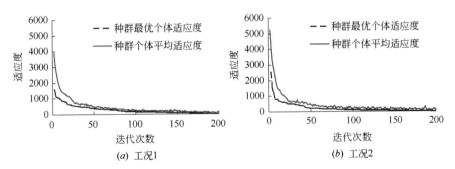

(a) 工况1   *(b)* 工况2

图 7.23 支挡结构单独损伤时第 3 块的 IMGA 演化过程

Fig 7.23 The evolution process of IMGA on the retaining wall with decline of stiffness

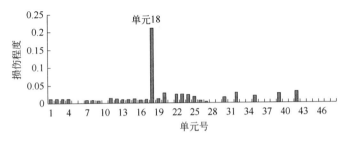

图 7.24 工况 1 损伤识别结果

Fig 7.24 Damage identification results of case 1

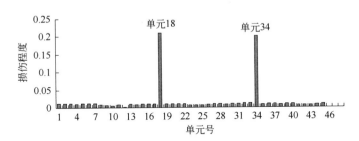

图 7.25 工况 2 损伤识别结果

Fig 7.25 Damage identification results of case 2

由图 7.24 和图 7.25 可知,对于支挡结构单独存在损伤时,无论是单处损伤还是多处损伤,采用分区损伤识别法均能准确识别出支挡结构的损伤位置和损伤程度,在无损伤处,识别误差在 5% 以内。

(2) 土体单独损伤

工况 3、4 属于土体单独损伤情况,采用式(7.45) 作为目标函数。根据简化动测模型的假定,待识别参数为 $\alpha = \{\alpha_{s1}^{j}, \cdots, \alpha_{s12}^{j}\}$ 共 12 个。第 3 块参数识别的算法迭代过程见图 7.26，识别结果见图 7.27 和图 7.28。

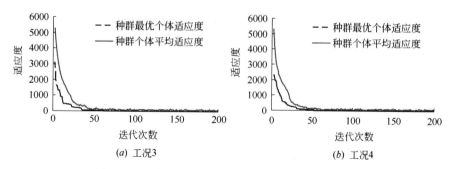

(a) 工况3   (b) 工况4

图 7.26 土体单独损伤时第 3 块的 IMGA 演化过程

Fig 7.26 The evolution process of IMGA on the soil with decline of stiffness

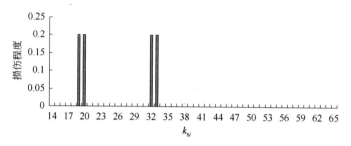

图 7.27 工况 3 损伤识别结果

Fig 7.27 Damage identification results of case 3

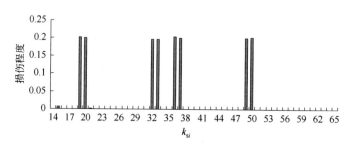

图 7.28 工况 4 损伤识别结果

Fig 7.28 Damage identification results of case 4

由图 7.27 和图 7.28 可知，对于土体单独存在损伤时，经过 50 次迭代后，基本收敛到准确值，采用本章提出方法能够准确识别出土体损伤位置和损伤程度，误差基本上为 0。

（3）支挡结构、土体同时损伤

工况 5、6 分别为支挡结构、土体同时损伤，损伤位置相同和损伤位置不同两种情况，采用式(7.45)作为目标函数，待识别参数为 $\alpha = \{\alpha_{w1}^j, \cdots, \alpha_{w8}^j, \alpha_{s1}^j, \cdots, \alpha_{s12}^j\}$ 共20个。其算法主要参数设置为：遗传代数 $T = 500$，其他参数同支挡结构单独损伤状况。第3块参数识别的算法迭代过程见图7.29，识别结果见图7.30和图7.31。由图7.30，图7.31分析可知，对于支挡结构、土体同时损伤时，无论对于损伤位置相同还是不同，经过500次迭代均识别到满意的结果，损伤位置不同较损伤位置相同情况，收敛速度更快，识别精度更高，弥补了整体损伤识别方法的不足。

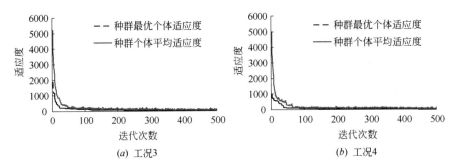

图7.29 支挡结构、土体同时损伤时第3块的 IMGA 演化过程

Fig 7.29 The evolution process of IMGA on the retaining wall and soil with decline of stiffness

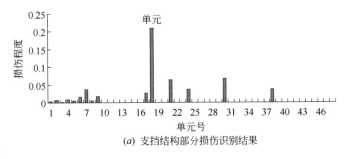

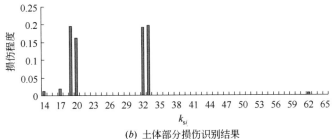

图7.30 工况5损伤识别结果

Fig 7.30 Damage identification results of case 5

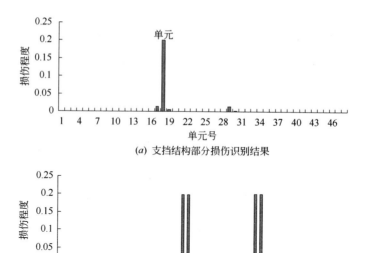

(a) 支挡结构部分损伤识别结果

(b)土体部分损伤识别结果

图 7.31 工况 6 损伤识别结果

Fig 7.31 Damage identification results of case 6

8　支挡结构动测信号的时频分析

当对延时较长的连续信号进行观测时，由于采样点数是有限的，对信号不仅要作离散化处理，还要作截断处理，即要将离散信号乘以一个窗函数。截断处理的时域信号经 FFT 变换到频域后会引起频谱的褶皱现象，从而产生频谱泄漏，这就是"泄漏效应"，对任何离散信号，泄漏效应是无法避免的，但应尽量减小。FFT 变换在支挡结构动测智能诊断领域中实际运用时，存在以下问题：

（1）支挡结构动测信号往往不是周期函数，由截断处理所引起的泄漏效应是无法避免的，由窗函数旁瓣影响造成的多峰现象会给识别频率的真伪带来困难。

（2）要避免混频效应和抑制泄漏效应，既要加密采样又要增加采样长度，从而使信号的采样点数（N）大为增加，增大了计算工作量。

（3）FFT 变换的另一个固有缺陷是频率的分辨率较低，往往不能满足工程要求。

（4）FFT 变换是对时域信号的全局积分，它不具备时域信息。即不知道频域中的某一频率是在什么时候发生的。

用 FFT 处理非平稳信号时，不能有效提取故障信号的时频特征。而实际的诊断信号经常包含非平稳成分，因此，需采用更先进的频谱分析方法。

8.1　支挡结构动测信号的一般时频分析

描述信号的两个极为重要的参数是时间和频率，傅里叶变换将信号的时域特征和频域特征有机地联系起来，成为信号分析和处理的有力工具。但它是一种全局的变换，要么完全在时域，要么完全在频域，因此仅适合平稳信号的研究，而无法表述信号的时频局域性质，不能提供有关谱分量的时间局域化的信息。在对支挡结构动测信号进行时域分析或频谱分析时，虽然可以对支挡结构的损伤状态作定性的评价，但不能进行定量的评价，不能达到检测的最终目的。要实现对支挡结构科学合理地健康诊断，就必须借助更精确的分析方法，把时域分析和频域分析结合起来，即利用时频分析手段对支挡结构系统进行分析。信号的时频表示是指使用时间和频率的联合函数表示信号，其主要任务是描述信号的频谱含量是怎样随时间变化的，研究并了解时变频谱在数学和物理上的概念和含义，建立一种分布，以便能在时间和频率上同时表示信号的能量或强度并对各种信号进行分析处理，提取所包含的特征信息或综合得到具有期望的时频分布特征的信号[183]。

时频表示分为线性和二次型两种。典型的线性时频表示有：短时傅里叶变换和小波变换。在很多实际场合，还需要二次型的时频表示来描述该信号的能量密度分布，称之为信号的时频分布，典型的有 Wigner-Ville 分布。

8.1.1 支挡结构系统动测信号的短时傅里叶变换

短时傅里叶变换（STFT）是一种常用的时-频域分析方法，由 Gabor 首先系统地使用，其基本思想是：傅里叶分析是频域分析的基本工具，为了达到时域广的局部化，在信号傅里叶变换前乘上一个时间有限的窗函数，并假定非平稳信号在分析宙的短时间隔内是平稳的，通过窗在时间轴上的移动从而使信号逐段进入被分析状态，这样就可以得到信号的一组"局部"频谱，从不同时刻"局部"频谱的差异上，便可以得到信号的时变特性。基本变换公式为：

$$X_x(\omega,\tau)=\int_R x(t)g(t-\tau)e^{-j\omega t}\mathrm{d}t \tag{8.1}$$

时限函数 $g(t)$ 起限时的作用，$e^{-j\omega t}$ 起限频的作用。其功率密度谱为：

$$P_x(\omega,\tau)=|X_x(\omega,\tau)|^2=\left|\int_R x(t)g(t-\tau)e^{-j\omega t}\mathrm{d}t\right|^2 \tag{8.2}$$

式中，滑动窗函数可采用：哈明（Hamming）窗、汉宁（Hanning）窗、巴特利（Bartlett）窗、韦尔奇（Welch）窗、矩形（Boxcar）窗等。这些窗函数没有本质的区别，窗的选择主要是在形成尽可能窄的中间峰值区和尽可能快的尾部衰减两者之间进行权衡。图 8.1 是对实验室悬臂式挡墙测点 5 在不同工况下动测信号的短时傅里叶变换结果。从图中可看出，对信号进行短时傅里叶变换可在相平面表达信号的强度大小。

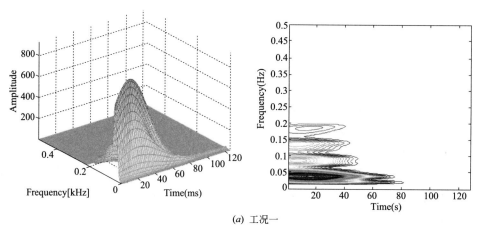

(a) 工况一

图 8.1 对支挡结构系统动测信号进行 STFT 变换（一）

Fig 8.1 STFT of dynamic signal on retaining wall system（1）

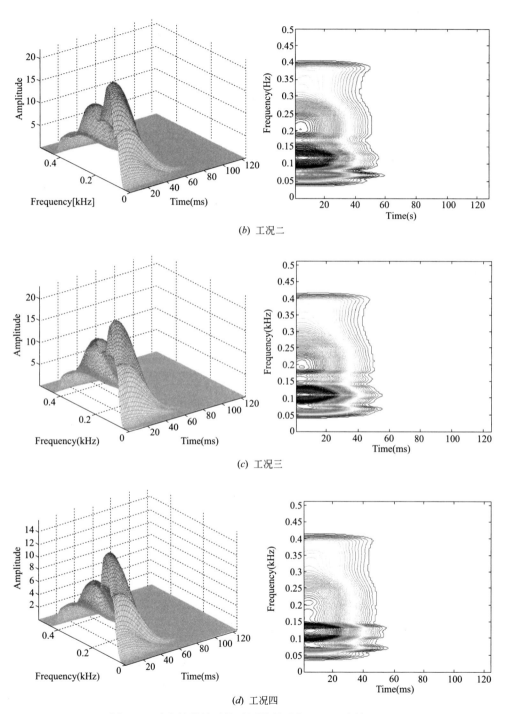

(b) 工况二

(c) 工况三

(d) 工况四

图 8.1 对支挡结构系统动测信号进行 STFT 变换（二）

Fig 8.1 STFT of dynamic signal on retaining wall system（2）

由丁短时傅里叶变换是建立在平稳信号分析的基础上，因此无论是在时域还是在频域加窗，都要求窗的宽度非常窄，否则就很难得到某一时刻信号的频谱或某一频率分量所对应的波形的近似值。但根据不确定性原理，若时窗越窄，虽然时间分辨率提高了，但频率分辨率则下降。同理，频率分辨率的提高是以牺牲时域分辨率为代价的，所以短时傅里叶变换还不能准确反映谱随时间的变化。除了工况一有显著不同外，其他三种工况差别不是很大。

8.1.2 支挡结构系统动测信号的 Wigner-Ville 分布

短时傅里叶变换是线性时频表示，它不能描述信号的瞬时功率谱密度。此时，二次型时频表示就是一种更加直观和合理的信号表示方法，也称为时频分布，其中 Wigner-Ville 分布是分析非平稳时变信号的重要工具，在一定程度上解决了短时博立叶变换存在的问题，定义 Wigner-Ville 分布为：

$$W_x(t,\omega) = \int_R x\left(t + \frac{\tau}{2}\right) x^*\left(t - \frac{\tau}{2}\right) e^{-j\omega\tau} d\tau \tag{8.3}$$

式可以看作是某种能量分布特征函数的傅里叶变换，是时间和频率的二元函数，所以是一种时频域描述信号的表达式。

信号 $x(t)$ 的（Wigner-Ville）分布有许多优良的数学性质：

$$(1) \frac{1}{2\pi} \int_R W_x(t,\omega) d\omega = |x(t)|^2 \tag{8.4}$$

即信号 $x(t)$ 的（Wigner-Ville）变换，在 t 时刻沿整个 ω 轴的积分，等于信号在 t 时刻的瞬时功率 $|x(t)|^2$

$$(2) \int_R W_x(t,\omega) dt = |x(\omega)|^2 \tag{8.5}$$

即信号 $x(t)$ 的（Wigner-Ville）变换，在某一频率处沿整个 ω 轴的积分，等于信号在此频率处的瞬时功率 $|X(\omega)|^2$

$$(3) \frac{1}{2\pi} \int_R \int_R W_x(t,\omega) dt d\omega = \int_R |x(t)|^2 dt \tag{8.6}$$

$$\frac{1}{2\pi} \int_{t_1}^{t_2} \int_{-\infty}^{+\infty} W_x(t,\omega) d\omega dt = \int_{t_1}^{t_2} |x(t)|^2 dt$$

$$\frac{1}{2\pi} \int_{\omega_1}^{\omega_2} \int_{-\infty}^{+\infty} W_x(t,\omega) dt d\omega = \int_{\omega_1}^{\omega_2} |X(\omega)|^2 d\omega$$

通过 Wigner-Ville 分布计算和分析，在理论上可以得到信号的能量在时间和频率中的分布情况，了解能量可能集中在某些频率和时间的范围，有利于对时变信号的分析，保持信号的时变特性。

进行离散信号的 Wigner-Ville 分布计算时，首先必须先把实际信号通过 Hilbert 变换转变成解析信号，另外由于实标信号都是能量有限信号，有一个有限的区间，因此必须对信号进行加窗处理。

图 8.2 是对实测信号进行 Wigner-Ville 分析后的结果。从图中可以看出，在不同的时间和频率处，信号的能量强度在不同工况下其分布是不同的。由于其与短时傅里叶变换一样，处理时需要在时域加窗，因此有较强的频率泄露及窗效应。而且，Wigner-Ville 变换一样受测不准原理的制约，因而不能够严格实现在任一局部时间内得到信号变化剧烈程度的信息。

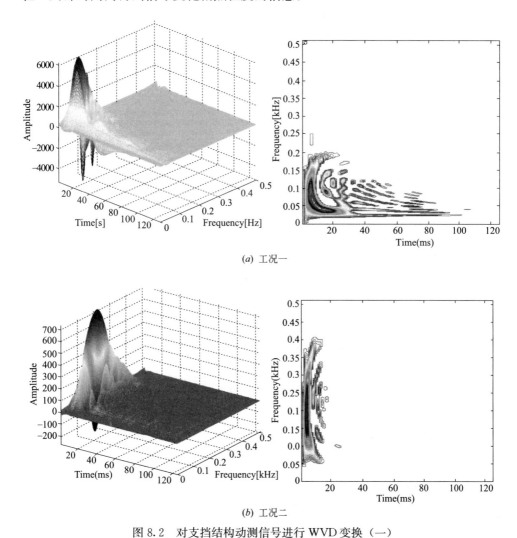

(*a*) 工况一

(*b*) 工况二

图 8.2　对支挡结构动测信号进行 WVD 变换（一）

Fig 8.2　WVD of dynamic signal on retaining wall system（1）

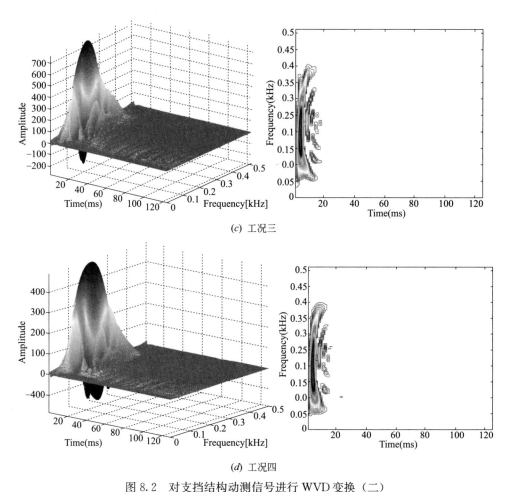

(c) 工况三

(d) 工况四

图 8.2 对支挡结构动测信号进行 WVD 变换（二）

Fig 8.2 WVD of dynamic signal on retaining wall system（2）

8.2 支挡结构系统动测信号的小波分析

8.2.1 小波变换的基本原理

　　传统的时频分析是一种单一分辨率的信号分析方法，只使用一个固定的短时窗函数，因而存在着不可逾越的缺陷。在实际工作中，时频分析要求对信号的低频分量（波形较宽）必须用较长的时间段才能给出完全的信息；而对信号的高频分量（波形较窄）必须用较短的时间段以给出较好的精度，而小波分析引入联合时间频率域的概念，着眼于信号频率的时变特征，能够清晰地看到信号的细微变化。

　　一个信号的傅里叶变换其实就是该信号在一组正交的正弦函数（$\sin\omega x$）和余弦函数（$\cos\omega x$）上的投影，而一个信号的小波变换是它在一组小波函数簇上的投影。选用恰当的小波函数簇，可以很好地分析信号的特征，相反，若小波函数簇选取不正确，对信号进行小波变换之后，信号在小波函数簇上的投影系数很可能淹没信号的特征。一组小波函数簇可以由一个小波基函数通过恰当的尺度变换和迭代运算来产生，一般称这个小波基函数为小波函数。下面对小波变换、多分辨率分析和小波包分析理论作扼要介绍[184-191]。

1. 连续小波变换

　　$\forall f(t) \in L^2(R)$，$f(t)$ 的连续小波变换（有时也称为积分小波变换）定义为：

$$WT_f(a,b) = |a|^{-1/2} \int_{-\infty}^{\infty} f(t) \overline{\psi\left(\frac{t-b}{a}\right)} \mathrm{d}t, \quad a \neq 0 \tag{8.7}$$

或用内积形式：

$$WT_f(a,b) = \langle f, \psi_{a,b} \rangle \tag{8.8}$$

式中 $\psi_{a,b}(t) = |a|^{-1/2} \psi\left(\frac{t-b}{a}\right)$

　　式中 $\hat{\psi}(\omega)$ 是 $\psi(t)$ 的傅里叶变换。两参数 a，b 是连续变化的，a 为尺度因子，b 为平移因子。

　　若 $\hat{\psi}(\omega)$ 是幅频特性比较集中的带通函数，则小波变换便具有表征信号频域上局部性质的能力。采用不同 a 值做处理时，各 $\hat{\psi}(a\omega)$ 的中心频率和带宽都不一样，但品质因数（中心频率/带宽）却保持不变。由此，当 a 值小时，时间轴上观察范围小，而在频域上相当于用较高频率做分辨率较高的分析，即用高频小波作细致观察；当值 a 大时，时间轴上观察范围大，而在频域上相当于用低频小波作概貌观察，见图 8.3。可见小波变换的基本原理是其窗函数是"放大镜"，长宽是可以变化的，这是一项很符合实际工作需要的特点，因为如果希望在时域上观察得愈仔细，就愈要压缩观察范围，并提高分析频率。

　　要使逆变换存在，$\psi(t)$ 要满足允许性条件：

$$C_\psi = \int_{-\infty}^{\infty} \frac{|\hat{\psi}(\omega)|^2}{|\omega|} \mathrm{d}\omega < \infty \tag{8.9}$$

　　C_ψ 为小波变换系数。故函数 $f(t)$ 是连续小波变换的逆变换，也即重构公式为：

$$f(t) = C_\psi^{-1} \int_{-\infty}^{\infty} \int_{-\infty}^{\infty} \psi_{a,b}(t) WT_f(a,b) \mathrm{d}b \frac{\mathrm{d}a}{|a|^2} \tag{8.10}$$

　　C_ψ 这个常数限制了能作为"基小波（或母小波）"的属于 $L^2(R)$ 的函数 ψ

的类，尤其是若还要求 ψ 是一个窗函数，那么 ψ 还必须属于 $L^1(R)$，即

$$\int_{-\infty}^{\infty} |\psi(t)| \, dt < \infty \tag{8.11}$$

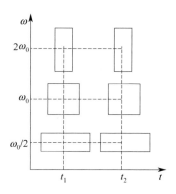

图 8.3　小波变换在时-频平面上的基本分析单元

Fig 8.3　The basic analysis unit in time-fequency plan of wavelet transform

可以看出信号 $f(t)$ 就是由一系列经平移和缩放的小波函数叠加而成，见图 8.4。

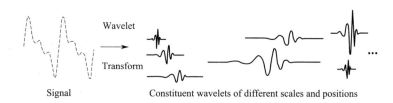

Signal　　　　Constituent wavelets of different scales and positions

图 8.4　小波变换示意图

Fig 8.4　The sketch map of wavelet transform

2. 离散小波变换

由于连续小波变换存在冗余，因而有必要搞清楚，为了重构信号，需针对变换域的变量 a，b 进行何种离散化，以消除变换中的冗余，在实际中，常取 $b = \dfrac{k}{2^j}$，$a = \dfrac{1}{2^j}$；j，$k \in Z$，这时

$$\psi_{a,b}(t) = \psi_{\frac{1}{2^j}, \frac{k}{2^j}}(t) = 2^{j/2} \psi(2^j t - k) \tag{8.12}$$

常简写为：$\psi_{j,k}(t)$。

变换形式为：
$$WT_f\left(\frac{1}{2^j}, \frac{k}{2^j}\right) = \langle f, \psi_{j,k} \rangle \tag{8.13}$$

假定一个函数 $\psi \in L^2(R)$，称为一个 R 函数，那么存在 $L^2(R)$ 的一个唯一的 Riesz 基 $\{\psi^{j,k}\}_{j,k \in Z}$，它的意义

$$\langle \psi_{j,k}, \psi^{l,m} \rangle = \delta_{j,l} \delta_{k,m}, \quad j,k,l,m \in Z$$

上式与 $\{\psi_{j,k}\}$ 对偶。这时，每个 $f(t) \in L^2(R)$ 有如式（8.14）的唯一级数表示：

$$f(t) = \sum_{j=-\infty}^{\infty} \sum_{k=-\infty}^{\infty} \langle f, \psi_{j,k} \rangle \psi^{j,k}(t) \tag{8.14}$$

特别地，若 $\{\psi_{j,k}\}_{j,k \in Z}$ 构成 $L^2(R)$ 的规范正交基时，有 $\psi_{j,k} = \psi^{j,k}$

重构公式为： $f(t) = \sum_{j=-\infty}^{\infty} \sum_{k=-\infty}^{\infty} \langle f, \psi_{j,k} \rangle \psi_{j,k}(t) \tag{8.15}$

对一支挡结构动测信号进行连续小波变换和离散小波变换，小波变换系数分布见图 8.5。

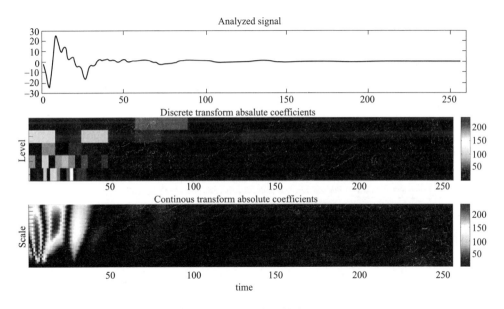

图 8.5　小波变换系数分布图

Fig 8.5　The coefficient plots

8.2.2　多分辨率分析与 Mallat 算法

Mallat 使用多分辨率分析的概念统一了各种具体小波基的构造方法，并由此提出了现今广泛使用的 Mallat 快速小波分解和重构算法，它在小波分析中的地位与快速傅里叶变换在傅里叶分析中的地位相当[7]。

定义空间 $L^2(R)$ 的多分辨率分析是指构造该空间内一个子空间列 $\{V_j\}_{j \in Z}$，使其具有以下性质：

（1）单调性（包容性）$\cdots \subset V_2 \subset V_1 \subset V_0 \subset V_{-1} \subset V_{-2} \subset \cdots$

（2）逼近性：$\mathrm{close}\{\bigcup\limits_{j=-\infty}^{\infty} V_f\} = L^2(R)$，$\bigcap\limits_{j=-\infty}^{\infty} V_f = \{0\}$

（3）伸缩性：

$$\phi(t) \in V_j \Leftrightarrow \phi(2t) \in V_{j-1}$$

（4）平移不变性：

$$\phi(t) \in V_j \Leftrightarrow \phi(t - 2^{j-1}k) \in V_j, \forall k \in Z$$

（5）Riesz 基存在性：存在 $\phi(t) \in V_0$，使得 $\{\phi(2^{-j}t - k)\}_{k \in z}$ 构成 V_j 的 Riesz 基。

令 $\{V_j\}_{j \in Z}$ 是 $L^2(R)$ 空间的一个多分辨率分析，则存在一个唯一的函数 $\phi(t) \in L^2(R)$ 使得：

$$\phi_{j,k} = 2^{-j/2}\phi(2^{-j}t - k), k \in Z \tag{8.16}$$

必定是 V_j 内的一个标准正交基，其中 $\phi(t)$ 称为尺度函数。

式（8.16）中的系数 $2^{-j/2}$ 是为了使 $\phi_{j,k}$ 的 L^2 范数为 1。若 $\phi(t)$ 生成一个多分辨分析，那么 $\phi \in V_0$ 也属于 V_{-1}，并且因为 $\{\phi_{-1,k}: k \in Z\}$ 是 V_{-1} 的一个 Riesz 基，所以存在唯一的 l^2 序列 $\{h(k)\}$，它描述尺度函数 ϕ 的两尺度关系：

$$\phi(t) = \sqrt{2}\sum_{k=-\infty}^{\infty} h(k)\phi(2t - k) \tag{8.17}$$

由性质（1）可知 $V_{j+1} \in V_j$，$\forall j \in Z$，所以

$$V_j = V_{j+1} \oplus W_{j+1} \tag{8.18}$$

反复应用式（8.18），得

$$L^2(R) = \bigoplus_{j \in Z} W_j \tag{8.19}$$

同样，象 $\phi(t)$ 生成 V_0 一样，存在一个函数 $\psi(t)$ 生成闭子空间 W_0，且有与式（8.17）类似的双尺度方程

$$\psi(t) = \sqrt{2}\sum_{k=-\infty}^{\infty} g(k)\phi(2t - k) \tag{8.20}$$

式（8.20）称为小波函数双尺度方程。由式（8.17）、式（8.20）可知，尺度函数与小波函数的构造归结为系数 $\{h(k)\}$，$\{g(k)\}$ 的设计，若令：

$$H(\omega) = \sum_{k=-\infty}^{\infty} \frac{h(k)}{\sqrt{2}}e^{-j\omega k} \qquad G(\omega) = \sum_{k=-\infty}^{\infty} \frac{g(k)}{\sqrt{2}}e^{-j\omega k}$$

则把尺度函数和小波函数的设计可以归结为滤波器 $H(\omega)$，$G(\omega)$ 的设计。构造正交小波时滤波器 $H(\omega)$ 与 $G(\omega)$ 必须满足以下三个条件：

$$|H(\omega)|^2 + |H(\omega+\pi)|^2 = 1 \tag{8.21}$$

$$|G(\omega)|^2 + |G(\omega+\pi)|^2 = 1 \tag{8.22}$$

$$H(\omega)G^*(\omega) + H(\omega)G^*(\omega+\pi) = 0 \tag{8.23}$$

联合求解式（8.22）和（8.23）可得

$$G(\omega) = e^{-j\omega} H^*(\omega + \pi) \tag{8.24}$$

由上式即可得

$$g(k) = (-1)^{1-k} h^*(1-k), k \in Z \tag{8.25}$$

所以，要设计正交小波，只需要设计滤波器 $H(\omega)$。

由以上分析可知，函数 $f(t)$ 可由它的小波变换 $WT_f(a, b)$ 精确重建。将"基" $\psi_{a,b}(t)$ 离散化构成离散小波框架，当小波函数的伸缩平移系 $\{\psi_{j,k}\}_{j,k \in Z}$ 是正交系时，所得的小波框架就无冗余了，这就需要进行多分辨率分析（Multi-Resolution Analysis），简称 MRA，也称多分辨率分析。Mallat 在著名的用于图像分解的金字塔算法（Pyramidal algorithm）的启发下，结合多分辨率分析，提出了信号的塔式多分辨率分解与综合算法，常简称为 Mallat 算法。

设 $f(t) \in L^2(R)$，并假定已得到 $f(t)$ 在 2^{-j} 分辨率下的粗糙象 $A_j f \in V_j$，$\{V_j\}_{j \in Z}$ 构成 $L^2(R)$ 的多分辨分析，从而有 $V_j = V_{j+1} \oplus W_{j+1}$，即

$$A_j f = A_{j+1} f + D_{j+1} f \tag{8.26}$$

式中 $A_j f = \sum_{k=-\infty}^{\infty} C_{j,k} \psi_{j,k}(t)$，$D_j f = \sum_{k=-\infty}^{\infty} D_{j,k} \psi_{j,k}(t)$，

于是

$$\sum_{k=-\infty}^{\infty} C_{j,k} \phi_{j,k}(t) = \sum_{k=-\infty}^{\infty} C_{j+1,k} \phi_{j+1,k}(t) + \sum_{k=-\infty}^{\infty} D_{j+1,k} \psi_{j+1,k}(t) \tag{8.27}$$

由尺度函数的双尺度方程可得

$$\phi_{j+1,m}(t) = \sum_{k=-\infty}^{\infty} h(k-2m) \phi_{j,k}(t)$$

利用尺度函数的正交性，有

$$\langle \phi_{j+1,m}, \phi_{j,k} \rangle = h(k-2m) \tag{8.28}$$

同理由小波函数的双尺度方程可得

$$\langle \psi_{j+1,m}, \phi_{j,k} \rangle = g(k-2m) \tag{8.29}$$

由式(8.27)～式(8.29) 立即可得：

$$C_{j+1,m} = \sum_{k=-\infty}^{\infty} C_{j,k} h^*(k-2m) \tag{8.30}$$

$$D_{j+1,m} = \sum_{k=-\infty}^{\infty} C_{j,k} g^*(k-2m) \tag{8.31}$$

$$C_{j,k} = \sum_{m=-\infty}^{\infty} h(k-2m) C_{j+1,m} + \sum_{m=-\infty}^{\infty} g(k-2m) D_{j+1,m} \tag{8.32}$$

引入无穷矩阵 $H = [H_{m,k}]_{m;k=-\infty}^{\infty}$，$G = [G_{m,k}]_{m;k=-\infty}^{\infty}$，其中 $H_{m,k} = h^*(k-2m)$，$G_{m,k} = g^*(k-2m)$ 则式(8.30)、式(8.31) 和式(8.32) 可分别表示为：

$$\begin{cases} C_{j+1}=HC_j \\ D_{j+1}=GC_j \end{cases} \quad j=0,1,\cdots,J \tag{8.33}$$

和 $\qquad C_j=H^*C_{j+1}+G^*D_{j+1}$，$j=J,J-1,\cdots,1,0 \tag{8.34}$

其中 H^*，G^* 分别是 H 和 G 的共轭转置矩阵。

式(8.33) 为 Mallat 一维分解算法，式(8.34) 为 Mallat 一维重构算法，如图 8.6 所示：

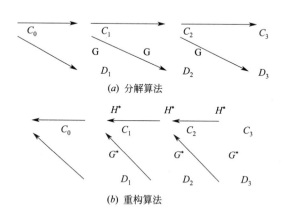

(a) 分解算法

(b) 重构算法

图 8.6　Mallat 小波分解和重构算法示意图

利用 Mallat 分解与重构算法进行信号处理时，不必知道具体的小波函数是什么样的，此外，在对数字信号进行处理时，通常假定相应的连续函数属于 V_0，但即使如此，该函数在 V_0 空间的投影的系数与由采样得到的离散序列一般不一样，但实际上都是直接把由采样得到的信号作为最高分辨率的信号来处理，这时更多的是把小波变换当作滤波器组来看待。在实际应用 Mallat 算法时，由于实际信号都是有限长的，存在如何处理边界的问题。比较常用的方法是周期扩展和反射扩展。主要目的是要降低边界不连续性所产生的在边界上变换系数衰减慢的问题。

多分辨率分析可用小波分解树来解释，见图 8.7，任何信号 S 分解成高频部分 cA_1 和低频部分 cD_1，再对低频部分进行进一步分解为高频部分 cA_2 和低频部分 cD_2，以下再依次类推。

依据标准正交基 $\{2^{-j/2}\phi(2^{-j}t-k)\}_{k\in z}$，任何函数 $f(t)$ 都可根据分辨率 2^{-N} 时的低频部分（信号的概貌）和分辨率为 2^{-j}（$1\leqslant j\leqslant N$）下的高频部分（信号的细节）完全重构，这就是著名的 Mallat 塔式重构算法。它说明任何信号可分解成不同频带的细节之和，随着 j 的不同，这些频带互不重叠且充满整个频率空间，也就是正交离散小波变换的时频窗互不重叠、相互邻接，形成对时频平面的一种剖分，见图 8.8。

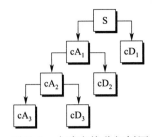

图 8.7 小波变换分解树图

Fig 8.7 Wavelet decomposition tree

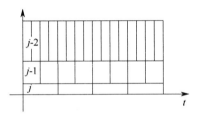

图 8.8 正交小波变换的时频窗

Fig 8.8 Time-fequency window of MRA

应用多分辨率分析技术可以把信号分解在不同的频带之内，对这些频带内的信号进行分析，称为频带分析技术。可以根据感兴趣的频率范围，把信号在一定尺度上进行分解，从而提取相应频带内的信息。其中，多分辨率分析可以把一个信号逐次分解为低频逼近部分和高频细节部分，而每一次再分解都只对上一次分解的低频部分进行，分解的结果保留了信号的时间特征。与傅里叶变换相比较，小波变换是将傅里叶变换中所用的正弦函数修改为在时间上更集中而在频率上较分散的基函数，即小波基函数。小波频带分析技术对信号在不同频带上的能量统计是在时域波形上，这与信号经傅里叶变换后在频域上进行的能量统计是不同的，正是这种差异体现了小波分析具有时频分析能力的优势。信号经多分辨率分析后，其幅值的大小表征了信号中此频率成分的能量大小。

下面对实验室悬臂式挡墙测点 5 在不同工况下动测信号作为实例，运用多分辨率方法分析支挡结构系统的动测信号，输出结果见图 8.9。这里采用了 coif3 小波分别对功率谱密度曲线进行三层多分辨率分析，其中 ca3 表示第三层低频系数（逼近部分），cd3 表示第三层高频系数（细节部分），cd2 表示第二层高频系数（细节部分），cd1 表示第一层高频系数（细节部分）。与工况一相比，其他三种工况的动测信号功率谱的多分辨率分解系数出现较明显的变化，而这三种工况低频系数相近，而高频系数存在一定的畸变，反映了挡墙的不同工作状态。

对信号多分辨率分解后再对各小波系数进行信号重构，见图8.10，可以看出低频系数 ca3 的重构信号仍然保持了原始频谱的主要特征，是原始频谱的粗略近似，各高频系数 cd3、cd2、cd1 的重构信号重现了原始频谱的细节部分。频谱曲线就是这几条重构曲线的总和。

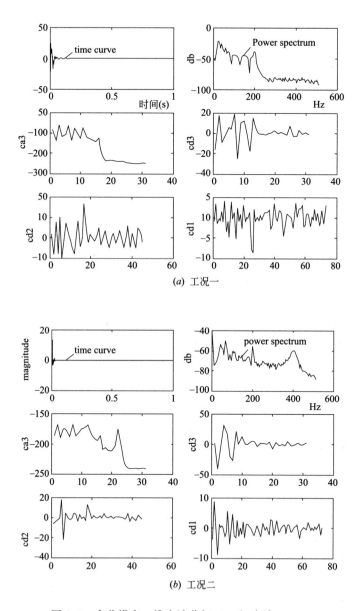

(a) 工况一

(b) 工况二

图 8.9　多分辨率一维小波分解（coif3 小波）（一）

Fig 8.9　Multi-scale unidimentional wavelet decomposition（coif3 wavelet）（1）

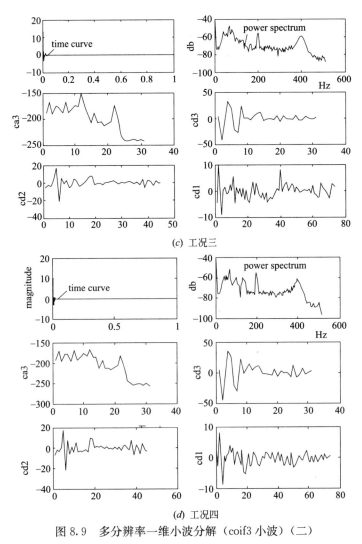

图 8.9 多分辨率一维小波分解（coif3 小波）（二）

Fig 8.9 Multi-scale unidimentional wavelet decomposition（coif3 wavelet）（2）

8.2.3 小波包分析

多分辨率分析的基本思想是把信号投影到一组互相正交的小波函数构成的子空间上，形成了信号在不同尺度上的展开，从而提取了信号在不同频带的特征，同时保留了信号在各尺度上的时域特征。虽然多分辨率分析是一种有效的时频分析方法，但它每次只对信号的低频成分进行分解，高频部分保留不动。而且它的频率分辨率与 2^j 成正比，因此高频部分频率分辨率差。Coifman、Meyer 和 Wickerhauser 在多分辨率分析的基础上提出了小波包的概念，它同时可在低频和高频部分进行分解，自适应地确定信号在不同频段的分辨率，实现对信号任意

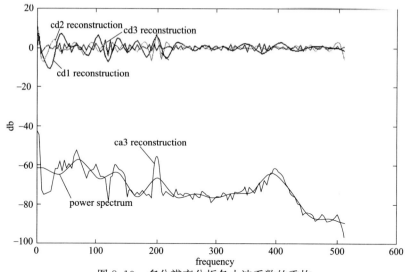

图 8.10 多分辨率分析各小波系数的重构

Fig 8.10 Reconstruction from coefficient vectors

频段的聚焦。小波包的基本思想是对多分辨分析中的小波子空间也进行分解,设正交小波函数 $\psi(t)$、尺度函数 $\varphi(t)$,它们满足双尺度方程:

$$\begin{cases} \varphi(t) = \sqrt{2} \sum_{n \in z} h[n] \varphi(2t - n) \\ \psi(t) = \sqrt{2} \sum_{n \in z} g[n] \varphi(2t - n) \end{cases} \tag{8.35}$$

式中 $g[n] = (-1)^n h[1-n]$,$h[n]_{n \in z}$、$g[n]_{n \in z}$ 由尺度、小波函数所决定,并构成离散低通、高通共轭正交滤波器 H、G。记 $u_0(t) = \varphi(t)$,$u_1(t) = \psi(t)$,则式(8.35) 变成:

$$\begin{cases} u_0(t) = \sqrt{2} \sum_{n \in z} h[n] u_0(2t - n) \\ u_1(t) = \sqrt{2} \sum_{n \in z} g[n] u_0(2t - n) \end{cases} \tag{8.36}$$

将上式一般化,得到:

$$\begin{cases} u_{2k}(t) = \sqrt{2} \sum_{n \in z} h[n] u_k(2t - n) \\ u_{2k+1}(t) = \sqrt{2} \sum_{n \in z} g[n] u_k(2t - n) \end{cases} \tag{8.37}$$

称由式(8.37) 定义的函数集合 $\{u_n(t)\}_{n=0,1,2,\cdots}$ 为由 $u_0(t) = \varphi(t)$ 确定的小波包。由于

$\varphi(t)$ 由滤波器 H 唯一确定,所以也称为关于 H 的正交小波包。由小波包构成的函数集合 $\{2^{-j/2} u_n(2^{-j}t - l)\}_{l \in z, j \in z, n=0,1,2,\cdots}$ 为小波库,从小波库中抽取的能组成 $L^2(R)$ 的一组标准正交基为 $L^2(R)$ 的一个小波包基。显然,对于

固定分解层 j，$\{2^{-j/2}u_n(2^{-j}t-l)\}_{l\in z,j\in z,n=0,1,2,\cdots}$ 构成 $L^2(R)$ 的一个小波包基，称为固定尺度的小波包基，它对应的 $L^2(R)$ 的分解为 $L^2(R)=U_j^0+U_j^1+U_j^2+\cdots+U_j^n+\cdots$，这组基有类似于加窗 FT 的性质，也称为子带基。特别地，当 $n=1$ 时，$\{2^{-j/2}u_1(2^{-j}t-l)\}_{l\in z,j\in z}$ 即

为 $L^2(R)$ 的小波基，可见小波包基是小波基的推广形式。

快速小波包算法（FWPT：fast wavelet packet transform）是 Mallat 算法的推广。假定 H、G 为尺度函数和小波函数决定的两个共轭正交滤波器，其滤波器系数满足：

$$\begin{cases} \sum h[n-2k]h[n-2l]=\delta_{kl} \\ \sum h[n]=\sqrt{2} \\ g[k]=(-1)^{k-1}k[1-k] \end{cases} \tag{8.38}$$

FWPT 算法描述为：

$$\begin{cases} d_{j+1}^{2p}[k]=\sum_{n=-\infty}^{\infty} h[n-2k]d_j^p[n]d_j^p[n] \\ d_{j+1}^{2p+1}[k]=\sum_{n=-\infty}^{\infty} g[n-2k]d_j^p[n] \end{cases} \tag{8.39}$$

若已知函数在尺度 j 上某子空间基下的系数 $d_j^p[n]$，就可以计算出在尺度 $j+1$ 上相应基下的系数 $d_{j+1}^{2p}[k]$、$d_{j+1}^{2p+1}[k]$，称为小波包后代。$d_{j+1}^{2p}[k]$、$d_{j+1}^{2p+1}[k]$ 由 $d_j^p[n]$ 与小波相应滤波器 H、G 卷积的次采样得到，而不需要知道小波函数的具体形式。图 8.11 为 FWPT 分解树结构，每个二叉子结构的左（粗）枝代表滤波器 H，右（细）枝代表滤波器 G，沿着两枝迭代式(8.39)，可以计算出枝结点上的小波包系数子带。图 8.11 中带下划线的结点构成小波基 $\{2^{-j/2}u_1(2^{-j}t-l)\}_{l\in z,j\in z}$

包含的小波分解。小波包分析的具体步骤如下：

步骤一：对 A/D 采样信号进行三层小波包分解，分别提取第三层 8 个频率成分的信号特征，其分解结构如图 8.11 所示。第三层从左到右的小波系数分别为 X_{30}，X_{31}，X_{32}，$\cdots$，X_{37}。

步骤二：对小波包分解系数进行重构，提取各频带范围的信号。S_{30} 表示 X_{30} 的重构信号，S_{31} 表示 X_{31} 的重构信号，其他依此类推。在这里，只对第三层的所有节点进行分析，则总信号 S 可以表示为：

$$S=S_{30}+S_{31}+S_{32}+S_{33}+S_{34}+S_{35}+S_{36}+S_{37} \tag{8.40}$$

下面对实验室悬臂式挡墙测点 5 在不同工况下动测信号作为实例，运用小波包分析支挡结构系统，输出结果见图 8.12～图 8.15。可以看出，小波包分析得到分辨率更高的低频和高频子信号，不同工况下，动测信号在低频段和高频段反映更细致的变化，可以根据各频段自信号的特征值来衡量和评价支挡结构的健康状况。

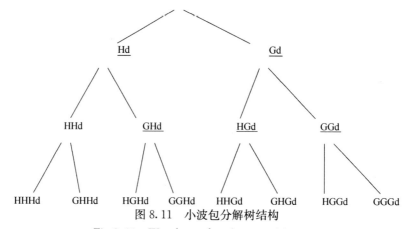

图 8.11 小波包分解树结构

Fig 8.11 Wavelet packet decomposition tree

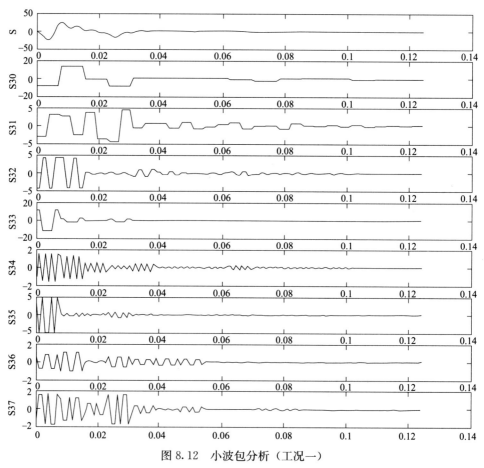

图 8.12 小波包分析（工况一）

Fig 8.12 Wavelet packet analysis（case 1）

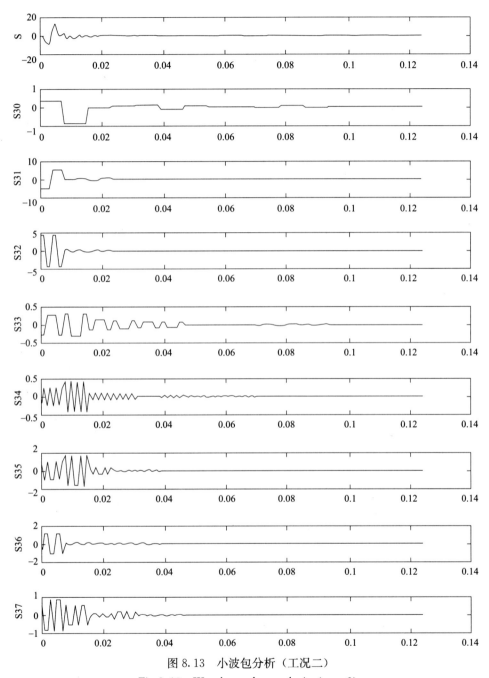

图 8.13 小波包分析（工况二）

Fig 8.13 Wavelet packet analysis（case 2）

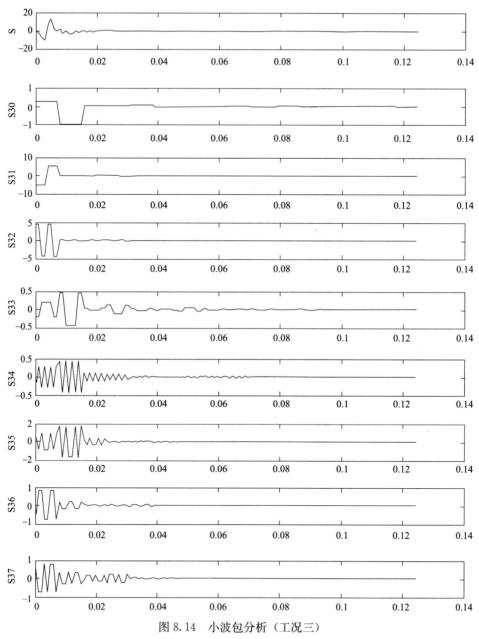

图 8.14　小波包分析（工况三）

Fig 8.14　Wavelet packet analysis（case 3）

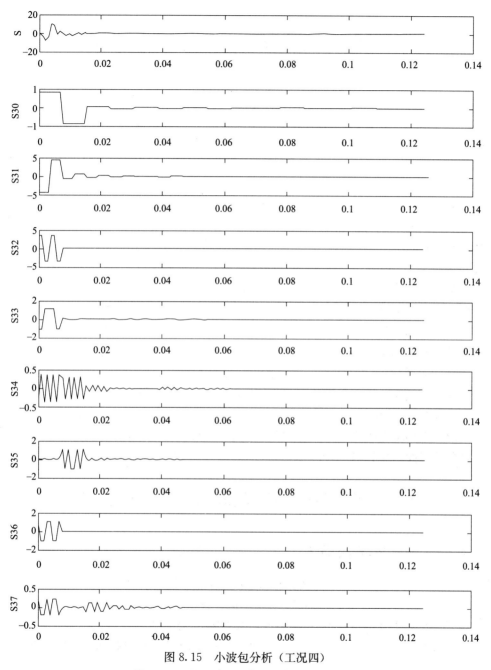

图 8.15 小波包分析（工况四）

Fig 8.15 Wavelet packet analysis（case 4）

9 支挡结构动力响应的能量谱分析

近年来，基于振动模态分析与参数识别基础上的结构整体状态监测技术得到了广泛的研究。然而，该技术应用于大型工程结构尚不能尽如人意，主要原因有以下几点：（1）结构损伤导致的模态频率变化非常小；（2）结构局部损伤对高阶模态比较灵敏，但这类模态向量测量精度很差甚至测量不到；（3）测量噪声往往覆盖了结构损伤引起的模态频率和模态向量的变化；（4）由于工程结构的体量较大，通常只能对少数自由度进行测量，这使得一般的基于模态向量的结构损伤识别方法（需要较完整的振动模态）难以实际应用。因此，寻找适合于大型工程结构且具有良好抗噪声干扰能力的结构动力参数，并在此基础上系统地建立大型工程结构损伤预警的理论与实现方法将具有重要的学术价值和应用价值。

结构损伤诊断的核心就是通过对结构动力响应进行损伤分析，从中提取反映结构刚度变化的结构动力系统的损伤特征信息。结构损伤诊断问题包含了结构动力系统的损伤分析和结构动力响应的损伤分析两个分析层次，具有多尺度分析特征。基于此，结构多尺度损伤分析理论是将传统的结构动力学理论与基于小波变换的信号多尺度分析相结合，开展基于小波变换的结构多尺度损伤分析研究，从而能够在不同分析尺度上获得更多的结构损伤特征信息，降低损伤诊断问题的不确定性和复杂性。根据上述分析，本章在基于小波变换的信号多尺度表示基础上，首先介绍基于小波变换的结构动力系统的多尺度分解原理，并分析结构动力系统的多尺度分解特性，在此基础上对支挡结构动力响应的能量谱进行分析讨论。

9.1 支挡结构系统的多尺度损伤分析原理

9.1.1 结构动力系统描述

将结构离散为 n 个自由度的动力系统，其运动微分方程为[193,194]：

$$\mathbf{M}\ddot{x} + \mathbf{C}\dot{x} + \mathbf{K}x = \mathbf{F}(t) \tag{9.1}$$

式（9.1）中 $\mathbf{M} \in \mathbf{R}^{n \times n}$、$\mathbf{C} \in \mathbf{R}^{n \times n}$、$\mathbf{K} \in \mathbf{R}^{n \times n}$ 分别表示系统的质量矩阵、阻尼矩阵以及刚度矩阵。$x \in \mathbf{R}^{n \times 1}$ 与 $\mathbf{F} \in \mathbf{R}^{n \times 1}$ 分别为系统的位移响应向量和激励力向量。

令状态向量 $\bar{x}(t) = \begin{Bmatrix} x(t) \\ \dot{x}(t) \end{Bmatrix}$，则运动微分方程可改写为：

$$\dot{\overline{x}}(t)=\mathbf{A}\overline{x}(t)+\mathbf{B}\overline{\mathbf{F}}(t) \tag{9.2}$$

式(9.2) 中

$$\mathbf{A}=\begin{bmatrix} \mathbf{0} & \mathbf{I} \\ -\mathbf{M}^{-1}\mathbf{K} & -\mathbf{M}^{-1}\mathbf{C} \end{bmatrix} \qquad \mathbf{B}=\begin{bmatrix} \mathbf{0} & \mathbf{0} \\ \mathbf{M}^{-1} & \mathbf{0} \end{bmatrix} \qquad \overline{\mathbf{F}}(t)=\begin{Bmatrix} \mathbf{F}(t) \\ \mathbf{0} \end{Bmatrix}$$

假定采用一个加速度传感器对结构动力响应进行观测，其值为一 p 维连续信号 $f(t)\in\mathbf{R}^{p\times1}$，即

$$f(t)=\mathbf{T}\ddot{x}(t)+v(t) \tag{9.3}$$

式(9.3) 中

$\mathbf{T}\in\mathbf{R}^{p\times n}$ 为观测矩阵，$v(t)\in\mathbf{R}^{p\times1}$ 为观测噪声。采用状态变量 $\overline{x}(t)$ 表示 $f(t)$，则式(9.3) 可改写为：

$$f(t)=\overline{C}\overline{x}(t)+\overline{D}\overline{f}(t)+v(t) \tag{9.4}$$

式(9.4) 中

$$\overline{\mathbf{C}}=\begin{bmatrix} -\mathbf{TM}^{-1}\mathbf{K} & -\mathbf{TM}^{-1}\mathbf{C} \end{bmatrix} \qquad \overline{\mathbf{D}}=\begin{bmatrix} \mathbf{TM}^{-1} & \mathbf{0} \end{bmatrix}$$

将状态方程式(9.2) 和观测方程式(9.4) 在时间域进行离散。假定系统采样的时间间隔为 Δt，将式(9.2) 两边均左乘矩阵指数函数

$$e^{-\Delta t}=\mathbf{I}+\Delta t+\frac{\mathbf{A}^2t^2}{2!}+\cdots+\frac{\mathbf{A}^nt^n}{n!}+\cdots+\sum_{k=0}^{\infty}\frac{\mathbf{A}^kt^k}{k!} \tag{9.5}$$

得到

$$e^{-\Delta t}\dot{\overline{x}}(t)=e^{-\Delta t}\mathbf{A}\dot{\overline{x}}(t)+e^{-\Delta t}\mathbf{B}\overline{\mathbf{F}}t \text{ 或 } e^{-\Delta t}\dot{\overline{x}}(t)-e^{-\Delta t}\mathbf{A}\dot{\overline{x}}(t)=e^{-\Delta t}\mathbf{B}\overline{\mathbf{F}}t \tag{9.6}$$

上式可改写为：

$$\frac{d}{dt}[e^{-\Delta t}\overline{x}(t)]=e^{-\Delta t}\mathbf{B}\overline{\mathbf{F}}(t) \tag{9.7}$$

对上从 $t-\Delta t$ 到 t 进行积分，得

$$e^{-\Delta t}\overline{x}(t)\Big|_{t-\Delta t}^{t}=\int_{t-\Delta t}^{t}e^{-\Delta t}\mathbf{B}F(\tau)\mathrm{d}\tau \tag{9.8}$$

即

$$e^{-\Delta t}\overline{x}(t)=e^{-\mathbf{A}(t-\Delta t)}x(t-\Delta t)+\int_{t-\Delta t}^{t}e^{-\mathbf{A}\tau}\mathbf{B}\overline{\mathbf{F}}(\tau)\mathrm{d}\tau \tag{9.9}$$

上式两边再左乘 $e^{\Delta t}$，则有

$$\overline{x}(t)=e^{\mathbf{A}\Delta t}\overline{x}(t-\Delta t)+\int_{t-\Delta t}^{t}e^{\mathbf{A}(t-\tau)}\mathbf{B}\overline{\mathbf{F}}(\tau)\mathrm{d}\tau \tag{9.10}$$

式(9.10) 为状态方程 (9.2) 时域解的公式，因此状态方程式(9.2) 和观测方程式(9.4) 在时间域按采样时间间隔 Δt（相应尺度为 N）可离散为

$$\overline{x}(N,k+1)=\overline{\mathbf{A}}(N)\overline{x}(N,k)+\overline{\mathbf{B}}(N)\overline{\mathbf{F}}(N,k) \qquad k\in Z^{+} \tag{9.11}$$

$$f(N,k)=\mathbf{C}(N)\overline{x}(N,k)+\overline{\mathbf{D}}(N)\overline{\mathbf{F}}(N,k)+v(N,k) \quad k\in Z^{+} \quad (9.12)$$

上式中，$\overline{\mathbf{A}}=e^{\mathbf{A}\Delta t}$，$\overline{\mathbf{B}}=\int_{t-\Delta t}^{t}e^{\mathbf{A}(t-\tau)}\mathbf{B}\mathrm{d}\tau$ 。

9.1.2 信号的多尺度表示及 FOWPT 算法

由第 8 章可知，小波包分析给出了信号的一种时间尺度分解，这种分解提供了信号多尺度分析的可能性。信号多尺度表示是将待处理的信号在不同尺度上进行分解，分解到粗尺度上的信号称之为平滑信号，在细尺度上存在而在粗尺度上消失的信号称之为细节信号，小波包分析是连接不同尺度上信号的桥梁。它可以更灵活地适应信号多尺度特性，但是 FWPT 小波包算法，其信号的分解分量为自然顺序排列，表现为每一分解层上由子带基产生的小波包系数子带，在排列上是"非有序"的，即不按升频顺序排列，这对于构建小波包子带能量损伤特征向量会产生不利影响。

对于动测信号，每一层上的小波包系数子带并非按升频排列，而是遵守 Paley 序[192]，在每层上通过 Gray 编码将 Paley 序转换为 Walsh 序，可以实现子带排列的升频有序化。如由 FWPT 对某一动力响应进行分析，在第 3 分解层上，子带由 Paley 序转换为 Walsh 序的结果如下：

$$\text{Paley:}0,1,2,3,4,5,6,7 \xrightarrow{\text{Gray}} \text{Walsh:}0,1,3,2,6,7,5,4 \quad (9.13)$$

但是 Gray 编码需要在 FWPT 基础上附加额外的操作工序得到，且一次编码只能在单一分解层上执行，当数据量大且要对多层进行编码时则需要较大的运算量和存贮空间，这限制了其有效应用。所以，这里提出一种 FWPT 的简单改进算法，即快速频率有序小波包变换（FOWPT：frequency-ordered wavelet packet transform）能够得到频率有序小波包分解，有效地克服了 FWPT 子带编码的"非有序性"，比 Gray 具有明显优势。程序算法思路比较简单，首先基于 FWPT 算法对信号进行小波包分解，得到各子频带小波系数，对各信号分量进行重构，然后对各分量进行功率谱分析，得到各分量最大功率所对应的频率，即个分量的主频，最后对各主频进行升序排列，各子频带也作相应的调整，形成按升频顺序排列的小波包分解子频带序列。

下面通过实验室悬臂墙工况一的动测信号，应用小波包分析来说明信号的多尺度表示。信号采样点数取 128，采样频率为 1024Hz，因此该信号包含了 0～512Hz 的频率成分。通过各频段的频谱分析，按各频段主频升序排列，各频段由图 9.1 的 Paley 序（S_{30}，S_{31}，S_{32}，S_{33}，S_{34}，S_{35}，S_{36}，S_{37}）转换为按频带升序排列的 Walsh 序（S_{30}，S_{31}，S_{33}，S_{32}，S_{36}，S_{37}，S_{35}，S_{34}）

由小波包空间剖分的完整性，即：

$$V_0=U_{j-k}^{0}\oplus U_{j-k}^{1}\oplus\cdots\oplus U_{j-k}^{2^k}\oplus U_{j-k}^{2^k+1}\oplus\cdots\oplus U_{j-k}^{2^{k+1}-1} \quad (9.14)$$

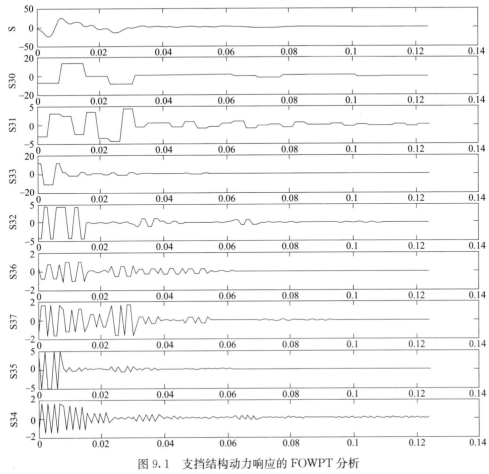

图 9.1 支挡结构动力响应的 FOWPT 分析

Fig 9.1 FOWPT analysis of dynamic response for retaining wall

可知，原始信号 V_0 空间的总能量应等于各子空间能量之和。也就是说，小波包分析能将信号无冗余、无疏漏、正交地分解到各个独立的频带内。利用 FOWPT 算法，进行小波包分解后，结构动力响应 S 在第 i 分解层可以得到 2^i 子频带，S 可以表示为：

$$S=f_{i,0}+f_{i,1}+\cdots+f_{i,2^i-1} \tag{9.15}$$

由以上分析可以看到，利用 FOWPT 算法，可以将信号在整个频率范围内划分成 2^i 个子频带的分解序列或称分信号，低频带的分信号反映有原始信号的基本概貌，高频带的分信号反映原始信号的细节部分，这些分解序列既含有时间信息，又含有频率信息，从而达到信号时频局部化分析的目的。每个子频带的频率宽度为 $F_s/2^i$，子频带 $f_{i,j}$ 所代表的频率范围为：

$[j\times F_s/2^i \sim (j+1)\times F_s/2^i]$，图 9.1 中各频带所代表的频率范围见表 9.1。

各频率成分所代表的频率范围　　　　　　　　表 9.1

Frequency range of various frequency component　　Table 9.1

信号	$f_{3,0}$	$f_{3,1}$	$f_{3,2}$	$f_{3,3}$
频率范围(Hz)	$0\sim64$	$64\sim128$	$128\sim192$	$128\sim256$
信号	$f_{3,4}$	$f_{3,5}$	$f_{3,6}$	$f_{3,6}$
频率范围/Hz	$256\sim320$	$320\sim384$	$384\sim448$	$448\sim512$

9.1.3 结构动力系统的多尺度描述

下面推导结构动力系统式(9.11) 和式(9.12) 在不同尺度空间下的状态方程和观测方程。假定某尺度 $i\,(1\leqslant i\leqslant N)$ 上结构系统的状态方程和观测方程分别为：

$$\overline{x}(i,k+1)=\overline{\mathbf{A}}(i)\overline{x}(i,k)+\overline{\mathbf{B}}(i)\overline{\mathbf{F}}(i,k) \qquad k\in Z^+ \qquad (9.16)$$

$$f(i,k)=\overline{\mathbf{C}}(i)\overline{x}(i,k)+\overline{\mathbf{D}}(i)\overline{\mathbf{F}}(i,k)+v(i,k) \qquad k\in Z^+ \qquad (9.17)$$

采用小波包变换将动力系统的状态方程 (9.16) 从尺度 i 分解到尺度 $i-1$，得到粗尺度（平滑）信号空间 $\mathbf{V}_{i-1}$ 上的状态方程

$$
\begin{aligned}
\overline{x}_V^i(i-1,k+1) &= \sum_i h(l)\overline{x}(i,2k-l+2) = \sum_i h(l)\overline{\mathbf{A}}(i)\overline{x}(i,2k-l) \\
&\quad + \sum_i h(l)\overline{\mathbf{B}}(i)\overline{\mathbf{F}}(i,2k-l+1) \\
&= \sum_i h(l)\overline{\mathbf{A}}(i)\big[\overline{\mathbf{A}}(i)\overline{x}(i,2k-l)+\overline{\mathbf{B}}(i)\overline{\mathbf{F}}(i,2k-l)\big] \\
&\quad + \sum_i h(l)\overline{\mathbf{B}}(i)\overline{\mathbf{F}}(i,2k-l+1) \\
&= \overline{\mathbf{A}}(i)\overline{\mathbf{A}}(i)\sum_i h(l)\overline{x}(i,2k-l) \\
&\quad + \overline{\mathbf{A}}(i)\sum_i h(l)\overline{\mathbf{B}}(i)\overline{\mathbf{F}}(i,2k-l) \\
&\quad + \sum_i h(l)\overline{\mathbf{B}}(i)\overline{\mathbf{F}}(i,2k-l+1) \\
&= \overline{\mathbf{A}}_V^i(i-1)\overline{x}_V^i(i-1,k)+\overline{\mathbf{B}}_V^i(i-1)\mathbf{F}_V^i(i-1,k)
\end{aligned}
\qquad (9.18)
$$

上式中，下标 V 表示尺度 i 上信号序列 $x(i,k)\in V_i\subset L^2(Z)$ 在粗尺度信号空间 V_{i-1} 上的投影；上标 i 表示从尺度 i 分解到的。其中

$$\overline{\mathbf{A}}_V^i(i-1)=\overline{\mathbf{A}}(i)\overline{\mathbf{A}}(i) \qquad (9.19)$$

$$\overline{\mathbf{B}}_V^i(i-1)=\overline{\mathbf{B}}(i) \qquad (9.20)$$

$$\overline{\mathbf{F}}_{\mathrm{V}}^{i}(i-1,k)=\overline{\mathbf{A}}(i)\sum_{i}h(l)\overline{\mathbf{F}}(i,2k-1)+\sum_{i}h(l)\overline{\mathbf{F}}(i,2l-l+1) \tag{9.21}$$

采用小波包变换将动力系统的观测方程(9.17)从尺度 i 分解到尺度 $i-1$，得到粗尺度信号空间 V_{i-1} 上的观测方程

$$\begin{aligned}
f_{\mathrm{V}}^{i}(i-1,k)&=\sum_{i}h(l)f(i-2k-l)\\
&=\sum_{i}h(l)\big[\overline{\mathbf{C}}(i)x(i,2k-l)+\overline{\mathbf{D}}(i)\,\overline{\mathbf{F}}(i,2k-l)\\
&\quad+v(i,2k-l)\big]\\
&=\overline{\mathbf{C}}(i)(i-1)\sum_{i}h(l)\overline{x}(i,2k-l)\\
&\quad+\sum_{i}h(l)\,\overline{\mathbf{D}}(i)\,\overline{\mathbf{F}}(i,2k-l)+\sum_{i}h(l)v(i,2k-l)\\
&=\overline{\mathbf{C}}_{\mathrm{V}}^{i}(i-1)\overline{x}_{\mathrm{V}}^{i}(i-1,k)+\overline{\mathbf{D}}_{\mathrm{V}}^{i}(i-1)\,\overline{\mathbf{F}}_{\mathrm{V}}^{i}(i-1,k)\\
&\quad+v_{\mathrm{V}}^{i}(i-1,k)
\end{aligned} \tag{9.22}$$

其中

$$\overline{\mathbf{C}}_{\mathrm{V}}^{i}(i-1)=\overline{\mathbf{C}}(i) \tag{9.23}$$

$$\overline{\mathbf{D}}_{\mathrm{V}}^{i}(i-1)=\overline{\mathbf{D}}(i) \tag{9.24}$$

$$\overline{\mathbf{F}}_{\mathrm{V}}^{i}(i-1,k)=\sum_{h}h(l)\,\overline{\mathbf{F}}(i,2k-l) \tag{9.25}$$

$$v_{\mathrm{V}}^{i}(i-1,k)=\sum_{h}h(l)v(i,2k-l) \tag{9.26}$$

类似的，动力系统的状态方程(9.16)从尺度 i 分解到尺度 $i-1$，在细尺度（细节）信号空间 $\mathbf{W}_{i-1}$ 上的状态方程为：

$$\begin{aligned}
\overline{x}_{\mathrm{W}}^{i}(i-1,k+1)&=\sum_{i}g(l)\overline{x}(i,2k-l+2)\\
&=\overline{\mathbf{A}}(i)\,\overline{\mathbf{A}}(i)\sum_{i}g(l)\overline{x}(i,2k-l)\\
&\quad+\overline{\mathbf{A}}(i)\sum_{i}g(l)\,\overline{\mathbf{B}}(i)\,\overline{\mathbf{F}}(i,2k-l)\\
&\quad+\sum_{i}g(l)\,\overline{\mathbf{B}}(i)\,\overline{\mathbf{F}}(i,2k-l+1)\\
&=\overline{\mathbf{A}}_{\mathrm{W}}^{i}(i-1)x_{\mathrm{W}}^{i}(i-1,k)+\overline{\mathbf{B}}_{\mathrm{W}}^{i}(i-1)\,\overline{\mathbf{F}}_{\mathrm{W}}^{i}(i-1,k)
\end{aligned} \tag{9.27}$$

上式中，下表 W 表示尺度 i 上的信号序列 $\overline{x}(i,k)$ 在细尺度空间 $\mathbf{W}_{i-1}$ 上的投影，

其中

$$\mathbf{A}_{\mathrm{W}}^{i}(i-1)=\overline{\mathbf{A}}(i)\overline{\mathbf{A}}(i) \tag{9.28}$$

$$\mathbf{B}_W^i(i-1) = \overline{\mathbf{B}}(i) \tag{9.29}$$

$$\overline{\mathbf{F}}_W^i(i-1,k) = \overline{\mathbf{A}}(i)\sum_i g(l)\overline{\mathbf{F}}(i,2k-l) + \sum_i g(l)\overline{\mathbf{F}}(i,2k-l+1) \tag{9.30}$$

动力系统的观测方程（9.14）从尺度 i 分解到尺度 $i-1$，在细尺度信号空间 $\mathbf{W}_{i-1}$ 上的观测方程为：

$$\begin{aligned}
f_W^i(i-1,k) &= \sum_i g(l)f(i,2k-l) = \overline{\mathbf{C}}(i)\sum_i g(l)\overline{x}(i,2k-l) + \\
&\quad \sum_i g(l)\overline{\mathbf{D}}(i)\overline{\mathbf{F}}(i,2k-l) + \sum_i g(l)v(i,2k-l) \\
&= \overline{\mathbf{C}}_W^i(i-1)\overline{x}_W^i(i-1,k) + \overline{\mathbf{D}}_W^i(i-1) + \overline{\mathbf{F}}_W^i(i-1,k) \\
&\quad + v_W^i(i-1,k)
\end{aligned} \tag{9.31}$$

其中：

$$\overline{\mathbf{C}}_W^i(i-1) = \overline{\mathbf{C}}(i) \tag{9.32}$$

$$\overline{\mathbf{D}}_W^i(i-1) = \overline{\mathbf{D}}(i) \tag{9.33}$$

$$\overline{\mathbf{F}}_W^i(i-1,k) = \sum_i g(l)\overline{\mathbf{F}}(i,2k-l) \tag{9.34}$$

$$v_W^i(i-1,k) = \sum_i g(l)v(i,2k-l) \tag{9.35}$$

9.1.4 结构动力系统的多尺度损伤分析

考虑结构动力特性多尺度分解的损伤敏感性。假定结构发生损伤时仅结构的刚度降低，忽略结构质量变化引起的刚度变化，单元刚度的变化 $\Delta\mathbf{K}$ 为：

$$\Delta\mathbf{K} = \sum_{j=1}^{ne} \alpha_j \mathbf{K}_j \tag{9.36}$$

式中：$\mathbf{K}_j$ 第 j 个单元的刚度矩阵；α_j 为第 j 个单元刚度的摄动比例，$-1 < \alpha_j < 0$；ne 为结构单元总数。

因此，损伤后结构系统的状态方程（9.11）和输出方程（9.12）中系统矩阵 $\overline{A}^d(N)$、控制矩阵 $\overline{\mathbf{B}}^d(N)$ 和输出矩 $\overline{\mathbf{C}}^d(N)$ 可以改写为

$$\overline{\mathbf{A}}^d(N) = e^{(A+\Delta A)}\Delta t \tag{9.37}$$

$$\overline{\mathbf{B}}^d(N) = \int_0^{\Delta t} e^{(A+\Delta A)\tau} \mathbf{B}d\tau \tag{9.38}$$

$$\overline{\mathbf{C}}^d(N) = [-\mathbf{TM}^{-1}(\mathbf{K}+\Delta\mathbf{K}) - \mathbf{TM}^{-1}\mathbf{C}] \tag{9.39}$$

其中：

$$\Delta \mathbf{A} = \begin{bmatrix} 0 & \mathbf{I} \\ -\mathbf{M}^{-1}\Delta \mathbf{K} & -\mathbf{M}^{-1}\mathbf{C} \end{bmatrix} \quad (9.40)$$

由结构动力系统的多尺度分解可以看出，当系统从尺度 i 向尺度 $i-1$ 分解时，尺度 $i-1$ 上的控制矩阵 $\overline{\mathbf{B}}(i-1)$、$\overline{\mathbf{C}}(i-1)$ 和输出矩阵 $\overline{\mathbf{D}}(i-1)$ 均与尺度 i 相同。系统矩阵 $\overline{\mathbf{A}}(i-1)$ 发生变化，即式（9.19）和式（9.28）成立，即

$$\overline{\mathbf{A}}_V^i(i-1) = \overline{\mathbf{A}}(i)\overline{\mathbf{A}}(i) \qquad \overline{\mathbf{A}}_W^i(i-1) = \overline{\mathbf{A}}(i)\overline{\mathbf{A}}(i)$$

则损伤结构在尺度 $N-1$ 上的系统矩阵 $\overline{\mathbf{A}}^d(N-1)$ 可写为

$$\overline{\mathbf{A}}^d(N-1) = \overline{\mathbf{A}}^d(N)\overline{\mathbf{A}}^d(N) = e^{(A+\Delta A)\Delta t}e^{(A+\Delta A)\Delta t} = e^{2(A+\Delta A)\Delta t} \quad (9.41)$$

因此，损伤结构在尺度 i 上的系统矩阵 $\overline{\mathbf{A}}^d(i)$ 为

$$\overline{\mathbf{A}}^d(i) = \overline{\mathbf{A}}^d(i+1)\overline{\mathbf{A}}^d(i+1) = \cdots = e^{2^{(N-i)}(A+\Delta A)\Delta t} \quad (9.42)$$

对上式求关于 $\Delta \mathbf{A}$ 的导数，可得 $\overline{\mathbf{A}}^d(i)$ 对 $\Delta \mathbf{A}$ 的灵敏度为

$$\begin{aligned} \frac{\mathrm{d}\,\overline{\mathbf{A}}^d(i)}{\mathrm{d}\Delta \mathbf{A}} &= \frac{\mathrm{d}e^{2^{(N-i)}(A+\Delta A)\Delta t}}{\mathrm{d}\Delta \mathbf{A}} = \frac{\mathrm{d}e^{2^{(N-i)}(A+\Delta A)\Delta t}}{\mathrm{d}\Delta t} = \frac{\mathrm{d}\Delta t}{\mathrm{d}\Delta \mathbf{A}} \\ &= 2^{(N-i)}(\mathbf{A}+\Delta \mathbf{A})e^{2^{(N-i)}(A+\Delta A)\Delta t}\frac{\mathrm{d}\Delta t}{\mathrm{d}\Delta \mathbf{A}} \end{aligned} \quad (9.43)$$

由式（9.34）可得 $\overline{\mathbf{A}}^d(N)$ 对 $\Delta \mathbf{A}$ 的灵敏度为

$$\frac{\mathrm{d}\,\overline{\mathbf{A}}^d(N)}{\mathrm{d}\Delta \mathbf{A}} = \frac{\mathrm{d}e^{(A+\Delta A)\Delta t}}{\mathrm{d}\Delta \mathbf{A}} = (\mathbf{A}+\Delta \mathbf{A})e^{(A+\Delta A)\Delta t}\frac{\mathrm{d}\Delta t}{\mathrm{d}\Delta \mathbf{A}} \quad (9.44)$$

由式（9.39）～式（9.41）可知，当损伤结构从尺度 $i+1$ 向尺度 i 分解时，结构系统矩阵 $\overline{\mathbf{A}}^d(i)$ 是尺度 $i+1$ 上结构系统矩阵 $\overline{\mathbf{A}}^d(i+1)$ 的乘积，因此当结构发生损伤时，尺度 i 上的结构系统矩阵 $\overline{\mathbf{A}}^d(i)$ 的变化将比尺度 $i+1$ 上的结构系统矩阵 $\overline{\mathbf{A}}^d(i+1)$ 更为明显，也就是说，小波包分解具有损伤放大镜的特性，随着小波包分解尺度的增加，结构损伤引起的系统矩阵的变化将愈为明显。

9.1.5 结构动力系统多尺度分解的噪声鲁棒性分析

本节进一步考察结构动力系统多尺度分解的噪声鲁棒性。文献［195］于 1999 年基于多尺度估计理论，推导了观测噪声在各个分析尺度上的递推公式。假定在某尺度 i（$0 < i < N$）上系统的观测噪声 $v(i,k)$ 为均值为零的白噪声序列，其统计特性满足：

$$E\{v(i,k)\} = 0 \quad (9.45)$$

$$E\{v(i,k)v^{\mathrm{T}}(i,j)\} = R(i)\delta_{kj} \quad (9.46)$$

式中：$R(i)$ 为自相关阵，δ_{kj} 为克罗迪克 δ 函数，其特性为

$$\delta_{kj} = \begin{cases} 1 & k=j \\ 0 & k \neq j \end{cases} \tag{9.47}$$

对观测噪声 $v(i,k)$ 进行小波包变换，在尺度 $i-1$ 得到平滑信号序列 v_V^i $(i-1,k)$ 和细节信号序列 $v_W^i(i-1,k)$ 分别为

$$v_V^i(i-1,k) = \sum_l h(l)v(i,2k-l) \tag{9.48}$$

$$v_W^i(i-1,k) = \sum_l g(l)v(i,2k-l) \tag{9.49}$$

下面分析平滑信号序列 $v_V^i(i-1,k)$ 的自相关阵，$\forall k, j \in Z$，$k \geqslant j$，由式(9.26) 有：

$$E\{[v_V^i(i-1,k)][v_V^i(i-1,j)]^T\}$$
$$= \sum_r h(r) \sum_l h(l) E\{[v(i-2k-r)][v_V^i(i,2j-l)]^T\} \tag{9.50}$$

由于：

$$E\{[v(i,2k-r)][v_V^i(i,2j-1)]^T\} = \begin{cases} R(i) & 2(k-j)=r-l \\ 0 & 2(k-j) \neq r-l \end{cases} \tag{9.51}$$

令 $d=k-j$，即 $r=l+2d$，则有

$$E\{v_V^i(i-1,k)[v_V^i(i-1,j)]^T\} = E\{v(i-1,j+r)[v_V^i(i-1,j)]^T\}$$
$$= \sum_l h(l)h(l+2d)R(i) \tag{9.52}$$

由正交小波的性质

$$\sum_{n \in Z} h(n)h(n-2k) = \frac{1}{2}\delta_{k0} \tag{9.53}$$

可知

$$E\{[v_V^i(i-1,k)][v_V^i(i-1,j)]^T\} = \frac{1}{2}\mathbf{R}(i)\delta_{kj} \tag{9.54}$$

类似的，细节信号序列 $v_W^i(i-1,k)$ 的自相关阵为

$$E\{[v_W^i(i-1,k)][v_W^i(i-1,j)]^T\} = \frac{1}{2}\mathbf{R}(i)\delta_{kj} \tag{9.55}$$

现在分析平滑信号序列认 $v_V^i(i-1,k)$ 和细节信号序列 $v_W^i(i-1,k)$ 的互相关阵，$\forall k, j \in Z$，$k \geqslant j$，由正交小波的性质

$$\sum_{n \in Z} h(n)g(n-2k) = 0 \tag{9.56}$$

可知

$$E\{[v_V^i(i-1,k)][v_W^i(i-1,j)]^T\} = \sum_r h(r) \sum_l g(l) E\{[v,2k-l][v_W^i(i,2j-l)]^T\}$$
$$= \sum_l h(l)g(l+2d)\mathbf{R}(i) = 0 \tag{9.57}$$

类似的，有

$$E\{[v_W^i(i-1,k)][v_V^i(i-1,j)]^T\}=0 \tag{9.58}$$

由式(9.54) 和（9.55）可以看出，由于小波包变换特有的低通滤波效应，使得尺度 i 上系统的观测噪声分解到尺度 $i-1$ 后，观测噪声将大大减弱，从而相应地提高测量信息的信噪比。另外，由式(9.57) 和式(9.58) 可知，平滑信号序列 $v_V^i(i-1, k)$ 和细节信号序列 $v_W^i(i-1, k)$ 之间是互不相关的。根据上述分析可知：(1) 观测噪声的能量在同一小波包分解层次的各频带上，分布将比较均匀。(2) 随着小波包分解层次的增加，各频带上的观测噪声能量将大大减弱。因此，随着小波包分解层次的增加，结构动力响应的信噪比将大大提高，使得结构动力系统的多尺度分解具有良好的抗噪声干扰能力，也使得采用小波包能量谱进行结构损伤预警具有较好的噪声鲁棒性。

9.2　基于能量谱的支挡结构多尺度损伤分析

随着小波分解尺度的增加，结构损伤引起的动力系统矩阵的变化将愈为明显。因此，损伤结构的原始动力响应通过小波变换进行多尺度分解后所得到的不同分析尺度上（即不同频带上）的动力响应将包含更多的结构损伤特征信息。本节在此基础上进一步介绍基于小波包能量谱的结构动力响应的多尺度损伤分析方法，也就是如何将已获取的结构动力响应在不同分析尺度上进行描述和分析，从而将原始结构动力响应中难以发现的结构损伤特征信息通过小波包能量谱算法能够更加明显地表现出来。小波包能量谱可以采用小波包分解系数得到，也可以利用节点重构信号的能量得到。

9.2.1　基于分解系数的能量谱小波包子带能量谱

由结构动力系统的小波包分解可以看出，当系统在尺度 i 上的激励力向量 $\overline{F}(i，k)$ 一定时（假定忽略观测噪声），系统在尺度 $i-1$ 上的观测向量 $f_V(i-1, k)$ 和 $f_W(i-1, k)$ 仅由结构在尺度 i 上的系统矩阵 $A(i)$、控制矩阵 $B(i)$、$D(i)$ 和输出矩阵 $C(i)$ 所决定。因此，系统在尺度 $i-1$ 上的观测向量 $f_V(i-1, k)$ 和 $f_W(i-1, k)$ 表征了系统在尺度 i 上的动力特性，从而最终表征了系统在原始尺度 N 上的动力特性。另一方面，尺度 i 上的激励力向量 $\overline{F}(i, k)$ 在分解到尺度 $i-1$ 时，分别由低通滤波器和高通滤波器进行滤波产生平滑信号（低频部分）$\overline{F}_V(i-1, k)$ 和细节信号（高频部分）$\overline{F}_W(i-1, k)$。随着小波包分解尺度的增加，结构的激励力向量将产生越来越精细的频率划分，从而就可以通过系统在不同尺度空间上的状态方程和观测方程得到结构在不同子带上的动力响应。对结构动力响应进行小波包分解，各个小波包子空间 U_j^n（$j \in Z$，$n \in Z^+$）内结构动力响应的能量所组成的序列就称为结构动力响应的子带能量谱。根据上述定义，当结构的激励力向量 $\overline{F}$ 一定时，由结构损伤所引起的结构动力特性的变化，必然会引起不同分析尺度（频带）上结构响应 $f_{i,k}$ 的变化，从而引起结构动力响应 S 的能量在各个频带内的重新分布。假设对结构动力响应 S 进行第 i 层采用 FOWPT 算法，在升序频带上进行小波包分解，在分解层 i 上的第 j 个子带能量

$$E_{i,j} = \sum_{k=1}^{L/2^i} (d_{i,j}[k])^2 \qquad (j = 0, 1, 2, \cdots, 2^i - 1) \qquad (9.59)$$

上式中 $d_{i,j}[k]$（$k = 1, 2, \cdots, L/2^i$）为第 j 个系数子带内的小波系数。L 为采样长度，应为 2^i 的倍数。结构动力响应 S 在第 i 分解层的小波包子带能量谱向量 $\overline{E_i}$ 则可以表示为：

$$\overline{E_i} = \langle E_{i,j} \rangle = [E_{i,0} \quad E_{i,1} \cdots \quad E_{i,j} \cdots \quad E_{i,2^i-1}]^T \qquad (9.60)$$

上式所定义的小波包子带能量谱在小波包域内，以子带形式反映了动力响应的频带划分及各频带能量所占比重。如前所述，当结构发生损伤时，结构的输出与正常输出相比，相同频带内信号能量会有差别，它使某些频带内信号能量减小，而使另一些频带内能量增大。因此，结构动力响应的小波包子带能量谱 $\overline{E_i}$ 包含着丰富的损伤特征信息。该频谱对频率轴等间隔划分反映了结构动力响应的能量在各个尺度空间（频带）上的分布，比较细致地表征了损伤，并且子带能量按升频排序，有利于损伤特征向量的选取。

下面对实验室悬臂式挡墙测点 5 在不同工况下动测信号作为实例，运用 FOWPT 算法提取小波包子带能量谱向量，输出结果见图 9.2。可以看出，工况一与其他墙后有填土的三种工况子带能量谱分布有显著的差别，其原因在于第一种工况与其他三种工况在结构系统上有着显著的不同，而对于后三种工况，结构系统的差别不是很显著，总体的能量分布大体上差不多，但在细节上还是存在不同，其中的差异可以明确区分，因此小波包子带能量谱可以较好地表征支挡结构相近工作状态的能力。

9.2.2　基于分解系数的小波包时频能量谱

式(9.60)定义的小波包能量谱 $\overline{E_i}$ 是整个信号在全部时间下的整体频带能量特征，其缺点是不能提供任何局部时间段上的特征信息，即无时域分辨能力。对于实际挡墙结构进行激励时，信号的时域演化信息对于反映结构特性是十分重要的[196]，但其并没有在小波包频带能量谱中得到反映，这是小波包频带能量谱的不足之处。为了适应结构动力响应非平稳信号分析的需要，以更好地反映结

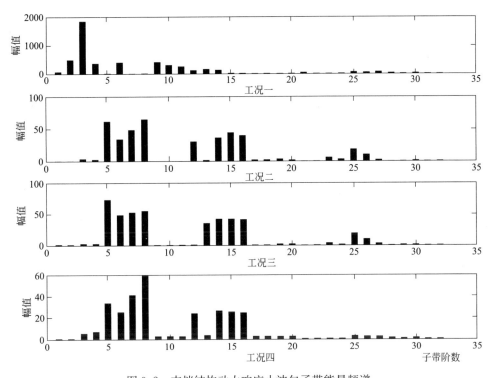

图 9.2　支挡结构动力响应小波包子带能量频谱

Fig 9.2　Wavelet packet sun-band energy spectrum of dynamic response for retaining wall

构动力系统的时域演化特征，这里首先建立基于 FOWPT 小波包时频分析，再进一步定义结构动力响应的小波包时频能量谱。

采用 FOWPT 对动力响应进行分析，在确定的分解层 i 上，结构动力响应第 j 个系数子带内 $d_{i,j}[k]$（$k=1, 2, \cdots, L/2^i$）包含了动力响应的时间信息，而且由平移参数 k 确定所有子带内的小波包系数包含了动力响应在 k 值的有序频率信息。这样，在 FOWPT 分析下，根据时间和频率的有序性，可将 $d_{i,j}[k]$ 为基本元素的第 i 层小波包系数装配成矩阵：

$$[WPTF]=\begin{bmatrix} d_{i,2^i}[1] & d_{i,2^i}[2] & \cdots & d_{i,2^i}[k] & \cdots & d_{i,2^i}[L/2^j] \\ \vdots & \vdots & \vdots & \vdots & \vdots & \vdots \\ d_{i,j}[1] & d_{i,j}[2] & \cdots & d_{i,j}[k] & \cdots & d_{i,j}[L/2^j] \\ \vdots & \vdots & \vdots & \vdots & \vdots & \vdots \\ d_{i,2}[1] & d_{i,2}[2] & \cdots & d_{i,2}[k] & \cdots & d_{i,2}[L/2^j] \\ d_{i,1}[1] & d_{i,1}[2] & \cdots & d_{i,1}[k] & \cdots & d_{i,1}[L/2^j] \end{bmatrix} \tag{9.61}$$

$[WPTF]$ 称为小波包时频分布（Wavelet packet time-frequency distribution），它从二维时频域有机而全面地展现了动力响应的细节时频特征。FOWPT 的这种将一维时域动力响应映射到二维时频域的能力，称为动力响应的小波包时频分析。动力响应的 FOWPT 分析结果在每层上都具有升频特性，从而可以直接在每层上构建小波包时频分布，这适应了在不同时、频域精度下提取损伤特征的要求，因此，[WPTF] 为损伤特征提取提供了优良平台。选实验室悬臂式挡墙测点 5 工况四的 1024 个采样点的动力响应数据段进行 FOWPT 小波包时频分析，由第 6 层和第 3 层系数构建的小波包时频分布如图 9.3 所示，其中（a）表现出较高的频域精度，（b）表现出较高的时域精度。

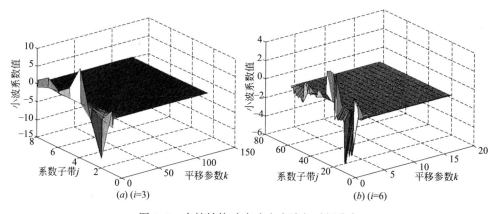

图 9.3 支挡结构动力响应小波包时频分布

Fig 9.3 Wavelet packet time-frequency distribution of dynamic response for retaining wall

小波包时频能量谱是根据小波包时频分析提出的一种新的损伤状态向量构建方法，它有效地克服了小波包子带能量频谱的不足。定义结构动力响应结构动力响应在第 i 层的第 j 个系数子带内 $d_{i,j}[k]$ 的平方为第 k 个时域能量，记：

$$E_{i,j}[k] = |d_{i,j}[k]|^2 \qquad (9.62)$$

则小波包时频能量谱可定义为：

$$[E_{i,j,k}] = \begin{bmatrix} E_{i,2^i-1}[1] & E_{i,2^i-1}[2] & \cdots & E_{i,2^i-1}[k] & \cdots & E_{i,2^i-1}[L/2^j] \\ \vdots & \vdots & \vdots & \vdots & \vdots & \vdots \\ E_{i,j}[1] & E_{i,j}[2] & \cdots & E_{i,j}[k] & \cdots & E_{i,j}[L/2^j] \\ \vdots & \vdots & \vdots & \vdots & \vdots & \vdots \\ E_{i,1}[1] & E_{i,1}[2] & \cdots & E_{i,1}[k] & \cdots & E_{i,1}[L/2^j] \\ E_{i,0}[1] & E_{i,0}[2] & \cdots & E_{i,0}[k] & \cdots & E_{i,0}[L/2^j] \end{bmatrix} \qquad (9.63)$$

上式定义的小波包时频能量谱反映了结构动力响应在时频域的联合能量分布，充分刻画了信号能量在各个尺度空间（子带）上的分布及其随时间的演化过程，为结构损伤状态向量构建提供了优良的信息平台，据其可以灵活地构建损伤状态向量。四种工况的时频能量谱见图 9.4。

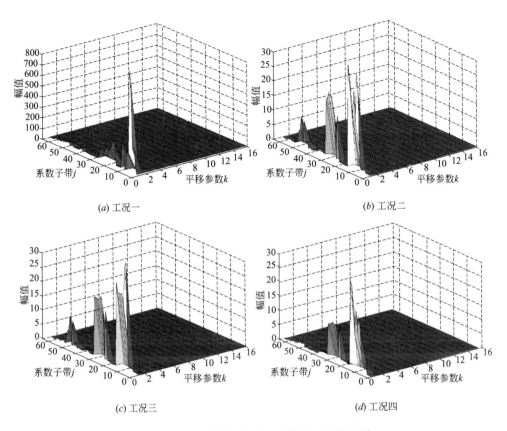

(a) 工况一　　　　　　　　　　　　(b) 工况二

(c) 工况三　　　　　　　　　　　　(d) 工况四

图 9.4　支挡结构动力响应小波包时频能量谱

Fig 9.4　Wavelet packet time-frequency energy spectrum
of dynamic response for retaining wall

将矩阵 $[E_{i,j,k}]$ 向 j、k 两轴投影，其中向 j 轴投影，即为小波包子带能量谱，由式(9.59) 中 $E_{i,j}$ 表示，如图 9.5 的左侧部分。向 k 轴投影表示为：

$$E_{i,k} = \sum_{j=0}^{2^i-1} (d_{i,j}[k])^2 \qquad (k=1,2,\cdots,L/2^i) \qquad (9.64)$$

上式反映了时间演化信息，如图 9.5 的右侧部分。$E_{i,j}$ 和 $E_{i,k}$ 合并，即在小波包子带能量谱的基础上附加了时间演化信息，得到由小波包时频能量谱构建的能量谱向量 I，即：

$$EV I = [E_{i,j} E_{i,k}] \qquad (9.65)$$

实验室悬臂式挡墙测点 5 动力响应的能量谱向量见图 9.5。

为了表达动力响应在时域的演化信息，将矩阵 $[E_{i,j,k}]$ 沿 k 轴划分为若干个子矩阵，将每个子矩阵向 j 轴投影，有

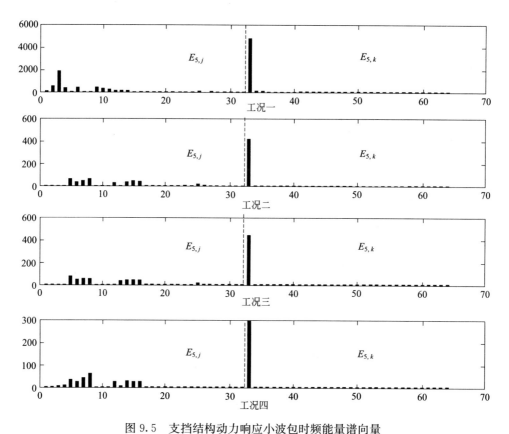

图 9.5　支挡结构动力响应小波包时频能量谱向量

Fig 9.5　Wavelet packet time-frequency energy spectrum Vector

of dynamic response for retaining wall

$$E_{i,j,t} = \sum_{k \in c_t}^{2^i - 1} (d_{i,j}[k])^2 \qquad (j = 0, 1, 2, \cdots, 2^i - 1; t = 1, 2, \cdots, m) \qquad (9.66)$$

其中，m 为子矩阵个数，c_t 为第 t 个子矩阵中 k 的变化区间。

式（9.66）即由小波包时频能量谱构建的时频能量谱矩阵，当 $m = 4$ 时，见图 9.6。它保持了子带的相对独立性，且从子带能量分段中表达了时间演化信息。从图中可以看出，工况一与其他三种工况相比，4 个时段的小波包时频能量谱存在显著的差异，而其他三种工况同样在各个子频段，子时段有着较明显的差别，说明此能力谱向量能较好地反映结构损伤特征的时域演化信息。

综合以上的讨论，结构动力响应的小波包频带能量谱和小波包时频能量谱能够更好地对结构动力特性进行描述，适合作为结构损伤预警的结构动力参数。

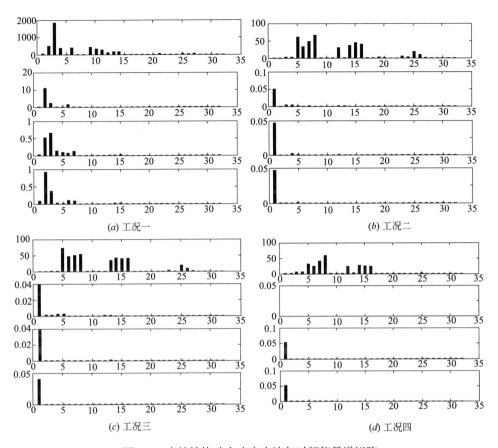

图 9.6 支挡结构动力响应小波包时频能量谱矩阵

Fig 9.6 Wavelet packet time-frequency energy spectrum vector array
of dynamic response for retaining wall

9.2.3 基于节点能量的小波包子带能量谱

通过 FOWPT 小波包分解，信号 S 可写成：

$$S = \sum_{j=0}^{2^i-1} S_{i,j} \tag{9.67}$$

其中 $S_{i,j}$ 为第 i 层 j 节点的重构信号，即此频带内的结构响应。定义此频带内的信号能量 $E_{i,j}$：

$$E_{i,j} = \sum |S_{i,j}|^2 \qquad (j=0,1,2,\cdots,2^i-1) \tag{9.68}$$

同样，结构动力响应 S 在第 i 分解层的小波包子带能量谱向量 $\bar{E}_i$ 则可以表示为：

$$\overline{E}_i = \{E_{i,j}\} = [E_{i,0} \quad E_{i,1} \cdots \quad E_{i,j} \cdots \quad E_{i,2^i-1}]^{\mathrm{T}} \tag{9.69}$$

因经过小波包分解得到的带宽完全相同，为了直观地判断能量的变化，可以分别作出各个小波包子带信号能量在总能量 E_0 中所占的比例的条形图，该条形图称为能量谱尺度图，则尺度图的高度代表了各子带能量在总能量中所占的比例。也即经过这样正则化处理后，子带能量谱向量 $\overline{E}_i^{norm}$

$$\overline{E}_i^{norm} = [E_{i,0} \quad E_{i,1} \cdots \quad E_{i,j} \cdots \quad E_{i,2^i-1}]^{\mathrm{T}} / E_0 \tag{9.70}$$

其中

$$E_0 = \sum_{j=0}^{2^i-1} E_{i,j}$$

小波包分解能量特征向量之所以可以用来表征结构响应特征是因为小波包分解具有以下两个重要性质：

能量的比例性：小波变换幅度平方的积分和信号的能量成正比。

$$\int_0^\infty \frac{da}{a^2} \int_{-\infty}^\infty |W_x(a,b)|^2 db = C_\Psi \int_{-\infty}^\infty |x(t)|^2 dt \tag{9.71}$$

小波包空间剖分的完整性

$$V_0 = U_{j-k}^0 \oplus U_{j-k}^1 \oplus \cdots \oplus U_{j-k}^{2^k} \oplus U_{j-k}^{2^k+1} \oplus \cdots \oplus U_{j-k}^{2^{k+1}-1} \tag{9.72}$$

原始信号空间的总能量等于各子空间能量之和。也就是说。小波包分解能将信号无冗余、无疏漏、正交地分解到各个独立的频带内。下面对实验室悬臂式挡墙测点 5 在不同工况下动测信号作为实例，运用 FOWPT 算法提取小波包子带能量谱向量，输出结果见图 9.7。

9.2.4　基于节点能量的小波包时频能量谱

小波包子带能量谱是整个信号在全部时间下的整体频带能量特征，其缺点是不能提供任何局部时间段上的特征信息，即无时域分辨能力。为了适应结构动力响应非平稳信号分析的需要，以更好地反映结构动力系统的时域演化特征，这里进一步定义结构动力响应的小波包时频能量谱。将每个频带内重构的结构响应用下面的矩阵表示：

$$[S_{i,j}] = \begin{bmatrix} S_{i,0}[1] & S_{i,0}[2] & \cdots & S_{i,0}[k] & \cdots & S_{i,0}[L] \\ S_{i,1}[1] & S_{i,1}[2] & \cdots & S_{i,1}[k] & \cdots & S_{i,1}[L] \\ \vdots & \vdots & \cdots & \vdots & \cdots & \vdots \\ S_{i,j}[1] & S_{i,j}[2] & \vdots & S_{i,j}[k] & \vdots & S_{i,j}[L] \\ \vdots & \vdots & \cdots & \vdots & \cdots & \vdots \\ S_{i,2^i-1}[1] & S_{i,2^i-1}[2] & \cdots & S_{i,2^i-1}[k] & \cdots & S_{i,2^i-1}[L] \end{bmatrix} \tag{9.73}$$

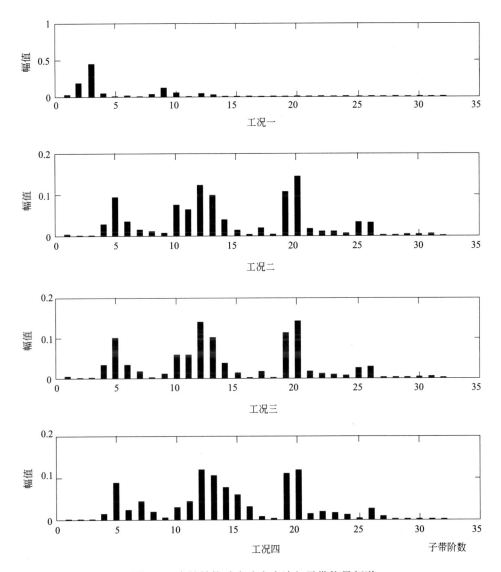

图 9.7 支挡结构动力响应小波包子带能量频谱

Fig 9.7 Wavelet packet sun-band energy spectrum of dynamic response for retaining wall

显然上式即为信号 S 实际的小波包时频分布，它从二维时频域有机而全面地展现了动力响应的细节时频特征。动力响应的 FOWPT 分析结果在每层上都具有升频特性，从而可以直接在每层上构建小波包时频分布，这适应了在不同时、频域精度下提取损伤特征的要求，因此，$[S_{i,j}]$ 为损伤特征提取提供了优良平台。选实验室悬臂式挡墙测点 5 工况二的 512 个采样点的动力响应数据段进行频域精度，图 9.8(b) 表现出较高的时域精度。

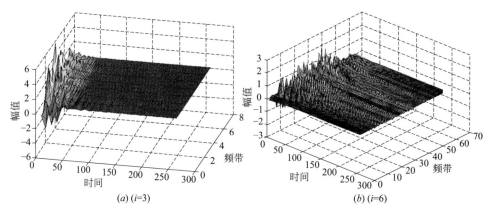

图 9.8　支挡结构动力响应小波包时频分布

Fig 9.8　Wavelet packet time-frequency distribution of dynamic response for retaining wall

FOWPT 小波包时频分析，由第 6 层和第 3 层系数构建的小波包时频分布如图 9.8 所示，其中图 9.8(a) 表现出较高的频域精度，图 9.8(b) 表现出较高的时域精度。

定义结构动力响应结构动力响应在第 i 层的第 j 节点重构信号第 k 个时域能量，记：

$$E_{i,j}[k]=|S_{i,j}[k]|^2 \qquad (j=0,1,2,\cdots,2^i-1) \tag{9.74}$$

基于节点重构信号的小波包时频能量谱可定义为：

$$[E_{i,j,k}]=\begin{bmatrix} E_{i,0}[1] & E_{i,0}[2] & \cdots & E_{i,0}[k] & \cdots & E_{i,0}[L] \\ E_{i,1}[1] & E_{i,1}[2] & \cdots & E_{i,1}[k] & \cdots & E_{i,1}[L] \\ \vdots & \vdots & \cdots & \vdots & \cdots & \vdots \\ E_{i,j}[1] & E_{i,j}[2] & \vdots & E_{i,j}[k] & \vdots & E_{i,j}[L] \\ \vdots & \vdots & \cdots & \vdots & \cdots & \vdots \\ E_{i,2^i-1}[1] & E_{i,2^i-1}[2] & \cdots & E_{i,2^i-1}[k] & \cdots & E_{i,2^i-1}[L] \end{bmatrix} \tag{9.75}$$

四种工况的时频能量谱见图 9.9。

为了表达动力响应在时域的演化信息，将矩阵 $[E_{i,j,k}]$ 沿 k 轴划分为 m 个等时间段，c_t 为第 t 个等时间段中 k 的变化区间。将矩阵 $[E_{i,j,k}]$ 向 j、k 两轴投影，其中向 j 轴投影，即为小波包子带能量谱，由式(9.69) 中 $E_{i,j}$ 表示，如图 9.10 的左侧部分。向 k 轴投影，并分成 m 个时域能量带，表示为：

$$E_{i,t}=\sum_{c_t}\sum_{j=0}^{2^i-1}E_{i,j}[k] \qquad (t=1,2,\cdots,m) \tag{9.76}$$

其中　　　　　　　　　　$c_t=(t-1)L/m+1\sim tL/m$

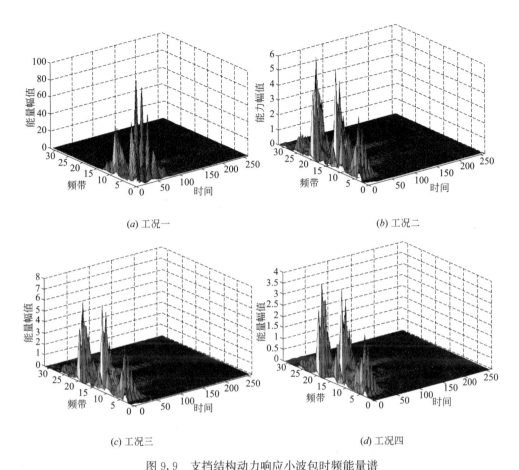

(a) 工况一   (b) 工况二

(c) 工况三   (d) 工况四

图 9.9 支挡结构动力响应小波包时频能量谱

Fig 9.9 Wavelet packet time-frequency energy spectrum

of dynamic response for retaining wall

上式反映了时间演化信息，如图 9.10 的右侧部分。$E_{i,j}$ 和 $E_{i,t}$ 合并，即在小波包子带能量谱的基础上附加了时间演化信息，得到由小波包时频能量谱构建的能量谱向量 I，即：

$$EV \mathrm{I} = [E_{i,j} E_{i,t}] \tag{9.77}$$

实验室悬臂式挡墙测点 5 动力响应的能量谱向量见图 9.10。

同样将矩阵 $[E_{i,j,k}]$ 沿 k 轴划分分为若干个子矩阵，将每个子矩阵向 j 轴投影，有

$$E_{i,j,t} = \sum_{k \in c_t}^{2^i-1} E_{i,j}[k] \quad (j = 0,1,2,\cdots,2^i-1; t=1,2,\cdots,m) \tag{9.78}$$

其中，m 为子矩阵个数，c_t 为第 t 个子矩阵中 k 的变化区间。式(9.78) 即

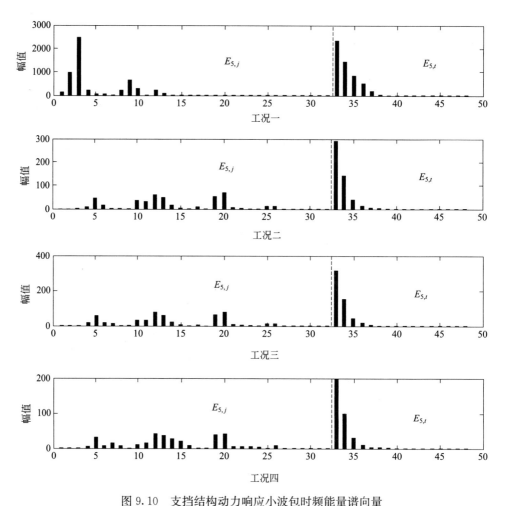

图 9.10　支挡结构动力响应小波包时频能量谱向量

Fig 9.10　Wavelet packet time-frequency energy spectrum Vector
of dynamic response for retaining wall

由小波包时频能量谱构建的时频能量谱矩阵，将此矩阵从第一列至最后一列头尾相连形成时频能量谱向量 II，表示为 $EV\text{II}$

$$EV\text{II} = [E_{i,j,1} E_{i,j,2} \cdots E_{i,j,m}] \tag{9.79}$$

当 $m = 4$ 时，进行 $i = 5$ 层小波包分解，$EV\text{II}$ 维数为 $m \times 2^i = 128$，见图 9.11。$EV\text{II}$ 保持了子带的相对独立性，且从子带能量分段中表达了时间演化信息。从图中可以看出，工况一与其他三种工况相比，4 个时段的小波包时频能量谱存在显著的差异，而其他三种工况同样在各个子频段，子时段有着较明显的差别，说明此能量谱向量能较好地反映结构损伤特征的时域演化信息。

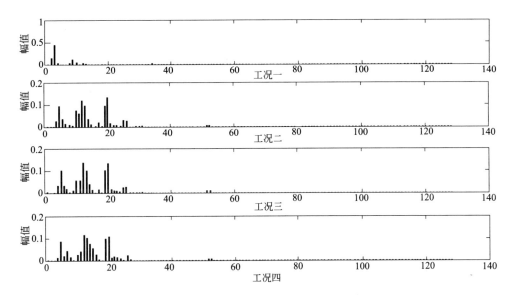

图 9.11　支挡结构动力响应小波包时频能量谱向量 Ⅱ

Fig 9.11　Wavelet packet time-frequency energy spectrum vector Ⅱ

of dynamic response for retaining wall

图 9.10、图 9.11 所示向量已正则化，正则化后的两个能量谱向量可表示为 $EV \, \text{I}^{\text{norm}}$ 和 $EV \, \text{II}^{\text{norm}}$。

10　支挡结构系统损伤预警方法

按照分层次深入、多级报警和长期跟踪的原则，支挡结构系统损伤预警是支挡结构健康监测与安全状态评估体系的第一个层次。在环境侵蚀、材料老化和荷载的长期效应、疲劳效应以及突变效应等灾害因素共同作用下，支挡结构系统不可避免地将发生结构系统的损伤，甚至整个系统会朝不稳定方向发展，这就要求支挡结构的健康监测与安全评估系统能及时发现损伤的发生并在第一时间预警。因此，损伤预警方法应具有损伤敏感性、噪声鲁棒性和在线实时性的特点。第9章的理论分析和实例计算表明，以支挡结构动力响应的小波包能量谱为基础开展结构损伤预警方法的研究具有良好的应用前景。本章在此基础上将进一步介绍基于小波包能量谱的结构损伤预警方法，包括结构损伤预警的小波包能量谱计算方法以及结构损伤特征向量与损伤预警指标的计算方法等，从而建立基于小波包能量谱进行支挡结构损伤预警的方法体系。

10.1　支挡结构动力响应的小波包能量谱的计算方法

采用小波包分析技术将结构动力响应的整个频率范围划分为若干独立的子频带，以各子频带内结构响应的频带能量和时频能量作为结构动力参数，可以对结构的动力特性进行较好地描述。因此，如果对振动激励下的结构动力响应进行小波包分析并将其分解到若干独立的子频带上，则小波包子带能量谱和小波包时频能量谱的变化可以表征结构损伤的发生。

为了将小波包能量谱应用于支挡结构的损伤预警，需要建立基于小波包能量谱的结构损伤预警方法。具体而言，支挡结构损伤预警方法可以分解为两个部分：（1）根据结构激励输入和响应输出建立适用于支挡结构损伤预警的小波包能量谱；（2）从小波包能量谱中提取结构损伤特征向量，在此基础上建立支挡结构损伤预警指标和损伤预警实现方法。这里将重点介绍支挡结构动力响应小波包能量谱的计算方法，包括小波函数的选择和小波包分解层次的选择方法。本章讨论的支挡结构损伤预警方法均是在激励输入恒定的前提下，不考虑荷载激励的变化对结构动力响应的小波包能量谱的不利影响。

10.1.1　小波函数的选择

与标准的傅里叶变换相比，小波分析中使用到的小波函数具有不唯一性，

即小波函数 $\varphi(t)$ 具有多样性。小波分析在工程应用中，一个十分重要的问题就是最优小波基的选择问题，因为用不同的小波基分析同一个问题会产生不同的结果。由于小波函数具有不规则性、不唯一性，故对同一个信号选取不同小波函数进行小波包分解，处理之后所得的结果会有较大差别。因此，在建立结构损伤预警的小波包能量谱时，需要根据小波函数的特征和小波包能量谱损伤预警的特点，选择合适的小波函数。小波函数的特性主要有以下几方面：

（1）正交性和双正交性：正交性是指用小波函数分析信号时的低频分解（重构）部分与高频分解（重构）部分正交，不能严格要求小波函数的正交性从而采用双正交小波基（除 Haar 系外）。双正交是指低频分解信号和高频重构信号正交，低频重构信号和高频分解信号正交。严格的规范正交特性有利于小波分解系数的精确重构，用正交小波基经小波包变换分解得到的各频带信号分别落在相互正交的子空间中使各频段信号的相关性减小。

（2）正则性：正则性是函数光滑程度的一种描述，表现为小波函数的可微性。在数学上，设 $f(x)$ 在点 x_0 的 Lipschits 指标为 α，定义为正则性阶数的上界，正则性也是函数频域能量集中的度量，小波函数的正则性阶数越大，小波函数就越光滑，其频域的能量越集中，信号分解的结果也越好。

（3）支撑集：一般要求小波是紧支撑集。紧支小波函数的重要性在于它在数字信号的离散小波分解过程中可以提供系数有限的滤波器；非紧支小波在实际运算时必须截断应用，所以应该选择具有紧支撑集的小波函数，否则会使分解信号的能量产生散失，造成识别或预警的误差。

（4）消失矩：对所有的 $0 \leqslant m \leqslant M$，$m$，$M \in Z$，有：

$$\int_R t^m \varphi(t) \mathrm{d}t = 0 \tag{10.1}$$

Daubechies 已经证明，为了构造一个具有 p 阶消失矩的小波函数，尺度滤波器组的长度不能少于 $2p$。分析突变信号时，为了能够有效地检测出奇异点，所选的小波函数必须具有足够高的消失矩。

（5）对称性：对称或反对称的尺度函数和小波函数是非常重要的，因为可以构造紧支的正则小波函数，而且具有线性相位。Daubechies 已经证明，除了 Haar 小波函数，不存在对称的紧支正交小波函数，而对于双正交小波函数，可以合成具有对称或反对称的紧支撑小波函数。

常用小波包分解的小波函数有 Haar 小波、Daubechies(dbN) 小波、Coiflets 小波、Meyer 小波、Symlets 小波等。

①Haar 小波

Haar 函数是小波分析中最早用到的一个具有紧支撑的正交小波函数，也是最简单的一个小波函数，它是支撑域在 $t \in [0, 1]$ 范围内的单个矩形波。Haar 函数的定义如下：

$$\Psi(t) = \begin{cases} 1 & 0 \leqslant t \leqslant \dfrac{1}{2} \\ -1 & \dfrac{1}{2} \leqslant t \leqslant 1 \\ 0 & \text{其他} \end{cases} \tag{10.2}$$

Haar 小波在时域上是不连续的，所以作为基本小波性能不是特别好。但它也有自己的优点，计算简单，$\Psi(t)$ 不但与 $\Psi(2^j t)$ $(j \in z)$ 正交，而且与自己的整数位移正交。因此，在 $a = 2^j$ 的多分辨率系统中 Haar 小波构成一组最简单的正交归一的小波族。

②Daubechies（dbN）小波

Daubechies 小波是世界著名法国学者 Inrid Daubechies 构造的小波函数，简写为 dbN，N 是小波的阶数。小波 $\Psi(t)$ 和尺度函数 $\varphi(t)$ 中的支撑区为 $2N-1$，$\Psi(t)$ 的消失矩为 N。除 $N=1$ 外，dbN 不具有对称性（即非线性相位）。dbN 没有明确的表达式（除 $N=1$ 外），但转换函数 h 的平方模是明确的。

③Meyer 小波

Meyer 小波的小波函数和尺度函数都是在频率域中进行定义的，其定义为：

$$\Psi(\omega) = \begin{cases} (2\pi)^{-\frac{1}{2}} e^{\frac{j\omega}{2}} \sin\left(\dfrac{\pi}{2} v\left(\dfrac{3}{2\pi} |\omega| - 1\right)\right) & \dfrac{2\pi}{3} \leqslant \omega \leqslant \dfrac{4\pi}{3} \\ (2\pi)^{-\frac{1}{2}} e^{\frac{j\omega}{2}} \cos\left(\dfrac{\pi}{2} v\left(\dfrac{3}{2\pi} |\omega| - 1\right)\right) & \dfrac{4\pi}{3} \leqslant \omega \leqslant \dfrac{8\pi}{3} \\ 0 & |\omega| \notin \left[\dfrac{2\pi}{3}, \dfrac{8\pi}{3}\right] \end{cases} \tag{10.3}$$

其中，$v(a)$ 为构造 Meyer 小波的辅助函数，具有

$$v(a) = a^4 (35 - 84a + 70a^2 - 20a^3) \qquad a \in [0, 1] \tag{10.4}$$

$$\varphi(\omega) = \begin{cases} (2\pi)^{-1/2} & |\omega| \leqslant 2\pi/3 \\ (2\pi)^{-1/2} \cos\left(\dfrac{\pi}{2} v\left(\dfrac{3}{2\pi} |\omega| - 1\right)\right) & \dfrac{2\pi}{3} \leqslant |\omega| \leqslant \dfrac{4\pi}{3} \\ 0 & |\omega| > 4\pi/3 \end{cases} \tag{10.5}$$

Meyer 小波不是紧支撑的，但它收敛的速度很快。

④Coiflets 小波

该小波简记为 CoifN，$N = 1, 2, \cdots, 5$，在 db 小波中，Daubechies 小波仅考虑了使小波函数 $\Psi(t)$ 具有消失矩（N 阶），而没考虑尺度函数 $\varphi(t)$。

R. Coifman 于 1989 年向 Daubechies 提出建议，希望能构造出使 $\varphi(t)$ 也具有高阶消失矩的正交紧支撑小波。Daubechies 接受了这一建议，构造出这一类小波，并以 Coifman 的名字命名。CoifN 是紧支撑正交、双正交小波，支撑范围为 $6N-1$，也是接近对称的。$\varphi(t)$ 的消失矩 $2N$，$\Psi(t)$ 的消失矩是 $2N-1$。

⑤Symlets 小波

N 阶 symlets 小波是由 Daubechies 构造的紧支正交小波，也没有具体的解析表达式。严格说，symlets 小波 5 也不对称，但与 Daubechies 小波比较，它更接近对称。

表 10.1 是这 5 种小波函数的主要特征。

常用小波函数的主要特征　　　　　　　　表 10.1

The main charactoristics of wavelet functions　　　　Table 10.1

小波函数	HAAR	DAUBECHIES	COIFLETS	SYMLETS	MEYR
正交性	有	有	有	有	有
双正交性	有	有	有	有	有
紧支性	有	有	有	无	无
支撑长度	1	$2N-1$	$6N-1$	$2N-1$	有限长度
滤波器长度	2	$2N$	$6N$	$2N$	$[-8,8]$
对称性	对称	不对称	近似对称	近似对称	对称
消失矩	1	N	$2N$（时域） $2N-1$（频域）	N	没有
完全重建	可以	可以	可以	可以	可以

小波包能量谱损伤预警的基本思想是将结构动力响应的整个时频范围划分为若干独立的时段和频带，分析每个频带内结构响应的能量在结构损伤前后的时域变化，从而表征结构动力特性的变化以实现结构的损伤预警。

虽然离散小波在很大程度上缓解了连续小波包变换频带大量重叠的问题，但事实上，所谓"频带"也只是统计意义的，并不是严格意义下的频率空间，也不能完全覆盖各个小波的所有频率成分，而且各个小波在这个统计"频带"内能量集中的程度也各不相同，有的甚至很差。这些因素都会直接影响到小波变换的应用效果。因此，在工程实际应用时，必须挑选合适的小波函数以尽可能改善小波变换的"频带重叠"现象。为此，小波函数应具有如下一些基本特征：

（1）正交性。正交性使得小波变换分解的各尺度之间没有信息冗余。正交性是小波包分解时对频率空间剖分的基本要求。结构动力响应的小波包分解应使所有频带的组合能覆盖原信号所占有的整个频带，同时各频带间在频域上不应该有重叠。

（2）要有高的消失矩，高的消失矩表示小波函数尽快地衰减到 0，从而在时域会有较好的分辨率。

（3）要有在紧支性时域是有限支撑的。是小波数的重要性质，紧支宽度越窄，则小波函数的局部化特性越好。

（4）信号重建的无损性。信号重建的无损性使得结构动力响应在小波包分解时，能将原信号无冗余、无疏漏地分解到各个独立的频带内。

从表 10.1 中可见，所列 5 种小波函数除了消失矩以外，均满足上述的基本特征。但小波包能量谱损伤预警的一个关键技术是要能够对支挡结构的动测信号进行多尺度分析，要求小波函数具有良好的时频域局部化特性，也就是说时局的分辨率要高，为此在选择小波函数时，要求时频窗口要小，而且具有接近 0 的时频中心。小波分析中时频窗的宽度（时域）和高度（频域）是变化的，但其面积保持不变，且只和小波函数种类有关，与尺度和位移均无关。时频窗口愈小，小波函数的时频域局部化的能力愈强。作为比较，考察表 10.1 中的小波函数对挡墙动测信号的时频域分析能力，以实验室悬臂挡墙工况二测点 5 的动力响应为例，进行 5 层小波包分解，采用 5 种小波函数，小波包时频分布比较见图 10.1。

从图 10.1 可以看出，除了 Haar 小波外，其他三种函数具有相当不错的时域分辨率，究其原因是因为 Haar 小波在时域上是不连续的，所以作为基本小波性能并不是特别好。下面利用信息花费代价函数来选择最优小波函数。

对信号 $S(t)$ 进行小波包分解时，是将信号投影到小波包基上，从而获得一系列系数，并用这一系列的系数来刻画 $S(t)$ 的特征。如果这一系列系数之间值的差距越大并且只有少数系数很大，则越好，因为可以用这些少数大的系数代表 $S(t)$ 的特征；但如果这一系列系数值的差别并不大，也就是刻画信号的系数携带的信息差不多，则能量集中性差，那么很难找出 $S(t)$ 的特征，所以对某一特定信号而言，选择一个"最优度量准则"下性质好的最优小波函数进行分解，则可以使展开的系数之间存在明显差异，这样便可以较好地刻画信号特征。对于如何选择最优小波函数，通常是要定义一个信息花费代价函数，对于一个给定的向量来说，代价越小表示越有效。代价函数的定义有很多种，选取原则也较为宽泛，任何关于序列的实函数、能测得集中度的可加性函数均可作为代价函数。通常作为最优小波包基搜索的代价函数有门阀函数和熵，其中以熵应用最为普遍，且大部分的文献是应用香农（shannon）熵。但是熵也包括很多种类，这里采用 l^p 范数熵和对数能量熵等。

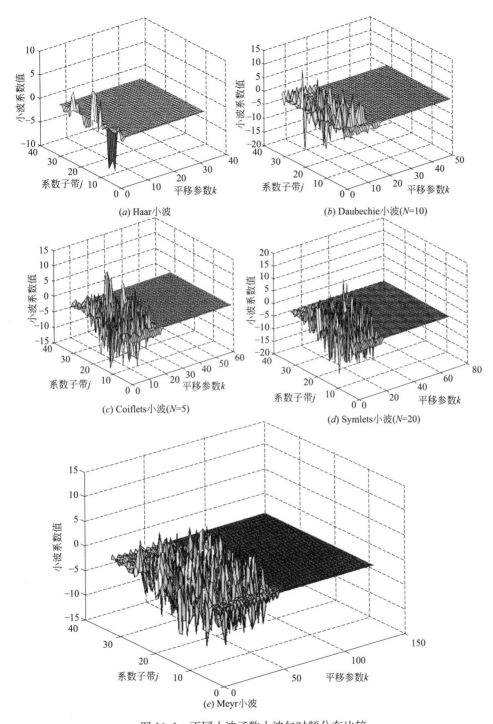

图 10.1　不同小波函数小波包时频分布比较

Fig 10.1　Wavelet packet time-frequency distributions with different wavelet functions

（1）l^p 范数熵（$1 \leqslant p \leqslant 2$）（$H_1$）定义为：

对于子带能量谱 $\overline{E}_i$： $\qquad H_1(\overline{E}_i) = \sum_{j=0}^{2^{i-1}} |E_{i,j}|^p$ （10.6）

对于时频能量谱 $[E_{i,j,k}]$： $H_1([E_{i,j,k}]) = \sum_{k=1}^{L/2^i} \sum_{j=0}^{2^{i-1}} |E_{i,j}[k]|^p$ （10.7）

（2）对数能量熵 H_2

对于子带能量谱 $\overline{E}_i$： $\qquad H_2(\overline{E}_i) = \sum_{j=0}^{2^{i-1}} \log(E_{i,j}^2)$ （10.8）

对于时频能量谱 $[E_{i,j,k}]$： $H_2([E_{i,j,k}]) = \sum_{k=1}^{L/2^i} \sum_{j=0}^{2^{i-1}} \log(E_{i,j}^2[k])$ （10.9）

作为比较，考察其余四种小波函数进行小波包分解的代价函数值，仍以实验室悬臂挡墙工况二测点 5 的动力响应为例，进行 5 层小波包分解，对子带能量谱和时频能量谱进行相应的代价函数计算，结果见表 10.2。

用不同小波函数得到的小波包能量谱的代价函数值　　　　表 10.2

The values of cost functions with different wavelet functions　　　Table 10.2

小波函数		DB10	COIF5	SYM20	MEYR
l^p 范数熵 （$p=1.5$）	$\overline{E}_i \times 10^5$	0.2431	0.2420	0.2581	0.2457
	$[E_{i,j,k}] \times 10^5$	0.2552	0.2468	0.2577	0.2458
对数能量熵	$\overline{E}_i$	258.08	294.81	301.52	295.35
	$[E_{i,j,k}]$	261.40	295.69	302.63	295.21

从表 10.2 中可见，采用 Daubechies 小波和 Coiflets 小波所得到的代价函数值都较小。但对于 Coiflets 小波，N 最大仅可取为 5，而 Daubechies 小波原则上没有限制。因此，从消失矩和支撑长度综合考虑，应该采用 Daubechies 小波作为小波包能量谱损伤预警的小波函数，简记为 db$N$（N 为阶次），由 Daubechies 小波特性可知，N 越大，其消失矩越高，时域的分辨率将越好；但另一方面，Daubechies 小波的支撑长度越宽，小波的时域局域性将越差。因此，在工程实际应用时，需要合理地确定小波阶次 N 的取值。这里提出一个具体的选取方法，首先根据小波阶数 N 与 l^p 范数熵之间的趋势关系，确定具有较好时域分辨率的最低小波阶数，然后考虑时域局域性的要求，取对数能量熵最低的阶数作为小波阶数。

如图 10.2 为不同 Daubechies 小波阶数与 l^p（$p=1.5$）范数熵的关系，由图中可以看出，当小波阶数 N 大于 7 时，l^p 范数熵在 0.25 上下波动，也即当小波超过 7 时，已经最大程度地改善了"频带重叠"现象，但考虑到时域局域性的要求，取范数熵极值点处的，故 N 可取 9，14，20，28，36 比较合适。

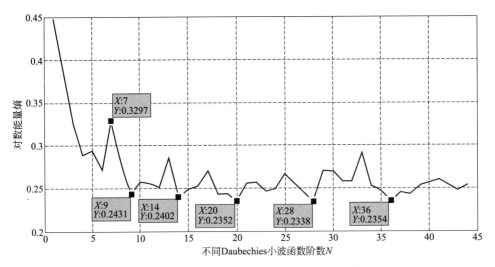

图 10.2 不同阶数 Daubechies 小波函数的范数熵

Fig 10.2 The norm entropys of different order Daubechies Wavelet functions

10.1.2 小波包分解层次的选择

随着小波包分解尺度的增加，结构损伤引起的系统矩阵的变化将愈为明显，观测噪声则大大减弱。因此，结构动力响应的小波包能量谱可以敏感地表征结构的损伤，随着小波包分解层次的增加，小波包能量谱对结构损伤将愈为敏感，并且具有良好的抗噪声干扰能力。但另一方面，小波包分解层次的增加将会导致小波包能量谱向量的维数呈指数增长，过大的向量维数对于采用小波包能量谱进行结构实时损伤预警而言将会有大量的计算负担，从而难以有效地实现结构损伤的在线实时预警。因此，在计算结构损伤预警的小波包能量谱时，需要合理的选择小波包分解层次。

定义第 i 分解层小波包能量谱中子带能量谱向量 $\overline{E}_i$ 和时频能量谱向量 $[E_{i,j,k}]$ 的对数能量熵作为代价函数，用以衡量小波包分解层次的"好坏"。代价函数值反映了小波包能量谱中各频带能量系数的集中程度。

（1）子带能量谱向量 $\overline{E}_i$ 和时频能量谱向量 $[E_{i,j,k}]$ 的取值集中在少数几个频带上时，而多数频带的能量系数均较小时，可以认为该分解层次上的小波包能量谱较为精细地反映了结构的动力特性，此时代价函数的值比较小。

（2）子带能量谱向量 $\overline{E}_i$ 和时频能量谱向量 $[E_{i,j,k}]$ 的值分布比较均匀时，可以认为该分解层次的频带划分不够精细，此时代价函数的值比较大。

工程实际应用时，对结构动力响应做有限次小波包分解，计算每一分解层次上小波包能量谱的代价函数，从代价函数和特征向量的维数综合考虑以确定适宜的小波包分解层次。

db20 小波函数不同小波包分解层次的代价函数值　　　　表 10.3

The values of cost functions with different Wavelet packet

decomposition levels using db20 wavelet function　　　Table 10.3

分解层次	1	2	3	4	5	6	7	8
l^p 范数熵	0.7676	0.5465	0.4155	0.3068	0.2438	0.1843	0.1413	0.1096

10.2　基于小波包能量谱的支挡结构损伤预警方法

10.2.1　结构特征向量和特征频带（时频带）的构建

承受一定的振动激励，结构会产生某种振动响应。损伤的发生会导致结构固有频率、刚度和阻尼发生变化，损伤的程度不同，结构固有频率、刚度和阻尼的变化量的大小不同，进而影响结构的动力性能。由于损伤对响应信号各频率成分的抑制或增强作用不同，导致响应信号中各频率成分的重新分布。但由于频率的变化对于结构局部损伤并不敏感，因此需要寻找比频率更敏感的结构动力特性参数作为结构损伤识别的依据。小波包分析就是将信号分解到代表不同频带的各个层次上，小波包分解具有损伤放大镜的特性，随着小波包分解尺度的增加，结构损伤引起的系统矩阵变化更加明显。因此，通过提取高尺度上的小波包能量特征向量，作为损伤情况的特征，可以更加容易识别损伤，特别是微小损伤，并且该方法具有较强的噪声鲁棒性。

但由于小波包滤波器的非理想频率特性，使得各频带中含有其相邻子带的分量，即产生频率混叠。同时，因为小波包分解的频带交错，各频带不是按节点号按顺序从小到大排列[202]。但这种不足对采用小波包能量谱来表征结构损伤的影响不大。一是上一章所提出的 FOWPT 算法可以是频带按频率升序排列，再通过 10.1 节的小波函数选择，可以比较有效地改善这种缺陷。另外，尽管存在频带的混叠，但经过小波包分解后得到的结构响应信号各频带的能量，已经包含着丰富的损伤信息，某个或几个频带上能量的改变仍然代表了一种损伤的情况。

由第 9 章可知，能量谱向量有基于小波包分解系数的频带能量谱向量和时频能量谱向量，以及基于节点重构信号的频带能量谱向量和时频能量谱向量。通过研究证明，基于节点重构信号得到的能量谱向量比基于小波包分解系数得到能量谱向量更具有鲁棒性的信号特征。因此本章采用基于节点重构信号得到的频带能量谱向量和时频能量谱向量作为构造特征向量的基础向量。小波包频带能量谱向量中的每个数据对应于一个频带，而小波包时频能量谱向量中的每一个数据则对应于一个频带和一个时段，小波包时频能量谱向量实质上是若干个时段的小波包频带能量谱的组合。

通过以上分析可知，结构的损伤反映在不同频带（时频带）能量的变化，故而必须知道无损支挡结构的频带（时频带）的能量分布，才能确定各频带（时频带）的能量变化程度。为此，基于无损结构的动测信号，需建立结构时频特征频带（时频带）。对于无损支挡结构的动力响应，式(9.77)的频带能量谱向量 $EV\,\mathrm{I}$ 和式(9.78)的时频能量谱向量的 $EV\,\mathrm{II}$ 的基础上，首先对向量进行正则化，此时能量谱向量内的每个元素值实际上是对应频带（时频带）的能量比值。为了避免维数过大，以及能量较小的频带（时频带）易受噪声的干扰，在构造结构特征向量时应选用能量谱向量能量比较大的频带（时频带）来构造特征频带（时频带）和特征向量。具体步骤如下：

第一步：对支挡结构响应进行 i 层 FOWPT 小波包分解，分别提取各层共 $N=2^i$ 个按升序排列的频率成分的分解系数。(i,j) 表示第 i 层第 j 个结点，其中 $j=0,1,2,\cdots,2^i-1$，以 $X_{i,j}$ 表示结点 (i,j) 的小波系数。

第二步：对小波包分解系数重构，提取各频带范围的信号。以 $S_{i,j}$ 表示 $X_{i,j}$ 重构信号，则总信号可以表示为：

$$S=S_{i,0}+S_{i,1}+S_{i,2}+\cdots+S_{i,2^i-1} \tag{10.10}$$

第三步：求各频带（时频带）的能量谱，见式(9.68)和式(9.75)。

$$\overline{E}_i=\{E_{i,j}\}=[E_{i,0}\quad E_{i,1}\cdots\quad E_{i,j}\cdots\quad E_{i,2^i-1}]^{\mathrm{T}} \tag{10.11}$$

或

$$[E_{i,j,k}]=\begin{bmatrix} E_{i,0}[1] & E_{i,0}[2] & \cdots & E_{i,0}[k] & \cdots & E_{i,0}[L] \\ E_{i,1}[1] & E_{i,1}[2] & \cdots & E_{i,1}[k] & \cdots & E_{i,1}[L] \\ \vdots & \vdots & \vdots & \vdots & \vdots & \vdots \\ E_{i,j}[1] & E_{i,j}[2] & \vdots & E_{i,j}[k] & \vdots & E_{i,j}[L] \\ \vdots & \vdots & \vdots & \vdots & \vdots & \vdots \\ E_{i,2^i-1}[1] & E_{i,2^i-1}[2] & \cdots & E_{i,2^i-1}[k] & \cdots & E_{i,2^i-1}[L] \end{bmatrix} \tag{10.12}$$

第四步：求频带能量谱向量和时频能量谱向量，见式(9.77)、式(9.79)

$$EV\,\mathrm{I}=[E_{i,j}\ E_{i,t}] \quad \text{或} \quad EV\,\mathrm{II}=[E_{i,j,1}\ E_{i,j,2}\cdots E_{i,j,m}]$$

第五步：正则化频带能量谱向量和时频能量谱向量，这里把频带能量谱向量和时频能量谱向量统一用 $EV=[E_1E_2\cdots E_n]$ 表示，维数为 n，用下式进行正则化，并作降序排列：

$$EV^{norm}=[e_1e_2\cdots e_n] \tag{10.13}$$

同时记录频带（时频带）序号，称为特征频带，用向量 P 表示：

$$P=[P_1\ P_2\cdots P_i\cdots P_p] \tag{10.14}$$

其中：$e_i=E_i/E_{\text{total}}$，称频带（时频带）能量比，$E_{\text{total}}=\sum_{i=1}^{n}E_i$，为信号总能量。$P_i$ 为 e_i 所对应的频带（时频带）序号。

第六步：给定一个阈值 ε_0，取前 p 个能量比较大的频带（时频带），使相对累积能量

$$\varepsilon_p \leqslant \varepsilon_0 \tag{10.15}$$

其中 $\varepsilon_p = \sum_{i=0}^{p} e_i$，$\varepsilon_0 = 0.9 \sim 0.95$。将这 p 个能量比作为特征向量前 p 个分量。

第七步：构造剩余频带（时频带）。对于损伤结构，除 p 频带（时频带）外，剩余频带（时频带）总的能量变化也是不可忽视的，故把剩余频带（时频带）的能量之和作为最后一个特征向量分量 e_{p+1}：

$$e_{p+1} = 1 - \sum_{j=1}^{p} e_j \tag{10.16}$$

这样构成结构特征向量 SEV：

$$SEV = [e_1 \, e_2 \cdots e_i \cdots e_p e_{p+1}] \tag{10.17}$$

第八步：定义损伤特征向量：

$$DE = \{DE_k\} = \{|e_{ku} - e_{kd}|\} \qquad k = 1, 2, \cdots, p+1 \tag{10.18}$$

其中 e_{ku} 表示支挡结构无损时，第 k 个特征频带的能量比；e_{kd} 表示支挡结构运营期间，第 k 个特征频带的能量比。

以实验室悬臂式挡墙的挡墙模型为例，把工况二视为无损结构，把工况三和工况四视作有损伤的在役挡墙，考察结构损伤特征向量 DE 的损失预警能力。采用 Daubechies20 小波函数分别将无损结构和在役损伤结构测点 5 的加速度时程响应进行小波包分解，分解层次取为 5，时域分为 16 个时段，首先计算挡墙在工况二下的正则化降序小波包频带能量谱向量（$2^5 = 32$ 维）和小波包时频能量谱向量（$2^5 \times 16 = 512$ 维），给定一个能量比积累阈值 $\varepsilon_0 = 0.95$，分别计算完好结构和在役结构的频带相对累积能量，得到相应的特征频带和特征时频带；再计算挡墙在工况三和工况四情况下的在特征频带和特征时频带内的能量分布，再增加一个剩余特征频带及剩余能量比，形成结构特征向量，最后由式(10.18)分别计算两种工况下的损伤特征向量，如图 10.3，图 10.4 所示。从图中可以看出，随着特征频带数量的增加，无损挡墙结构和在役挡墙结构的频带相对累积能量迅速增加。对于无损挡墙，前 5 阶特征频带和特征时频带的累积能量分别达到 59.7% 和 57.1%，前 15 阶特征频带和特征时频带的累积能量分别达到 92.3% 和 88.4%。这说明，小波包特征频带能量谱和时频特征能量谱的能量集中在少数一些频带上，而多数频带的能量则较小。另一方面，在役挡墙按照无损挡墙的频带阶次计算相对累积能量时，仅前若干阶频带的相对累积能量与完好结构略有不同；这说明，采用无损结构确定的损伤特征频带（时频带）可以有效地提取损伤前后结构主要频带的能量信息。

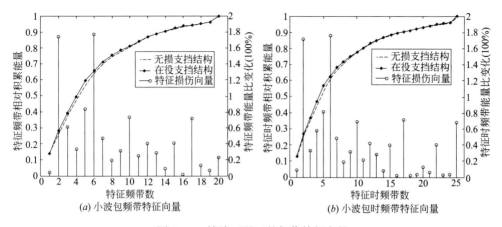

图 10.3 挡墙工况三的损伤特征向量

Fig 10.3 the damage characteristic vector of retaining wall in case 3

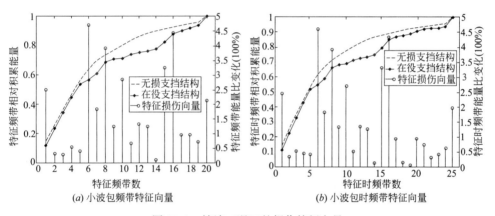

图 10.4 挡墙工况四的损伤特征向量

Fig 10.4 the damage characteristic vector of retaining wall in case 4

根据无损挡墙的小波包特征向量，可以确定结构能量集中的主要特征频带。从工况三和工况四的损伤向量可以看出，这两种工况下挡墙结构动力响应的能量比大的前几个频带阶次顺序与无损挡墙的频带阶次并不相同。可见小波包结构特征向量包含了一般信息和损伤信息两部分，有些频带（时频带）虽然能量较大，但损伤引起的能量变化则较小；有些（时）频带虽然能量较小，但损伤引起的能量变化则相对较大。因工况四挡墙结构系统相对于工况三挡墙来说，其质量矩阵和刚度矩阵比无损挡墙结构系统有了比较大的变化，所以其（时）频带能量比积累曲线与无损挡墙的能量比积累曲线有了比较明显的偏离，在其损伤特征向量中，能量比变化较大的频带数量也增多了，且向高阶（时）频带偏移。

考虑到实际支挡结构所受到的损伤原因较为复杂，小波包特征向量中各频带所包含的损伤信息与不同损伤位置和损伤程度有关。因此，为了提高损伤预警的适用性，应选取适当多的特征（时）频带组成损伤特征向量。从图 10.3 和图 10.4 可以看出，所给定的能量比积累阈值 $\varepsilon_0 = 0.95$ 是合适的，由此确定的损伤特征（时）频带组合均能够较好地覆盖损伤所引起变化的主要（时）频带。由此，采用（时）频带相对累积能量能较好地表征各（时）频带所含损伤信息的能力，在此基础上确定的损伤特征（时）频带能够较好地反映结构的损伤信息，组成具有良好损伤预警能力的损伤特征向量。

10.2.2　基于损伤特征向量的支挡结构损伤特征指标

小波包分析就是将信号分解到代表不同频带的各个层次上，因此，通过提取某一层次上各频段信号的能量值，可以表征结构损伤的特征。小波包能量谱通常包括小波包频带能量谱向量和时频能量谱向量。首先，基于无损支挡结构的动测信号的建立所考察对象的特征向量频带（时频带）及特征向量，然后对在役支挡结构的动测信号进行上述的小波包分解，在所建立的特征频带（时频带）内提取能量，形成在役支挡结构的特征向量，通过与无损支挡结构的对比，形成支挡结构损伤特征向量。它满足两个基本条件：①对结构损伤要敏感；②抗噪声干扰能力强。在支挡结构损伤特征向量的基础上，再确定适用于支挡结构损伤的预警指标。

假定损伤特征向量中的每个分量值为样本与均值之差，下面参考数理统计的统计量给出几个支挡结构损伤特征指标：

损伤均值指标 DA

$$DA = \frac{1}{p+1} \sum_{i=1}^{p+1} |DE_i| \tag{10.19}$$

损伤均方差指标 DS

$$DS = \sqrt{\frac{\sum_{k=1}^{p+1} |DE_k|^2}{p}} \tag{10.20}$$

损伤变异程度指标 DV

$$DV = \sqrt{\frac{1}{p} \sum_{k=1}^{p+1} \frac{|DE_k|^2}{e_{uk}}} \tag{10.21}$$

损伤偏度指标 DG

$$DG = \frac{M_3}{M_2^{3/2}} \tag{10.22}$$

其中 M_2 和 M_3 为损伤特征向量的 2 阶和 3 阶中心矩

$$M_k = \frac{1}{p+1} \sum_{i=1}^{p+1} (DE_i)^k \tag{10.23}$$

损伤偏度是度量损伤特征向量非对称程度的统计量。若 $DG=0$，则损伤特征向量相对于 0 值是对称的，即向量数据相对于 0 值左、右两边几乎一样；若 $DG>0$，则损伤特征向量数据相对于 0 值是右偏的，即样本数据位于 0 值右边的比位于左边的少，或右边的尾部较长，或向量中有少量的数据值很大；若 $DG<0$，则情况与 $DG>0$ 的相反。

损伤峰度指标 DK

$$DK=\frac{M_4}{M_2^2} \tag{10.24}$$

损伤峰度指标是度量损伤特征向量数据在中心聚集程度的统计量。若 $K=3$，则向量数据与正态总体的样本数据在中心聚集程度一样；若 $K>3$，则样本数据比正态总体的样本数据更集中；若 $K<3$，则样本数据比正态总体的样本数据更分散。

下面考察这 5 个损伤特征指标在噪声干扰下的损伤预警能力。采用频带损伤特征向量和时频带损伤特征向量，采用 Daubechies20 小波函数分别将实验室悬臂式挡墙无损结构（工况二）和在役损伤结构（工况四）测点 5 的加速度时程响应进行小波包分解，分解层次取为 5，时域分为 16 个时段。计算加速度时程响应信号在 50 次噪声样本下的 5 个损伤特征指标，图 10.5 给出了无损挡墙和在噪声强度为 10db 下 5 个指标的变化曲线，从图中可以看出，指标 DG、DK 波动较大，不适合作预警指标，而 DA、DS、DV 在 0 值附近，且数值受噪声干扰较小。

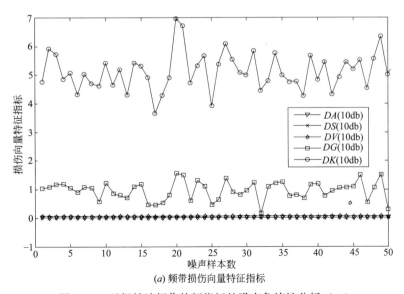

(a) 频带损伤向量特征指标

图 10.5 无损挡墙损伤特征指标的噪声鲁棒性分析（一）

Fig 10.5 The noise robustness analysis of the damage indexs for nondestructive retaining wall（1）

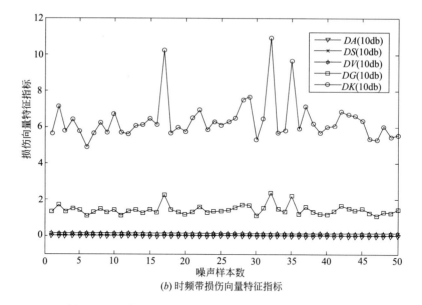

(b) 时频带损伤向量特征指标

图 10.5 无损挡墙损伤特征指标的噪声鲁棒性分析（二）

Fig 10.5 The noise robustness analysis of the damage indexs
for nondestructive retaining wall（continue）（2）

10.2.3 支挡结构损伤预警指标的选择

现在再对 DA、DS、DV 这三个指标进行考察，图 10.6 是无损挡墙在噪声强度 10db 和 15db 下三个指标的变化曲线可以看出，特征指标 DA、DS 在 0.01 附近作微小的波动，其鲁棒性比 DV 更好。

图 10.7 是无损当墙和有损挡墙噪声强度 10db 和 15db 下 DA、DS 指标的变化曲线。在频带损伤向量特征指标 DA、DS 曲线中，同一种工况同一特征指标在不同噪声影响下，两条曲线是接近的，而无损挡墙和损伤挡墙同一特征指标的两条曲线相隔一定的距离，也即在噪声干扰下，有损和无损状态这两个特征指标有显著的差别，能够比较敏感地表征损伤的发生，具有较好的预警能力。时频带损伤向量特征指标 DA 曲线也存在频带损伤向量特征 DA 曲线同样的规律，但时频带损伤向量特征指标 DS 曲线这种规律性要弱一点。

下面考察能量比阈值对 DA、DS 指标的影响。分别计算无损挡墙和有损挡墙在 50 次噪声样本下采用能量比阈值 $e_0 = 92\%$、$e_0 = 94\%$、$e_0 = 96\%$ 计算的 DA、DS 指标平均值及其相对损伤特征指标 DAR、DSR，相对损伤特征指标定义为损伤挡墙特征指标与无损挡墙特征指标的比值，如图 10.8、图 10.9 所示。不同的能量比阈值决定了损伤特征频带数量，计算所得三个阈值所对应的特征频

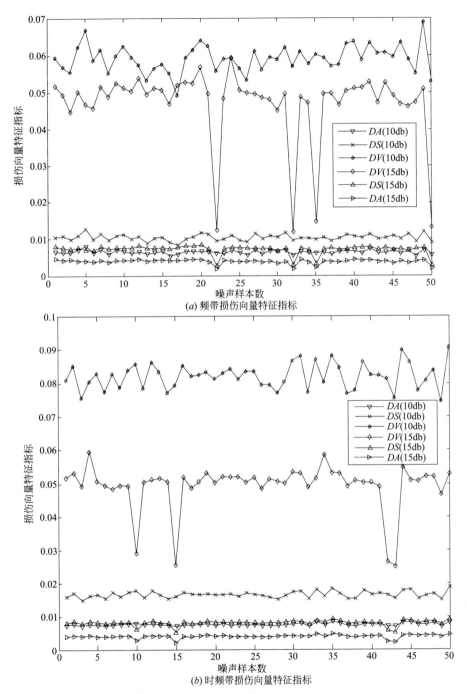

图 10.6 无损挡墙损伤特征指标的不同噪声强度下鲁棒性分析

Fig 10.6 robustness analysis of the damage indexes for
nondestructive retaining wall in different noise strength

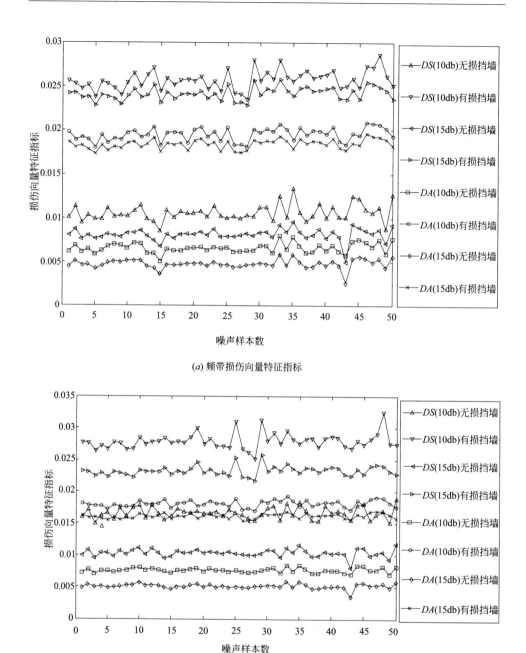

(a) 频带损伤向量特征指标

(b) 时频带损伤向量特征指标

图 10.7　无损和有损挡墙损伤特征指标的不同噪声强度下鲁棒性分析

Fig 10.7　robustness analysis of the damage indexes for nondestructive
or destructive retaining wall in different noise strength

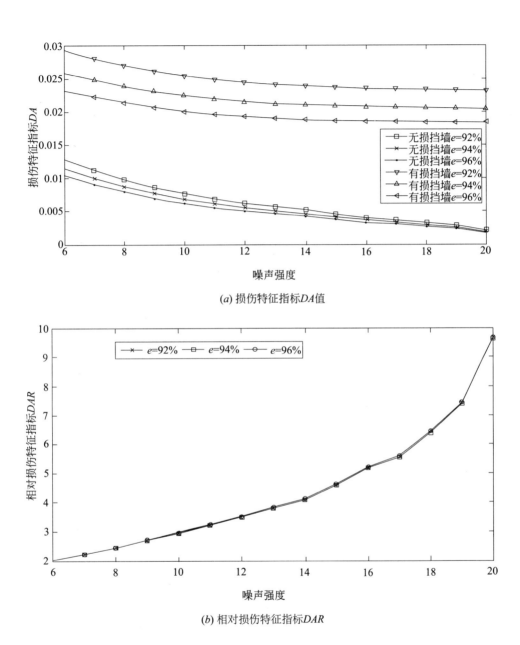

(a) 损伤特征指标DA值

(b) 相对损伤特征指标DAR

图 10.8　不同能量比阈值下 DA 和 DAR 指标的计算曲线

Fig 10.8　The curve of the damage index DA and DAR

for nondestructive or destructive retaining wall

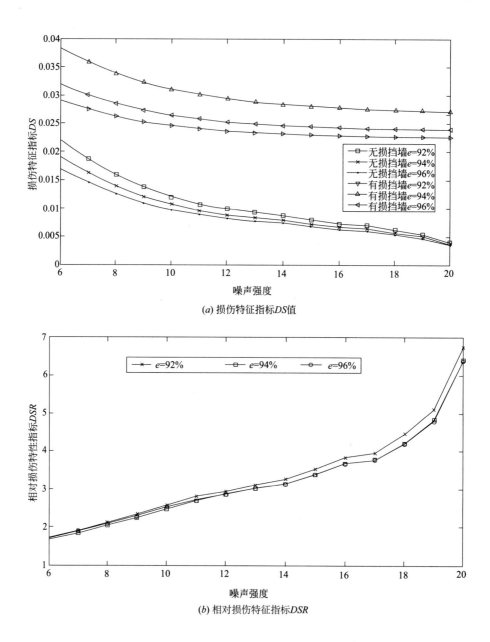

(a) 损伤特征指标DS值

(b) 相对损伤特征指标DSR

图 10.9 不同能量比阈值下 DS 和 DSR 指标的计算曲线

Fig 10.9 The curve of the damage index DS and DSR

for nondestructive or destructive retaining wall

带数量分别为 $p=17$、$p=19$ 和 $p=21$，可以看出，当能量比阈值在 90％以上，频带数在 20 左右时，计算得到的 DA、DS 指标平均值及相对损伤特征指标 DAR、DSR 基本接近，均具有良好的损伤预警效果，这说明，损伤特征频带能够较好地反映结构的损伤信息。在计算这两个损伤特征指标时，采用能量比阈值大于 90％可以取得较好的损伤预警效果。进一步从两个相对损伤特征指标 DAR、DSR 来看，DAR 的值较大些，预警效果和鲁棒性更好一些，所以采用损伤特征指标 DA 作为预警指标，DS 作为辅助预警指标。

10.2.4 基于时频特征向量的损伤预警指标的预警效果

这里讨论一下基于时频特征向量的损伤预警指标的预警效果。采用 Daubechies20 小波函数分别将无损挡墙和损伤挡墙的加速度时程响应进行小波包分解，分解层次取为 5，时域分为 16 个时段，计算小波包时频能最谱，每个时段得到 32 阶小波包能量谱，在此基础上将 32 个时段首尾相连形成 512 阶小波包时频能量谱，同样给定能量比阈值，计算损伤特征频带及损伤特征向量，在此基础上计算损伤预警参数及其损伤预警措标。分别计算无损挡墙和有损挡墙在 50 次噪声样本下采用能量比阈值 $e_0=92％$、$e_0=94％$、$e_0=96％$ 计算的 DA、DS 指标平均值及其相对损伤特征指标 DAR、DSR。通过计算发现，在三种能量比阈值下，特征时频带数都是 25 个，故三种阈值下得到的都是一条曲线。图 10.10 给出了无损挡墙和有损挡墙在不同噪声强度下的 DA 和 DS 平均值及其相对预警指标 DAR 和 DSR。

比较图 10.4 和图 10.5 可知，虽然有损挡墙根据时频带损伤特征向量计算的损伤预警指标要稍大于根据频带损伤特征向量的计算结果，但从相对预警指标值来看，基于时频带损伤特征向量的损伤预警效果要略差一些。这是由于小波包时频带能量谱虽然能更好地反映结构动力系统的时域演化特征，损伤敏感性较小波包频带能量谱要好，但是，由于其实质上是计算局部时间段上的频带能量谱，相对全部时间段的频带能量谱来说抗噪声干扰能力较差。因此，在噪声干扰下，从计算代价和预警效果综合考虑，采用小波包频带能量谱具有更好的损伤预警能力。

综上所述，基于小波包能量谱的结构损伤预警方法具有良好的损伤预警适用性、损伤敏感性和噪声鲁棒性。在此基础上，图 10.11 总结了基于小波包能量谱的支挡结构损伤预警方法的算法流程：首先采集支挡结构在荷载激励下的动力响应，在确定合适的小波函数和小波包分解层次基础上，计算结构损伤预警的结构特征向量 SEV，从中提取反映支挡结构损伤特征信息的结构损伤特征向量 DE 并计算结构损伤预警指标 DA 和辅助预警指标 DS，在此基础上根据损伤预警指标 DA、DS 的变化情况判断结构的损伤状态。

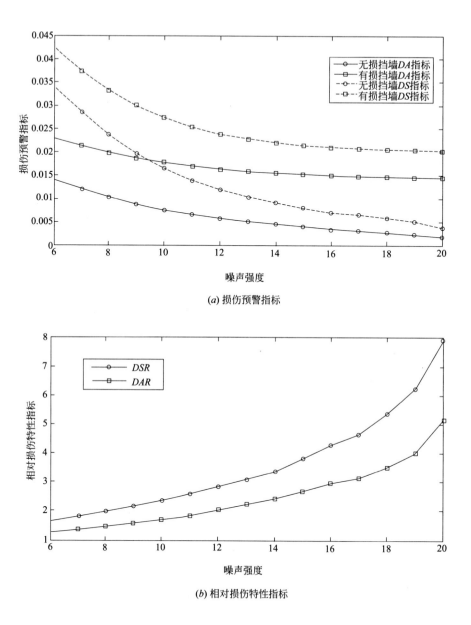

(a) 损伤预警指标

(b) 相对损伤特性指标

图 10.10　时频带特征向量的预警指标和相对预警指标的计算曲线

Fig 10.10　The curves of the damage indexes and relative indexes

for nondestructive or destructive retaining wall

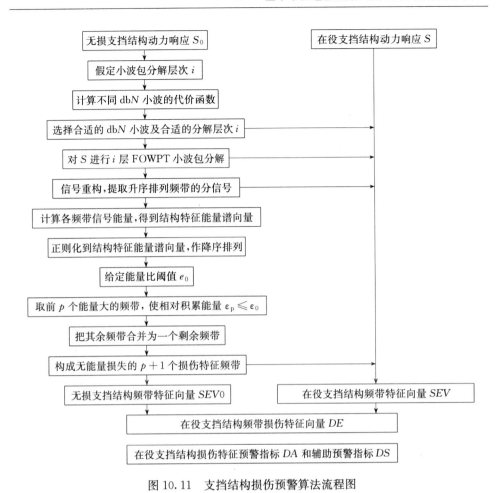

图 10.11 支挡结构损伤预警算法流程图

Fig 10.11 The flow diagram of algorithm of Damage alarming for retaining structure

11　环境激励下的支挡结构损伤预警方法

以振动测试和模态分析为基础的结构整体状态监测技术指对整个结构系统施加某种激励，然后通过结构动力响应信息的有效采集与分析处理来建立对整个结构状态的了解，其核心是以模态参数识别为目标的实验模态分析技术。实验模态分析又称为模态分析的实验过程，是指选择适当方式激励试验结构，通过拾振系统量测与记录激励和响应的时间历程，运用数字信号处理技术求得结构系统的频响函数（传递函数）或脉冲响应函数，得到系统的非参数模型，然后运用参数识别方法，求得结构系统的模态参数（模态频率和模态向量等）和物理参数（质量、阻尼和刚度矩阵）在实验模态分析的基础上，结构整体状态监测技术根据结构模态参数和物理参数的变化来把握工程结构的实际性态，从而为结构的维护、维修与管理决策提供依据和指导。但是这项技术应用于岩土工程支挡结构却不尽如人意。这是由于支挡结构系统整体上为三维半无限体，其模态参数（模态、频率和模态振型等）对局部损伤不敏感以及易受环境因素和测量噪声等影响。因此，如何根据量测得到的结构动力响应来诊断支挡结构的损伤状况与安全状态，仍是岩土工程界的一大难题。

基于小波包能量谱的结构损伤预警指标相比模态参数而言具有更好的损伤预警能力，能较早地发现工程结构的初期损伤，并且具有明显的抗噪声干扰能力。然而，结构动力响应的小波包能量谱不是结构固有的动力特性参数，它与结构的荷载激励直接相关。对于支挡结构，振动测试主要使用环境激励（如车辆、地脉动等），环境激励的不可重复性制约了小波包能量谱在实际支挡结构损伤预警中的应用。本部分将环境荷载激励技术与小波包分析技术相结合，研究适合于环境激励下支挡结构动力响应的小波包能量谱及其损伤预警指标计算方法，并考察这种预警方法的可行性与有效性。

11.1　NExT 自然激励响应法

对于一个结构动力系统，其激励与响应直接的关系是通过系统本身所固有的动力特性——脉冲响应函数或频率响应函数来体现的。脉冲响应函数中包含了结构所有的动力特性参数，因此理论上通过输入输出数据求取结构的脉冲响应函数并在此基础上计算小波包能量特征向量，可以消除小波包能量谱对结构激励的依赖性。对于环境激励，一般只能测量到结构动力系统的响应信号，可以采用环境荷载激励技术（NExT：Natural Excitation Technique）。NExT 法又称为自然激励响应法，是目前基于环境激励的时域模态参数识别工作中较为常用的一种方法。其基本思想是，白噪声环境激励下，结构上两点之间响应的互相关函数和脉冲响应函数有相似的表达式，因此可以用两点之间响应的互相关函数来代替自由振动响应或者脉冲响应函数，并且理论分析表明结构动力系统响应之间的互相关函数是结构动力学方程的一个解[200-208]。然后再与传统的模态识别方法结合起来进行环境激励下的参数识别。

对自由度为 N 的线性系统，当系统的 k 点受到力 $f_k(t)$ 的激励，系统 i 点的动力响应 $x_{ik}(t)$ 可表示为

$$x_{ik}(t) = \sum_{r=1}^{N} \phi_{ir} a_{kr} \int_{-\infty}^{t} e^{\lambda_r(t-p)} f_k(p) \mathrm{d}p \tag{11.1}$$

式中：ϕ_{ir} 为第 i 测点的第 r 阶模态振型；a_{kr} 为仅同激励点 k 和模态阶次 r 有关的常数项。

当系统 k 点受到单位脉冲激励力激励时，就得到系统 i 点的脉冲响应 $h_{ik}(t)$，可表示为

$$h_{ik}(t) = \sum_{r=1}^{2N} \phi_{ir} a_{kr} e^{\lambda_r t} \tag{11.2}$$

对系统 k 点输入 $f_k(t)$ 进行激励，系统 i 点和 j 点测试得到的响应分别为 $x_{ik}(t)$ 和 $x_{jk}(t)$，这两个相应的互相关函数的表达式可写成

$$R_{ijk}(\tau) = e[x_{ik}(t+\tau) x_{jk}(t)]$$

$$= \sum_{r=1}^{2N} \sum_{s=1}^{2N} \phi_{ir} \phi_{js} a_{kr} a_{ks} \int_{-\infty}^{t} \int_{-\infty}^{t+\tau} e^{\lambda_r(t+\tau-p)} e^{\lambda_s(t-q)} E[f_h(p) f_h(q)] \mathrm{d}p \mathrm{d}q \tag{11.3}$$

假定激励 $f(t)$ 是理想白噪声，根据相关函数的定义，则有

$$E[f_k(p) f_k(q)] = a_k \delta(p-q) \tag{11.4}$$

式中 $\delta(t)$ 为脉冲响应函数；a_k 为仅同激励点 k 有关的常数项。

将式（11.4）代入式（11.3）并积分，得到

$$R_{ijk} = \sum_{r=1}^{2N} \sum_{i=1}^{2N} \phi_{ir} \phi_{js} a_{ks} a_{kr} a_k \int_{-\infty}^{t} e^{\lambda_r(t+\tau-p)} e^{\lambda_i(i-p)} \mathrm{d}p \tag{11.5}$$

对式（11.5）的积分部分进行计算并简化，得

$$-\frac{e^{\lambda_r \tau}}{\lambda_r + \lambda_s} = \int_{-\infty}^{t} e^{\lambda_r(t+\tau-p)} e^{\lambda_r(t-p)} \mathrm{d}p \tag{11.6}$$

将式（11.6）代入式（11.5），得

$$R_{ijk} = \sum_{r=1}^{2N} \sum_{i=1}^{2N} \phi_{ir} \phi_{js} a_{ks} a_{kr} a_k \left(-\frac{e^{\lambda_r \tau}}{\lambda_r + \lambda_s}\right) \tag{11.7}$$

对式(11.7) 做进一步的简化，经整理后得

$$R_{ijk} = \sum_{r=0}^{2N} b_{lr}\phi_{ir}e^{\lambda_r\tau} \qquad (11.8)$$

其中

$$b_{jr} = \sum_{s=1}^{2N} \phi_{js}a_{kr}a_{ks}a_k\left(-\frac{1}{\lambda_r+\lambda_s}\right) \qquad (11.9)$$

式中：b_{jr} 为仅同参考点 j 和模态阶次 r 有关的常数项。

将式(11.8) 与(11.2) 式进行对照比较，可以看出，二者都能表示成衰减正弦函数的和，即每个衰减正弦都有一个自然频率和阻尼比同结构的各阶模态相对应，不同的只是常数项和相位角。因此，可以将两点响应的互相关函数代替脉冲响应函数。也就是说线性系统在白噪声激励下两点响应的互相关函数和脉冲激励下的脉冲响应的数学表达式在形式上是完全一致的，互相关函数确实可以表征为一系列复指数函数的叠加的形式。在这点上，相关函数具有和系统的脉冲响应函数同样的性质。同时各测点的同阶模态振型乘以同一因子时，并不改变模态振型的特征。因此，互相关函数可以用于基于时域的模态参数识别中，用来代替脉冲响应函数，并与传统的模态识别方法结合起来进行环境激励下的参数识别。

NExT 法识别模态参数的过程是首先将采样得到的振动响应数据进行互相关计算。多个测点时，需要选取参考点，通常为响应较小的测点，计算其他测点与该参考点的互相关函数，即可带入参数识别方法中进行识别。

实测互相关函数的计算可以通过两种方法来实现：(1) 在时域里采用卷积算法直接计算得到；(2) 先计算出实测信号的互功率谱，再经过傅里叶逆变换得到实测互相关函数。后者由于采用了统计平均处理，即使受到一定谱泄露的影响，所得到的互相关函数的信噪比也有较大幅度的提升。

图 11.1～图 11.3 为实验室悬臂式挡墙在工况二、工况三和工况四下测点 5 和测点 8 动测信号的的互相关函数 r_{8-5}

下面基于互相关函数讨论挡墙在工况二、三、四下的结构特征向量、损伤特征向量及相应 DA、DS 预警指标。首先针对工况二无损挡墙的 10 个环境振动响应计算互相关函数样本，进行 FOWPT 小波包分解，采用 Daubechies20 小波函数，分解层次为 6，得到 10 个小波能量谱向量，取其平均值作为无损挡墙的小波能量谱，并按频带能量比降序排列，给定能量比阈值 98%，得到无损挡墙结构特征基准向量和结构特征基准频带，见图 11.4。图中每个柱状图上面的数字的每个特征向量频带所对应的频带序号，构成结构特征基准频带。基于此特征向量和特征频带，可以确定各种工况下的损伤特征向量和预警指标。图 11.5、图 11.6 分别为无损挡墙 10 个测试样本所得到互相关函数的结构特征向量谱和损伤特征向量谱。图 11.7、图 11.8 为

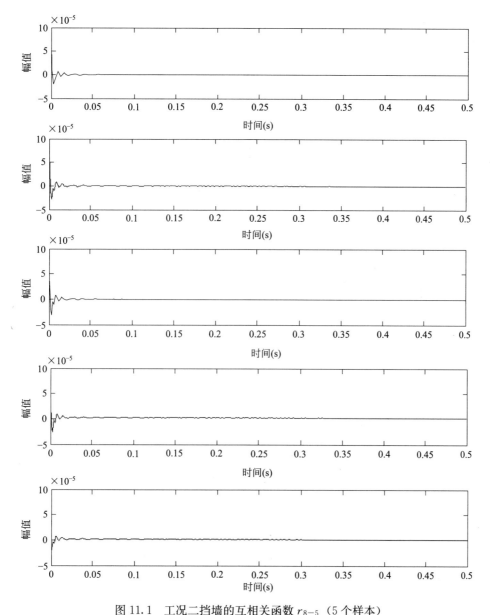

图 11.1　工况二挡墙的互相关函数 r_{8-5}（5 个样本）

Fig 11. 1　Cross-correlation Function of retaining wall in case 2

工况三情况下挡墙 10 个测试样本所得到互相关函数的结构特征向量谱和损伤特征向量谱。图 11.9、图 11.10 为工况四情况下挡墙 10 个测试样本所得到互相关函数的结构特征向量谱和损伤特征向量谱。图 11.11 为三种工况下挡墙 10 个样本的两个损伤预警指标。

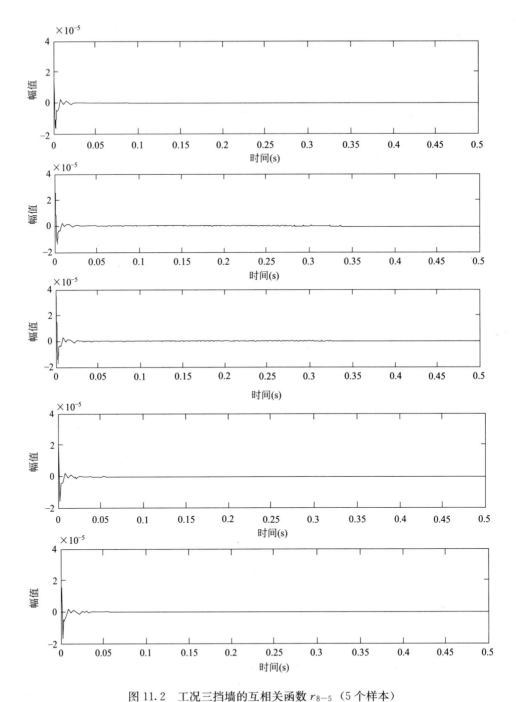

图 11.2 工况三挡墙的互相关函数 r_{8-5} （5 个样本）

Fig 11.2 Cross-correlation Function of retaining wall in case 3

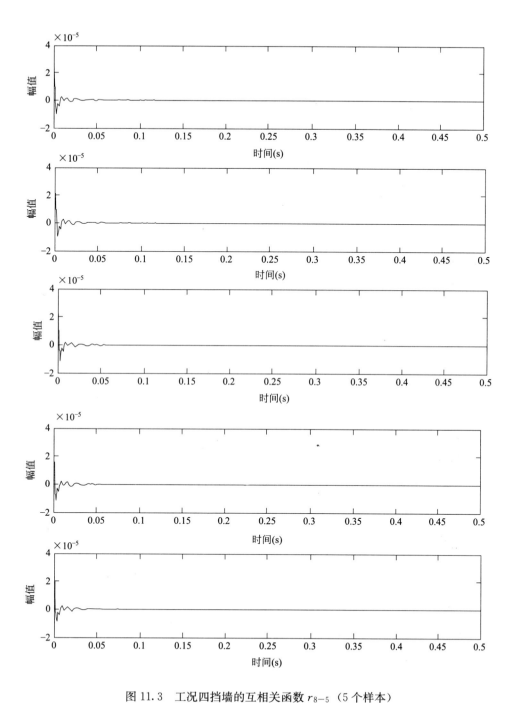

图 11.3 工况四挡墙的互相关函数 r_{8-5}（5 个样本）

Fig 11.3 Cross-correlation Function of retaining wall in case 4

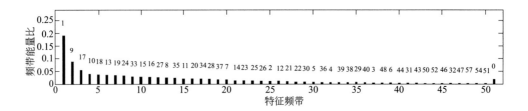

图 11.4　无损挡墙基准结构特征向量和基准结构特征频带

Fig 11. 4　basic structure feature vector of undamaged retaining wall

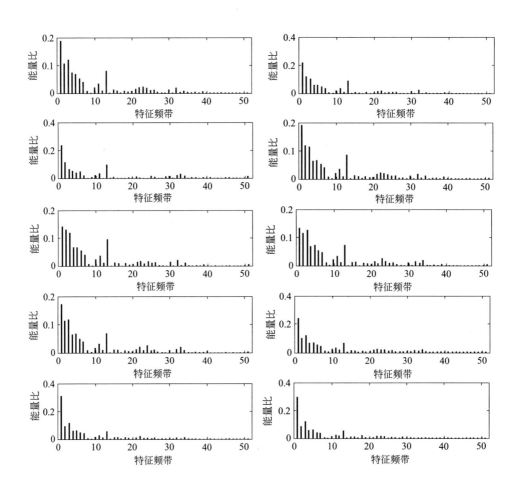

图 11.5　工况二挡墙结构特征向量

Fig 11. 5　structure eigenvector of retaining wall in case 2

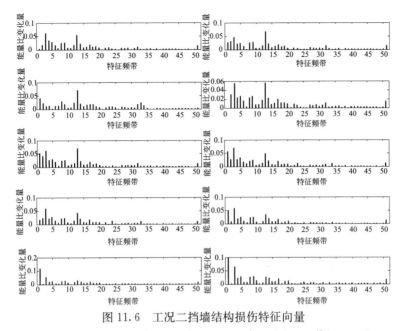

图 11.6 工况二挡墙结构损伤特征向量

Fig 11.6 structure damage eigenvector of retaining wall in case 2

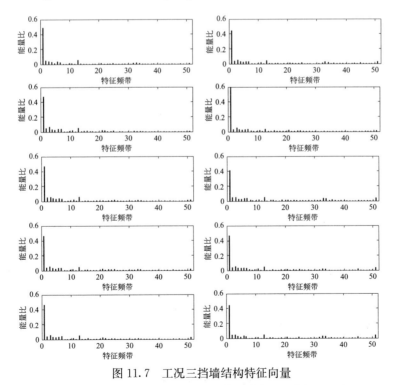

图 11.7 工况三挡墙结构特征向量

Fig 11.7 structure eigenvector of retaining wall in case 3

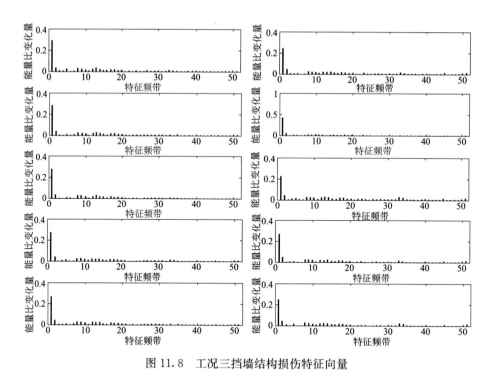

图 11.8　工况三挡墙结构损伤特征向量

Fig 11.8　structure damage eigenvector of retaining wall in case in case 3

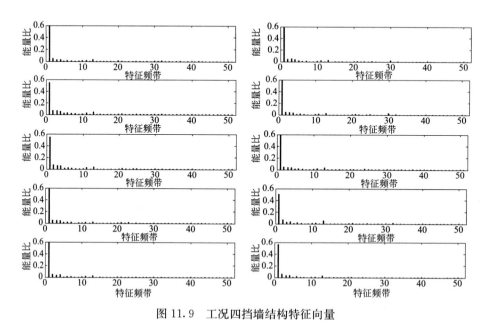

图 11.9　工况四挡墙结构特征向量

Fig 11.9　structure eigenvector of retaining wall in case 4

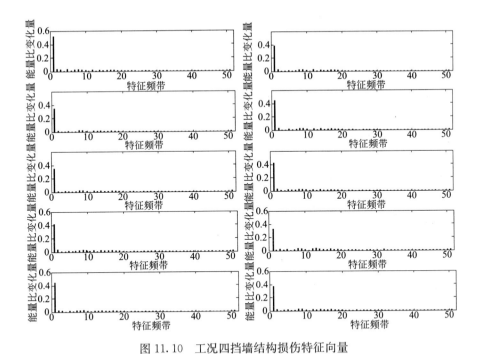

图 11.10 工况四挡墙结构损伤特征向量

Fig 11.10 structure damage eigenvector of retaining wall in case in case 4

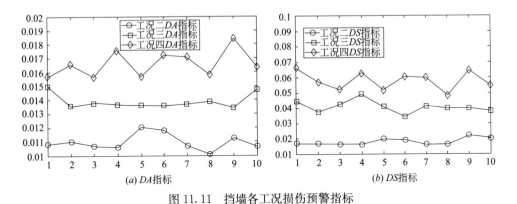

(a) DA指标

(b) DS指标

图 11.11 挡墙各工况损伤预警指标

Fig 11.11 the damage alarming indexes for retaining wall in varies cases

基于互相关函数的支挡结构损伤预警指标 DA、DS 的预警效果则较差。从图 11.11 中可知,工况二挡墙(无损)的 DA 指标在 0.011 附近波动,工况三挡墙的 DA 指标值在 0.014 附近波动,工况四挡墙的 DA 指标值在 0.017 附近波动,可以区分无损结构和损伤结构。同样 DS 指标也可以区分不同的工况下的挡墙结构。但是,在环境激励条件下,两个指标值得的波动性较大,也即环境激励下互相关函数的波动性将影响小波包能量谱的结构损伤预警效果。

11.2　虚拟脉冲响应函数法

环境激励下结构动力系统响应之间的互相关函数可以表征结构的动力特性，从而消除环境激励对小波包能量谱的不利影响。然而，NExT 技术理论上要求环境激励满足白噪声的假定，而实际工程中很多环境激励是非白噪声平稳激励，甚至是非平稳激励。因此，环境激励下的互相关函数的小波包能量谱仍具有一定的波动性与随机性，为了使小波包能量谱对于环境激励具有更好的鲁棒性，在互相关函数的基础上进一步采用虚拟脉冲响应函数，其基本原理是以参考点的动力响应皮作为虚拟激励，计算参考点的虚拟激励与其他测点响应之间的虚拟脉冲响应函数，用以表征环境激励下结构动力系统的动力特性[131]。

设支挡结构上有两点 i，j，其动力响应信号分别为 $x_i(t)$ 和 $x_j(t)$，将点 j 及 $x_j(t)$ 作为虚拟激励点及虚拟激励信号，则两点 i，j 间的频率响应函数 $H_{i,j}(\omega)$ 为：

$$H_{i,j}(\omega) = \frac{G_{i,j}(\omega)}{G_{j,j}(\omega)} \tag{11.10}$$

其中 $G_{j,j}(\omega)$ 为虚拟激励点 j 的响应 $x_j(t)$ 的自谱密度：

$$G_{j,j}(\omega) = Y_j^*(\omega) \cdot Y_j(\omega) \tag{11.11}$$

$G_{i,j}(\omega)$ 为测点 i 的响应 $x_i(t)$ 的互谱密度：

$$G_{i,j}(\omega) = Y_j^*(\omega) \cdot Y_i(\omega) \tag{11.12}$$

$Y_i(\omega)$、$Y_j(\omega)$ 分别为响应 $x_j(t)$ 和虚拟激励 $x_j(t)$ 的傅里叶变换，$Y_i^*(\omega)$ 和 $Y_j^*(\omega)$ 分别是它们的复共轭。

虚拟激励和响应经傅里叶变换后在频域内有如下关系：

$$Y_i(\omega) = H_i(\omega) \cdot U(\omega) \qquad Y_j(\omega) = H_j(\omega) \cdot U(\omega)$$

$$
\begin{aligned}
H_{i,j}(\omega) &= \frac{G_{i,j}(\omega)}{G_{j,j}(\omega)} = \frac{Y_j^*(\omega) \cdot Y_i(\omega)}{Y_j^*(\omega) \cdot Y_j(\omega)} \\
&= \frac{[H_j^*(\omega) \cdot U^*(\omega)] \cdot [H_i(\omega) \cdot U(\omega)]}{[H_j^*(\omega) \cdot U^*(\omega)] \cdot [H_j(\omega) \cdot U(\omega)]} \\
&= \frac{H_j^*(\omega) \cdot H_i(\omega)}{H_j^*(\omega) \cdot H_j(\omega)}
\end{aligned} \tag{11.13}
$$

从上述推导可以看出，两点响应的互谱密度仍然与激励频谱相关，即对互谱密度的逆傅里叶变换求得的互相关函数仍然具有一定的激励依赖性。然而，两点响应的频率响应函数 $H_{i,j}(\omega)$ 可以有效地消除激励频谱的影响，也就是说，对频率响应函数 $H_{i,j}(\omega)$ 进行逆傅里叶变换求得的虚拟脉冲响应函数可以有效地克服环境激励的随机性和不确定性，从而具有更好的环境激励鲁棒性。根据上述理论分析，将环境激励下提取的虚拟脉冲响应函数与结合基于小波包能量谱的结构损伤预警相结合，可以适用于环境振动测试下支挡结构的实时损伤预警。

图 11.12～图 11.14 为实验室悬臂式挡墙在工况二、工况三和工况四下测点 5 和测点 8 动测信号的虚拟脉冲响应函数 h_{8-5}。

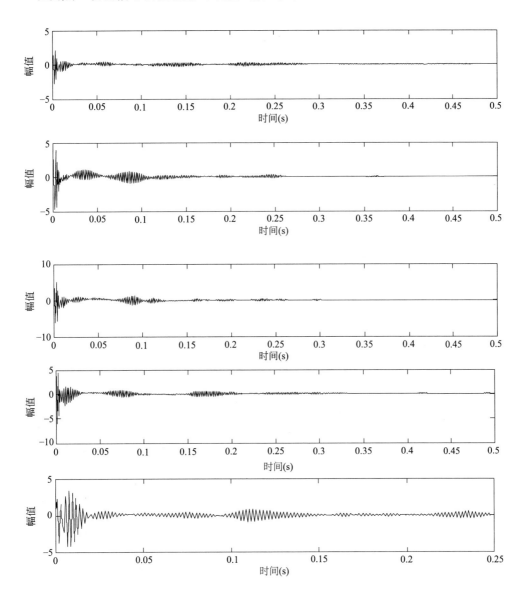

图 11.12 工况二挡墙的虚拟脉冲响应函数 h_{8-5}（5 个样本）

Fig 11.12 Virtual pulse function of retaining wall in case 2

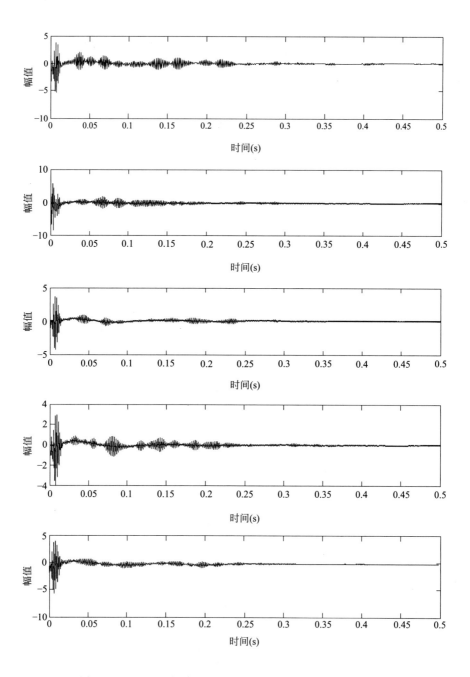

图 11.13　工况三挡墙的虚拟脉冲响应函数 h_{8-5}（5 个样本）

Fig 11.13　Virtual pulse function of retaining wall in case 3

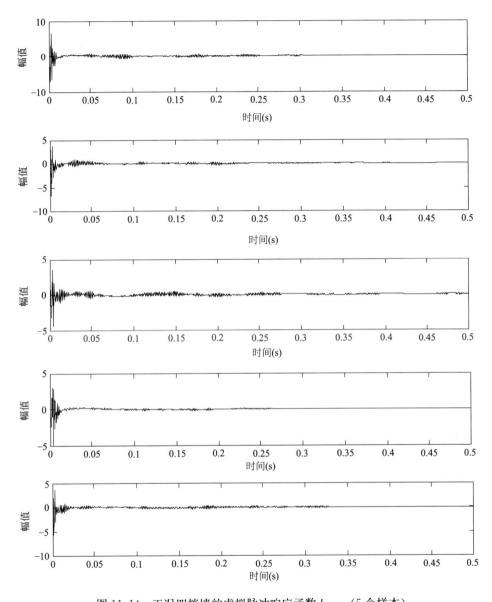

图 11.14 工况四挡墙的虚拟脉冲响应函数 h_{8-5}（5 个样本）

Fig 11.14 Virtual pulse function of retaining wall in case 4

下面基于虚拟脉冲函数讨论挡墙在工况二、三、四下的结构特征向量、损伤特征向量及相应 DA、DS 预警指标。首先针对工况二无损挡墙的 10 个环境振动响应计算互相关函数样本，进行 FOWPT 小波包分解，采用 Daubechies20 小波函数，分解层次为 6，得到 10 个小波能量谱向量，取其平均值作为无损挡墙的小波能量谱，并按频带能量比降序排列，给定能量比阈值 98%，得到无损挡墙结构特征基准向量和结构特征基准频带，见图 11.15。图中每个柱状图上面的数字的每个特征向量频带所对应的频带序号，构成结构特征基准频带。基于此特种向量和特征频带，可以确定各种工况下的损伤特征向量和预警指标。图 11.16～图 11.21 为无损挡墙 10 个测试样本所得到虚拟脉冲响应函数的结构特征向量谱和损伤特征向量谱。

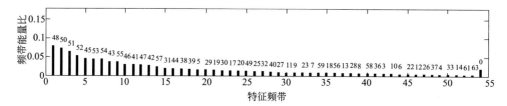

图 11.15　无损挡墙基准结构特征向量和基准结构特征频带

Fig 11.15　basic structure feature vector of undamaged retaining wall

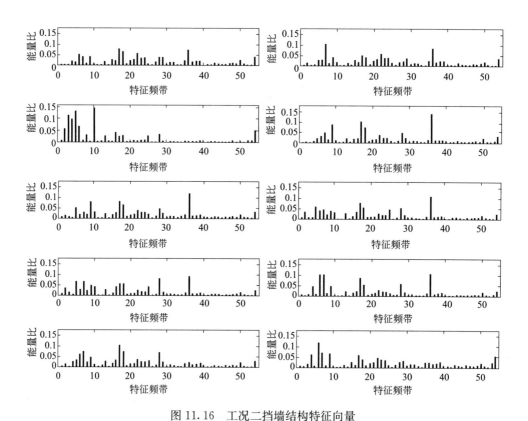

图 11.16　工况二挡墙结构特征向量

Fig 11.16　structure eigenvector of retaining wall in case 2

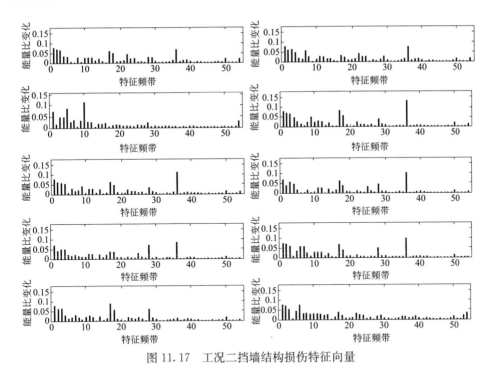

图 11.17 工况二挡墙结构损伤特征向量

Fig 11.17 structure damage eigenvector of retaining wall in case in case 2

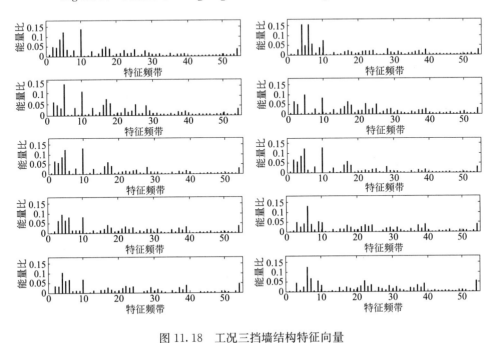

图 11.18 工况三挡墙结构特征向量

Fig 11.18 structure eigenvector of retaining wall in case 3

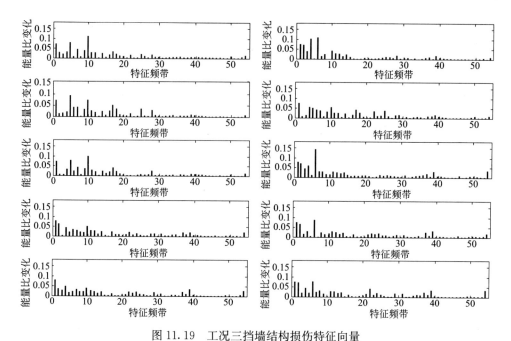

图 11.19 工况三挡墙结构损伤特征向量

Fig 11.19 structure damage eigenvector of retaining wall in case in case 3

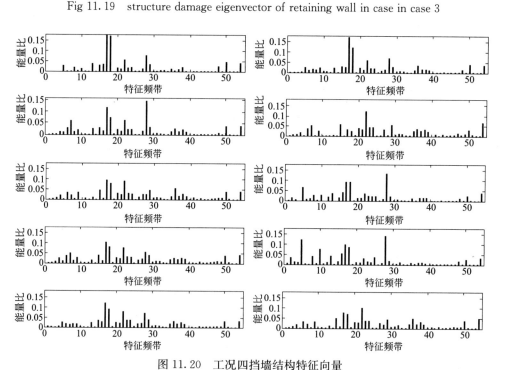

图 11.20 工况四挡墙结构特征向量

Fig 11.20 structure eigenvector of retaining wall in case 4

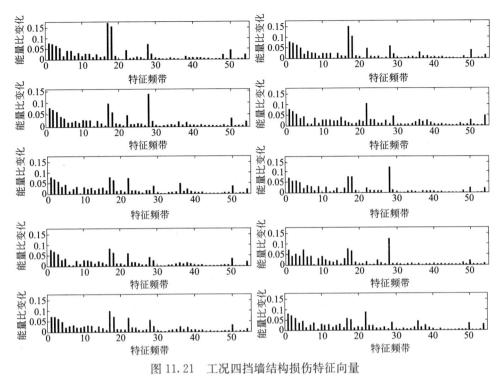

图 11.21 工况四挡墙结构损伤特征向量

Fig 11.21 structure damage eigenvector of retaining wall in case in case 4

如图 11.22 所示，基于虚拟脉冲响应函数的支挡结构损伤预警指标 DA、DS 具有良好的损伤预警效果。工况二（无损结构）的 DA 指标值在 0.0075 附近波动，工况三挡墙的 DA 指标值在 0.0125 附近波动，工况四挡墙的 DA 指标值在 0.0175 附近波动，可以较好地判断挡墙所处的工作状况，而且在环境激励下，DA 指标值的波动性很小。同样 DA 指标值也有同样的规律。因此，基于虚拟脉冲响应函数的支挡结构损伤预警指标 DA、DS 对环境激励具有较好的鲁棒性。

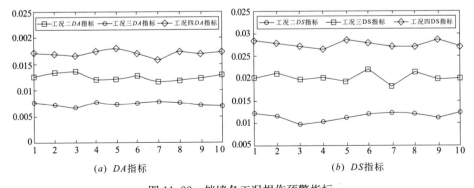

(a) DA指标　　　　　　　　　　　　(b) DS指标

图 11.22 挡墙各工况损伤预警指标

Fig 11.22 the damage alarming indexs for retaining wall in varies cases

12 支挡结构健康诊断仪的硬件设计

支挡结构健康诊断的核心是根据支挡结构损伤前后的模态参数变化，在约束条件下，结合有限元获得每个节点的当前状况。它是用整体的信息去获得结构的局部变化，由于有限元的加入和数学模型的反问题性，计算量大，计算过程复杂，不能实现实时性，尤其是将修正的节点信息映射到结构节点上，以获取损伤位置，计算结构极易遭到噪声的干扰，定位重复性较差。另外，模型修正法来源于结构动力修改，它要求要有较好的试验环境，激振要充分，因此，如何将模型修正法应用于工程现场，利用环境激励实现结构损伤模型实时修正，在线获取结构的全面损伤信息具有重要的理论意义和实际应用价值。

由于支挡结构的尺度较大，测试环境较差，如何方便简捷地对其进行实时的振动模态测试始终是没有解决好的问题。要实现对支挡结构的实时监控，一般采用有线通讯模式，硬件造价较高。近几年随着通信技术的迅速发展，无线数据传输的速度及稳定性得到了很大的提高，特别适宜于中大型结构等不便于布线但需实时监测的场地。基于 ZigBee 技术的无线传感器建立无线局域网，再通过基于 GPRS/3G 技术可以方便通过网关直接连接 Internet，无须上位机信息接收模块，从而大大降低了硬件成本，优化了系统构成。

支挡结构健康诊断仪采用环境激励的方式获得时域信号，通过 GPRS/3G 通信手段传输给计算机，再经软件分析，包括频率分析，小波包频带能量谱分析，对支挡结构进行健康诊断和损伤预警。

12.1 支挡结构健康诊断仪硬件系统组成

支挡结构健康诊断仪由上位机、下位机、无线加速度传感器节点组成。上位机完成远程监测的功能；下位机完成节点管理及和上位机数据通信的功能；节点完成数据采集的功能。

12.1.1 无线加速度传感器节点

基于结构动力学理论和现代振动测试技术的支挡结构健康诊断和损伤预警技术是通过布设在支挡结构上的加速度传感器拾取结构的振动信息，然后利用识别的结构模态参数，结构损伤向量来评定结构的损伤情况并进一步预警。加速度传感器作为振动测试系统的基本组成部分，在整个系统中起着举足轻重的作用。传统的传感器是将测量的物理信号转换成电信号或电压或电流，再通过传输电缆将信号发送到监测中心进行处理和存储。这在大中型支挡结构振动测试过程中产生了诸如系统布设困难、施工周期长、信号易受外界环境噪声干扰、缆线易损坏等问题，这些问题随着物联网技术在传感器上的应用-无线传感器技术的发展，得到了较好地解决。这项技术就是利用当前先进的 ZigBee 短距离无线传输技术，组建一个低成本、高效率、满足一定采样率的无线加速度传感器网络。而这个网络的节点，就是无线加速度传感器，其主要作用就是接受下位机的指令进行环境振动下加速度动力响应的数据采集，再通过 ZigBee 协调节点把数据实时传给下位机，并对这些信息进行相应处理。

12.1.2　下位机

下位机采用嵌入式微型工控机作为主机，通过 ZigBee 协调节点和系统节点组成 ZigBee 无线网络，通过 GPRS/3G 网络和上位机通信，是实现远程遥测系统的核心。

12.1.3　上位机

上位机通过 GPRS/3G 网络实现对下位机的控制，实现系统的远程监测功能。支挡结构健康诊断仪的系统连接图见图 12.1。

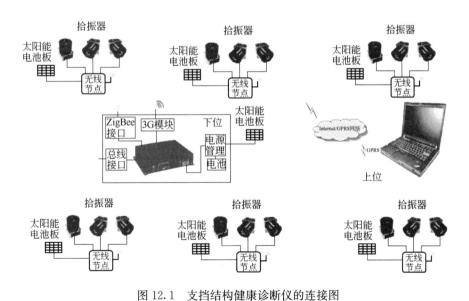

图 12.1　支挡结构健康诊断仪的连接图

Fig 12.1　The system connection diagram of health
diagnosis instrument for retaining structure

12.2 ZigBee 技术及其协议标准

12.2.1 ZigBee 技术发展概况

ZigBee 技术这一名称灵感来源于蜜蜂的飞行状态，由于蜜蜂（bee）是通过飞行和不断地扇动翅膀以 ZigZag 形的舞蹈来通知自己的同伴所发现食物源的位置信息，后来人们就用 ZigBee 来表示短距离无线组网技术。ZigBee 技术是 2002～2008 由英国 Invensys 公司、美国 Motorola 公司、日本 Mitsubishi 公司和荷兰 Philips 公司等厂商联合推出的一种近距离、低复杂度、低功耗、低数据传输速率、低成本的双向无线通信技术。ZigBee 技术具有短距离、自组网、网络自愈、低功耗、低速率、低成本等特点。ZigBee 就是一种便宜的，低功耗的近距离无线组网通信技术。ZigBee 技术是在 IEEE802.15.4 无线协议标准基础之上研制开发的一种低速率、短距离无线网络协议[215]。ZigBee 协议从下到上分为物理层（Port Physical Layer，PHY）、媒体访问控制层（Media Access Control，MAC）、传输层（Transport Layer，TL）、网络层（Network Layer，NWK）、应用层（Application Layer，APL）等[216]。其中物理层和媒体访问控制层遵循 IEEE 802.15.4 标准的规定。在开发过程中用户还需要根据自身的需要对应用层进行设计。IEEE802.15.4 规范规定了两种无线通信频段。这种无线技术具有低成本、短距离等技术特点，主要用于个人区域网和对等网络，是实现无线传感器网络的新技术之一。

12.2.2 ZigBee 技术特点

目前，ZigBee 无线的应用还处在起步发展时期。ZigBee 技术的特点[217]在很多方面已经显示出了很大的优势，会使它在无线通信领域具有更大的优势和得到更广的应用。

（1）速率低：ZigBee 技术有三种工作频段，提供了三种不同的数据传输速率。其中 2.4GHz 频段下，数据传输速率最快可达到 250kbps，其他两种工作频率的速率分别为 20kbps 和 40kbps，这三种不同频段下的传输速率适合一些领域应用对低速率的要求。

（2）功耗低：节点在使用电池供电的情况下，可以实现长达 6 个月到 2 年的使用时间，低功耗是 ZigBee 技术的突出优势。

（3）成本低：通过简化协议，降低了对微控制器的要求，而且 ZigBee 免协议专利费。

（4）网络容量大：ZigBee 协议规定了三种不同的网络拓扑结构，每种结构都包括一个作为处理中心的协调器和其他不同数量的路由器或者终端设备。协调器最多可与 254 个路由器或者终端设备直接进行通信，而路由器又可与其他设备直接进行通信，这种通信模式使网络拓扑结构理论上可组成具有 65000 个设备的网络。

（5）时延短：快速的处理数据决定了反应时间较短，而且对时间有不同要求的应用都进行了处理。由于在数据传输时的优化处理缩短了通信时间以及系统的唤醒机制，更能体现了 ZigBee 技术的低功耗特点。

（6）安全性好：ZigBee 根据不同的安全级别，为所属的安全属性灵活的提供不同安全模式，包括无安全设定、为防止非法获取数据使用访问控制清单（Access Control List，ACL）以及基于 128 位高级加密标准（Advance Encryption Standard，AES）的对称密钥安全机制。

（7）可靠：对节点间可能存在的数据同时通信而产生的通信冲突，使用了冲突监测机制，通过检测信道是否空闲来决定数据的通信；网络内的节点间能自动选择数据通信路由，当路由上有一个节点信息通信出现问题时，其他节点会重新选择路由，确保数据通信的流畅性和可靠性。

（8）工作频段灵活：对于不同国家和地区 ZigBee 技术使用了不同的频段，并且 2.4GHz 频段是全球统一使用的不用申请的频段。

12.2.3 ZigBee 与其他短距离无线通信技术的比较

无线接入已经成为有线接入的有效支持、补充和延伸，是快速、灵活装备和实现普通服务的重要途径，随着现代社会的发展，人们对信息随时随地交流的需要，使得无线组网技术得到更多人的青睐。由于短距离无线通信和传感器网络技术的应用发展空间和巨大的市场空间，得到了许多半导体厂商的重视，进一步促进了该技术的发展与进步。无线通信技术不仅仅包括 ZigBee 技术，现在还存在着许多其他如蓝牙技术（Bluetooth）、超宽频技术（UWB）、Wi-Fi 以及红外数据传输（IrDA）等短距离无线通信技术。

蓝牙可以在小范围内实现设备间的数据和语音通信，传输距离在 10～100m 左右，蓝牙系统一般由无线单元、链路控制单元、链路管理单元和蓝牙软件单元等组成。天线单元射频部分通过 2.4GHz 频段的微波来实现数据位流的过滤和传输。系统会需要更多的额外空间消耗以支持对其他功能的实现，增加了设备系统的成本和复杂性。在家庭娱乐、图像处理设备、智能卡、身份识别等方面都有所应用。超宽频技术实现的通信是无载波的，是利用纳秒至皮秒级非正弦波窄脉冲传输数据，不是正弦波作为载波。决定了它的频谱范围是很宽的。而时间调变技术令其传送速度可以大大提高，耗电量相对较低，并有精确的定位能力。超宽频的传输距离都在 10m 之内，它的传输速率高达 480Mbps，非常适合多媒体信息的大量传输的视频消费娱乐方面应用。

Wi-Fi 的最初目的是对无线局域网的接入，规定了物理层和媒体接入控制层，依赖 TCP/IP 作为网络层。其主要特点是传输速率高、可靠性高、建网快速、便捷、可移动号、网络结构弹性化、组网灵活和组网价格较低等，但是其通过较高的能量消耗来换取优异的带宽，限制了在某些领域的应用和推广。

红外数据传输技术（IrDA）简单易用且实现成本较低，由于红外线直射特性，存在视距角度的问题，不适合传输障碍较多的地方，且多数情况下传输距离短、传输速率不高，应用范围有限。

ZigBee 技术的低成本、低功耗特点在一些工业环境和安全系统等领域有较大的优势。通过以上介绍如表 12.1 所示对各种无线技术做了对比。

<table>
<tr><td colspan="5" align="center">短距离无线通信技术比较</td><td align="right">表 12.1</td></tr>
<tr><td colspan="5" align="center">The comparison of short-range wireless communication protocol</td><td align="right">Table 12.1</td></tr>
<tr><td>标准</td><td>ZigBee</td><td>蓝牙</td><td>Wi-Fi</td><td>UWB</td><td>IrDA</td></tr>
<tr><td>工作频段</td><td>868/915MHz</td><td>2.4GHz</td><td>2.4GHz</td><td>＞2.4GHz</td><td>红外光</td></tr>
<tr><td>传输速率</td><td>20 至 250kbps</td><td>1Mbps</td><td>11Mbps</td><td>最高 1Gbps</td><td>16Mbps</td></tr>
<tr><td>传输距离(米)</td><td>1～75＋</td><td>10-100</td><td>1～100＋</td><td>10</td><td>1～10</td></tr>
<tr><td>电池寿命(天)</td><td>100～1000＋</td><td>1～8</td><td>1～4</td><td>100～1000＋</td><td>200～600</td></tr>
<tr><td>网络节点</td><td>最多 65535</td><td>1～7</td><td>30</td><td>100</td><td>2</td></tr>
<tr><td>关键特性</td><td>可靠、低功耗、价格便宜</td><td>价格便宜、方便</td><td>速度快、灵活性好</td><td>定位精准</td><td>低功耗、成本低廉</td></tr>
</table>

从上述各种无线传输技术的对比可以得出对比结果，采用 ZigBee 无线通信技术方案，是一个很好的选择。

12.2.4　ZigBee 数据采集系统采集数据的原理

ZigBee 网络通常由三个节点构成：协调器（Coordinator）节点、路由器（Router）节点、传感器（End device）节点。传感器节点也称为终端设备，协调器用来创建一个 ZigBee 网络，并为最初加入网络的节点分配地址，每个 ZigBee 网络需要且只需要一个协调器；路由器也称为 ZigBee 的全功能节点，可以转发数据，起到路由的作用，也可以收发数据，当成一个数据节点，还能保持网络，为后加入的节点分配地址；终端设备通常只周期性地发送数据，不接收数据。由于本项目所涉及的无线加速度传感器网络只有一个，因此不设 ZigBee，而是采用 ZigBee 的协调器节点和各无线加速度传感器节点之间形成星型网络拓扑结构。协调器节点也称为汇聚节点，将多个终端设备节点置于不同的位置，它们会按照要求把采集到的数据传给汇聚节点，汇聚节点先要对数据进行处理，然后才把数据通过串口传给下位机中的工控机。

12.3 无线加速度传感器节点硬件设计

无线加速度传感器是传感器技术、MEM5 技术、微处理器和无线通信技术相结合的产物，由加速度传感器、微处理器、射频收发芯片及电源构成。目前，国内外无线加速度传感器，包括其他类型的无线传感器，按体系结构可分为三大类：

（1）COTS（Commercial Off The Shelf）节点，该类节点中的传感器、微处理器、通信模块等使用的都是现成的商用产品。典型代表有美国伯克利大学加州分校（UCB）的 MICATelos 节点，欧洲传感器研究项目小组开发的 EyesIFX 节点，中科院研究的 GAIN 系列也属于该类节点。这种节点除了无线传感器的共同特点外还具有低成本、短周期、技术门槛相对较低等优势，被各高校和研究机构广泛采纳，所以该类型的节点是最多的。

（2）SOC（Sytem On Chip）节点，该类节点只使用一个芯片，就可实现节点的数据采集、控制和通信功能。SOC 节点通常都为特定的应用而开发，由于需要芯片设计能力，因此开发门植较高，成果相对较少。典型代表有 Rockwell 科学实验室的 WINS 节点、麻省理工开发的 Uamps-Ⅲ 等。

（3）Smart Dust 节点，又称微型节点或尘埃节点。该类节点使用了业界最尖端的技术，体积只有几个平方毫米，通常为军事应用而开发，微型节点的代表为 Smart Dust 节点和 SPEC 节点，都由 UCB 研制。内嵌微处理器是无线加速度传感相比于传统传感器的又一特点，微处理器负责控制传感器进行数据的采集、处理和收发。

12.3.1 无线加速度传感器的工作原理

无线加速度传感器实际上就是将以加速度传感器为核心的数据采集模块、微处理器为核心的数据预处理模块、射频芯片为核心的无线传输模块，以及以微电池能量模块集成并封装在一个外壳内的系统。无线加速度传感器工作时，加速度传感器检测加速度信号（模拟信号），然后送 A/D 转换器使其转换为数字信号，在作 A/D 转换之前，一般会设置信号调理电路，用来放大和滤波（由于支挡结构的自振频率较低，在 A/D 采样之前需对模拟信号作抗混滤波处理，以滤除或降低高频干扰）。A/D 的输出传送给微处理器进行预处理并存储数据，得到的预处理加速度数据将送给无线收发模块进行无线传输。最后，接收装置接收并数据传输给下位机作进一步的分析处理与显示。典型的无线加速度传感器节点结构由以下几个部分组成：

（1）数据采集模块：用于对检测区域进行数据采集与信号调理：

（2）数据处理模块：微处理器对整个传感器节点的操作进行控制，对数据进行预处理并存储。

（3）无线传输模块：以射频芯片为核心，根据 IEEE802.15.4 协议进行无线通信，传输控制信息并首发数据信息。

（4）能量模块：为另三大模块提供电源，一般为微电池。

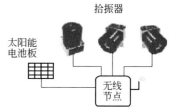

本仪器的无线加速度传感器节点的连接示意图见图 12.2，该节点包含三个外接超低频地脉动传感器，一块太阳能电池板给无线节点内的锂电池野外充电。考虑到无线加速度传感器网络节点的通用性，其硬件设计采用模块化设计思想实现，整个节点的设计包括 4 个部分：加速度传感器（数据采集模块）、无线 ZigBee 模块（数据处理和无线传输模块）、系统电源（能量模块）以及电源监测电路与相关的指示电路。

图 12.2　无线加速度传感器节点连接示意图

Fig 12.2　Connecting sketch diagram of wireless acceleration sensor network node

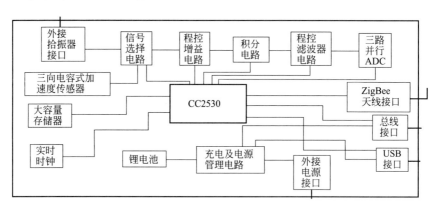

图 12.3　无线加速度传感器节点内部框图

Fig 12.3　Block diagram of wireless acceleration sensor network node

12.3.2　加速度传感器的选择

加速度传感器的类型有压阻式、压电式和电容式等多种，其中电容式加速度传感器具有测量精度高，输出稳定，温度漂移小等优点。而电容式加速度传感器实际上是变介电常数电容式位移传感器配接"M-C"系统构成的。其测量原理是利用惯性质量块在外加速度的作用下与被检测电极间的空隙发生改变从而引起等效电容的变化来测定加速度的。电容器传感器的优点是结构简单，价格便宜，灵敏度高，零磁滞，真空兼容，过载能力强，动态响应特性好和对高温、辐射、强振等恶劣条件的适应性强等。缺点是输出有非线性，寄生电容和分布电容对灵敏度和测量精度的影响较大，以及联接电路较复杂等。

微机电系统（Micro Electro-Mechanical Systems，MEMS）是近年来发展迅速的一门高新科学技术，它是指可批量制作的，集微型机构、微型传感器、微型执行器以及信号处理和控制电路，直至接口、通信和电源等于一体的微型器件或系统[208~212]。MEMS 具有微型化、集成化、耗能低、能进入一般机械无法进入的微小空间进行工作等优点。利用 MEMS 芯片，对加速度参量进行监测，无须经过复杂的信号处理，直接输出数字信号或者标准的模拟信号，不仅可以减少处理装置的费用，也可以使监测设备小型化、智能化成为可能。美国 ADI 公司的 ADXL327 产品，是一款完整的小尺寸、低功耗、三轴加速度计，它是利用先进的 MEMS 技术构成了基于单块集成电路的三轴加速度测量系统，属于电容式传感器。其满量程加速度测量范围为 $\pm 2g$（最小值），可以测量倾斜检测应用中的静态重力加速度，以及运动、冲击或振动导致的动态加速度。用户使用 XOUT，YOUT 和 ZOUT 引脚上的电容 CX，CY 和 CZ 选择该加速度计的带宽。可以根据应用选择合适的带宽，X 轴和 Y 轴的带宽范围为 0.5Hz 至 1600Hz，Z 轴的带宽范围为 0.5Hz 至 550Hz。ADXL327 提供小尺寸、薄型、16 引脚、4mm×4mm×1.45mm 塑料引脚架构芯片级封装，见图 12.4、图 12.5。

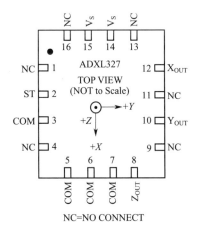

图 12.4 ADXL 引脚图　　　　　　图 12.5 ADXL 样品图

Fig 12.4 Pin Configuration of ADXL327　　Fig 12.5 The sample view of ADXL327

ADXL327 以多晶硅为表面的微机电传感器和信号控制环路来执行操作进行开环测量，测量结果直接以正比于加速度值的模拟信号输出。它采用在硅片上经表面微加工的多晶硅结构，用多晶硅的弹性元件支撑它并提供平衡加速度惯性力所需的阻力。结构变形是通过结构偏转是通过由独立的固定极板和附在移动物体上的中央极板组成的差动电容来测量的。固定极板由 180°异相的方波驱动，一旦受加速度惯性力后，运动极板与固定极板之间距离产生变化，从而改变了它们之间的差动电容的平衡，使输出方波的振幅与加速度成正比，而相位解调技术用来提取幅值信息，判断加速度方向。

解调器的输出是通过功能模块图 12.6 中的 32kΩ 的固定电阻来实现的，通过各轴的一个电容调整相应的带宽，然后再利用所设定带宽的滤波电路实现滤波，来提高测量的精度并有效地防止频率混叠。

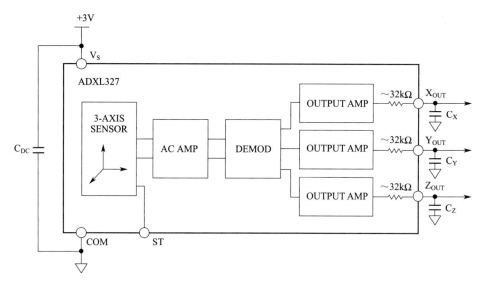

图 12.6　ADXL327 功能框图

Fig 12.6　Functional block diagram of ADXL327

ADXL327 具有以下特点：（1）集三轴加速度传感器于一体的单块集成电路；（2）它既可测量动态加速度，又可测量静态加速度；（3）通过各轴的一个电容调整相应的带宽（4）小尺寸、薄型（4mm×4mm×1.45mm）LFCSP 封装；（5）低功耗：350μA（典型值）；（6）单电源供电：1.8～3.6V；（7）抗冲击能力：10，000g；（8）出色的温度稳定性；（9）符合 RoHS/WEEE 无铅要求。

使用 C_X、C_Y 和 C_Z 的设定频带：ADXL327 有三个 Xout、Yout 和 Zout 引脚，可外接电容来设定频带。电容必须安装在紧靠引脚处，用以去混叠和抑制噪声。3dB 带宽计算公式如下：

$$F_{-3db} = \frac{1}{2\pi \times (32k\Omega) \times C(x, y)} \tag{12.1}$$

或简化为：

$$F_{-3db} = \frac{5\mu F}{C(x, y)} \tag{12.2}$$

RFILT 可在额定值 32kΩ 的 ±15％ 范围内变动，相应地，带宽也随之变化。另外，在任何情况下，CX、CY 和 CZ 的最小电容推荐值为 0.0047μF。表 12.2 给出滤波电容与信号带宽的关系。

<table>
<tr><td>滤波电容器选择</td><td>表 12.2</td></tr>
</table>

滤波电容器选择	表 12.2
Filter capacity selection，C_X、C_Y和C_Z	Table 12.2

带宽(Hz)	滤波电容(μF)
1	4.7
10	0.47
50	0.10
100	0.05
200	0.027
500	0.01

　　ADXL327 的带宽选择决定测量精度（测量最小的加速度）。滤波可降低噪声，提高加速度传感器的分辨率。分辨率取决于 Xout、Yout 和 Zout 的滤波带宽以及微控制器的计算速度。ADXL327 的模拟信号输出典型带宽大于 500kHz，需对信号在这点进行滤波处理以减少频率混叠。同样，模拟信号带宽应小于 A/D 转换采样率的 1/2 以减少频率混叠，模拟带宽可进一步减小，从而降低噪声，提高分辨率。ADXL327 的噪声特点是在所有频率下都是分布一样的白高斯噪声，以 $\mu g/\sqrt{Hz}$ 为单位。即噪声与加速度信号带宽平方根成正比。因此，将带宽限制为实际应用所需的最低频率，可以使分辨率和加速度传感器的动态范围达到最大。ADXL327 的典型噪声值可用公式(12.3) 计算：

$$N(\mathrm{rms}) = 噪声密度 \times \sqrt{BW \times 16} \tag{12.3}$$

通常噪声峰值是确定的，可通过均方值来估计，参考表 12.3 给出。

噪声情况	表 12.3
Estimation of peak-peak noise	Table 12.3

噪声额定峰值	噪声超过额定峰值的时间
2.0×rms	32%
4.0×rms	4.6%
6.0×rms	0.27%
8.0×rms	0.006%

12.3.3　无线 ZigBee 模块

　　目前全球有多家企业提供 ZigBee 芯片，基于这些 ZigBee 芯片，当前 ZigBee 模块的主流设计方案有：Freescale 公司的 MC 13191，MC13192 和 MC13193 平台；Chipcon 公司（已经被 TI 公司收购）的 SoC 解决方案 CC2430；Ember 的 EM250ZigBee 系统芯片及 EM260 网络处理器以及 Jennic 公司的 JN5121 芯片。基于性能的比较以及功能的分析。TI 公司收购无线单片机的先锋 Chipcon 公司后，推出了全新概念的新一代

ZigBee 无线单片机 CC2530 系列，这些无线单片机在以 8051 微处理器为内核的基础上，在单个芯片上整合了 ZigBee 射频前端、内存和高性能的增强型处理器，8 路 8～14 位模/数转换器、128kB 闪存、强大的直接存取功能、符合 MAC 规范的计时器、集成高级加密标准安全协处理器，等高性能功能模块，只需要很少的外接元件，一个晶振就能满足网状网络拓扑结构的需求。芯片内部有一个符合标准的高灵敏度无线收发器，抗邻频道干扰能力强。CC2530 无线通信芯片在休眠模式或者待机模式下功耗都是非常低的，且都能通过外部中断来唤醒系统。在 32kHz 晶体时钟下运行，数据接收时电流损耗小于 27mA，发射数据时电流损耗小于 25mA。综合上面对 ZigBee 技术的解决方案阐述，同时根据网络中节点的实际情况，选择将 MAC 层和 PHY 层集成在一起的 CC2530 芯片，MAC 固化在射频收发器中，是一个真正的 SOC 解决方案，解决实际应用中对芯片要求。由于 CC2530 将 MCU 与射频收发器融为一体，减少了外围元件电路的设计，降低了系统应用的成本，其结构框架如图 12.7 所示，图 12.8 为原理图。

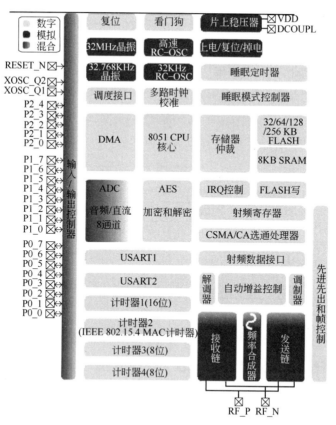

图 12.7 CC2530 结构框图

Fig 12.7 Block diagram of CC2530

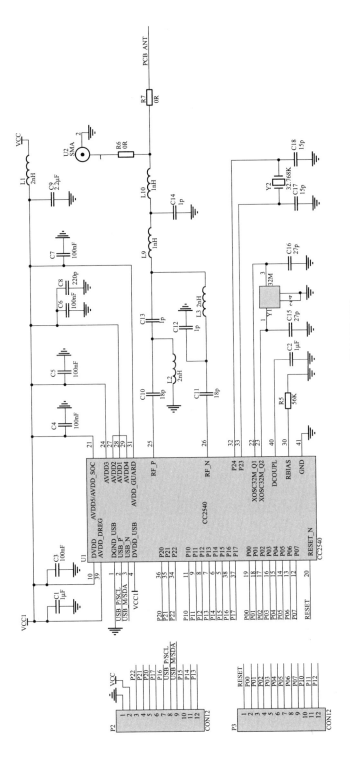

图 12.8 CC2530 硬件原理图

Fig 12.8 Hardware schematic of CC2530 module

12.3.4　ZigBee 射频模块

CC2530 是用于 IEEE802.15.4、ZigBee 和 RF4CE 应用的片上系统解决方案，具有优良的 RF 收发器性能，它编程的输出功率高达 4.5dBm，具有极高的接收灵敏度和抗干扰能力，经测试实际传输距离可达到 60～100 m，外围电路简单，较小的封装可用于制作体积较小的节点。此片上系统的微控制器为增强型 8051 内核，具备低功耗、高性能、代码预取功能等特点，配以最高为 256KB 的可编程 flash 存储器足以容纳 ZigBee 协议栈。当节点空闲时，即进入睡眠模式，减少了能量损耗。无线射频模块电路设计如图 12.9 所示，其中分别为 LNA 和

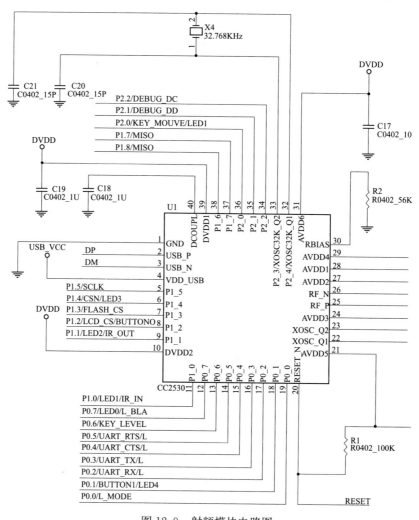

图 12.9　射频模块电路图

Fig 12.9　Rf module circuit diagram

PA 射频输入和输出提供正向和负向射频信号的 25 号引脚 RF ＿ P 和 26 号引脚 RF ＿ N，它们之间的跨接需要有数值精确的电容、电感以及 PCB 微波传输线来匹配射频天线的阻抗；20 号 RESET ＿ N 引脚接有复位电路；在 22 号引脚 XOSC ＿ Q1 和 23 号引脚 XOSC ＿ Q2 两个晶振引脚之间跨接一个 32MHz 晶振 X3，为 CC2530 内部 MCU 提供时钟源；30 号引脚 RBIAS 需要连接精密的偏置电阻从而提供给偏置引脚参考电流。其余 I/O 引脚则与扩展板连接，扩展出更多功能与接口。

三轴加速度传感器的输出信号为 0～3.3V 的模拟电压信号，通过外接几个去耦电容以及滤波电容后直接接入无线单片机 CC2530 的模拟输入端口 P0 ＿ 5、P0 ＿ 6、P0 ＿ 7 进行三个方向的加速度值的采集。

12.3.5　电源模块

对于节点的外围电源模块的电路设计如图 12.10 所示。所有节点都有两种供电方式，3.3V 锂电池供电和直流电源供电。在使用直流电源供电方式中电源适配器的输入电压为交流 220V，50Hz，输出直流 5V 电压（或采用太阳能电池板提供 5V 直流电压）。利用电池供电方式的一般是终端节点，方便了节点的移动。

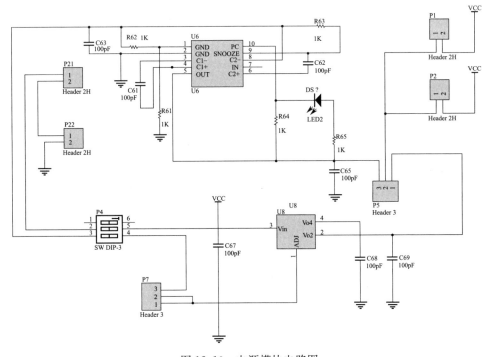

图 12.10　电源模块电路图

Fig 12.10　Power supply module circuit diagram

可以通过 P5 跳线设置选择不同的供电方式。P4 控制整个节点模块电源的开启与关闭。CC2530 通过关闭电源模块而实现的避免静态功耗使芯片能够实现低功耗运行，还通过使用门控时钟和关闭振荡器来降低动态功耗。对于直流电源的供电，通过低功耗低压稳定器将电压转换成 3.3V 的工作电压给系统供电，稳压器选用的是 SE1117，它具有良好的噪声抑制、快速的瞬态响应和内置热关断等特点。电池供电电路中选择了具有超低操作电流的稳压 3.3V 低纹波充电泵 TPS60211，它能将电池产生的电压升压到 CC2530 工作电压值。另有充电电路给锂电池充电。

12.3.6 其他外围电路

其他外围电路包括信号选择电路，用于选择采用外接传感器信号或者内置传感器信号。为保证系统具有较高的测试性能，节点内建完善的信号调理功能，包括程控增益电路、积分电路程控滤波器电路，增益从 1 到 3000 倍，同时具有多档截频可设置，每个通道具有可选择的积分功能，这些信号调理的功能完全程控，具有较高的现场测试的适应性。节点内置 3 路独立 ADC，保证每个通道同步并行采集，同时采用特别的同步机制，保证系统内各个节点之间同步采集。节点内置大容量存储器，可以实现离线采集功能。节点内置高性能的实时时钟，可以实现定时间采集功能。

12.3.7 外接 941B 型振动传感器

为了弥补电容式加速度传感器的信噪比的不足，采用每个通道可以外接拾振器的方案，保证系统既可测试微弱振动、也可直接测试稍大一点的振动。这里外接传感器采用由中国地震局工程力学研究所研制的 941B 振动传感器，它是一款多功能仪器主要用于测量低频或超低频的振动情况，广泛应用于地面和结构物的脉动测量，微弱振动测量和高柔结构物的超低频大幅度测量以及一般结构物的工业振动测量都会应用到 941B 型超低频测振仪。941B 型振动传感器良好的超低频特性是由于其内部应用了无源闭环伺服技术，所谓无源即振动传感器无须电源支持即可正常工作采集信号[223]，而闭环伺服技术是一种自动控制系统，大致由位置检测单元，比较环节，伺服驱动与伺服电机等部分构成。这款振动传感器有加速度、小速度、中速度和大速度四个档位可以调节，可根据实际测量的需要，对传感器上的微型拨动开关所对应的档位进行调节，以获得测点的位移、速度或加速度参量，还可提供不同频带以及不同的滤波陡度。本传感器重量轻（1kg）、体积小（63×63×80mm）非常方便使用，而且有动态范围广、分辨率高、功能丰富等特点。本传感器适用于配接各种记录器及数据采集系统[269]。941B 型振动传感器主要技术指标如表 12.4 所示。

941B 型振动传感器主要技术指标 表 12.4

The main technical index of vibration sensor 941B Table 12.4

档位 参量		灵敏度 (V·s² 或 V·s/m)	最大量程			通频带 (Hz, -3dB)	输出负荷电阻 (kΩ)
			加速度 (m/s², 0-p)	速度 (m/s,0-p)	位移 (mm,0-p)		
1	加速度	0.3	20			0.25～80	1000
2	小速度	23		0.125	20	1～100	1000
3	中速度	2.4		0.3	200	0.25～100	1000
4	大速度	0.8		0.6	500	0.17～100	1000

12.4 下位机、上位机硬件设计

12.4.1 下位机

下位机采用嵌入式微型工控机作为主机，通过 ZigBee 协调节点模块和系统节点组成 ZigBee 无线网络，通过 GPRS/3G 网络和上位机通讯，是实现远程遥测系统的核心。图 12.11 为下位机功能框图。

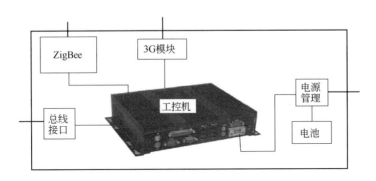

图 12.11 下位机结构框图

Fig 12.11 Block diagram of Lower machine

1. ZigBee 协调器节点

协调器管理着整个网络，每个 ZigBee 网络的构成只允许存在一个协调器，它是一个网络的开始，有着整个网络的最高权限，维护着整个无线网络的运行，是这个无线采集网络的重要组成部分。协调器通过连有传输天线的无线模块接收 ZigBee 网络中的信号，并通过扩展板上的串口将信号传送给工控机，从而实现无线信号的接收。协调器是一个 ZigBee 网络第一个开始的设备，是建立或启动网络的设备。协调器节点首先会选择一个信道和网络标志符之后则会开始创建一个网络。协调器设备也可以在网络中发挥另外的功用，如可建立安全机制、建立网络绑定等。协调器核心作用即为构建网络和设置该网络的性能参数。这些工作完成之后，此协调器就等同于是路由器，原因是 ZigBee 网络为分布式网络，网络中的其他设备并不会依赖于此协调器去完成操作。由于诊断仪的 ZigBee 无线网络采用的是星型拓扑方式，只需要协调器及若干节点即可完成搭建 ZigBee 无线通信网络。协调器节点主要由处理器模块、RF 前端及各外部接口等组成，协调器的主要硬件结构图如图 12.12 所示。

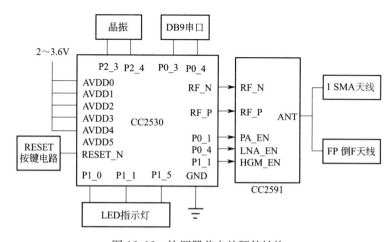

图 12.12 协调器节点的硬件结构

Fig 12.12 Hardware structure of coordinator node

（1）处理器模块：处理器模块采用 CC2530 作为主控芯片。

（2）RF 前端：RF 前端采用 TI 公司的集成度很高的射频前端芯片 CC2591。CC2591 工作在 2.4GHz，内部集成有增益为＋22dBm 的功率放大器（PA）、低噪声放大器、平衡转换器、交换机、电感器和 RF 匹配网络等。接收部分内部集成的 LNA 接收增益最大为 11dBm，噪声系数为 4.8dB，接收机灵敏度可提高 6dB，能显著增加无线系统的覆盖范围。

（3）接口模块：一般情况下，协调器节点接口主要包括串行接口、电源接口及 JTAG 接口，以及 USB 接口。本仪器采用 USB 接口可使该节点应用更为方便灵活。

（4）天线：天线可采用 SMA 天线与倒 F 天线相结合的方式。其中 SMA 是 Sub-Miniature-A 的简称，全称应为 SMA 反极性公头，就是天线接头是内部有螺纹的，里面触点是针（无线设备一端是外部有螺纹，里面触点是管），这种接口的无线设备是最普及的；倒 F 天线的设计可采用 TI 公司公布的参考设计，该天线的最大增益为＋3.3dB，完全能够满足 CC2530 工作频段的要求。

2. 工控机

本仪器采用研华公司的 ARK-1120 嵌入式工控机，具有超紧凑，小尺寸和低功耗设计的特点，提供充足的内存和扩展性能，能够实现接受远程计算机指令，并进行现场迅速采集，存储信息的功能，这样就避免了 GPRS/3G 网络因流量和传送速率等问题而无法实现实时动测信号采集。工控机通过 USB 接口与 ZigBee 协调器节点进行通信（图 12.13a）。

3. 3G 路由器模块

MR-900E 通过交叉网线和电脑接起来，MR-900E 通电后，利用 3G 无线网络拨号连上 Internet，让电脑能够通过 MR-900E 共享上网，从而实现对应用服务器的访问（图 12.13b）。此外，MR-900E 通过网口通或者 VPN 还可组建远程虚拟局域网，实现视频远程监控、信号远程采集等应用（图 12.14）。

(a) 工控机   (b) 3G路由器

图 12.13　工控机和路由器

Fig 12.13　Industrial control computer and Router

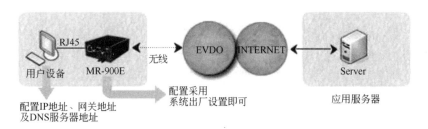

图 12.14　MR-900E 工作原理

Fig 12.14　Work principle of MR-900E

12.4.2　上位机

上位机可以是任何一台能上网的电脑，启用微软视窗系统的远程连接，通过 Internet，采用 EV-DO 技术与无线 GPRS/3G 网络实现链接，再通过 DSN 服务器地址、网关地址及工控机虚拟 IP 地址，通过实现对下位机的控制，实现系统的远程遥测功能。

12.5　太阳能充电控制系统

太阳能充电控制系统一般由太阳能电池板、蓄电池、太阳能控制器和负载四个部分组成。太阳能控制器是系统的智能核心，白天控制器管理太阳能电池给蓄电池充电，晚上控制器管理蓄电池给负载供电。图 12.15 为太阳能充电控制系统连接图，图中的直流负载可以是各无线加速度传感器节点负载，也可以是下位机工控机负载。各传感器节点和下位机均由单独太阳能充电控制系统进行供电管理。现场各硬件布置见图 12.6。

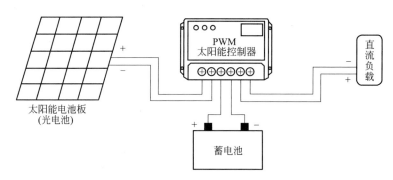

图 12.15　太阳能充电控制系统连接图

Fig 12.15　Connection diagram of solar battery charging control system

(a) 传感器节点布置　　　　　　(b) 无线加速度传感器节点

(c) 下位机　　　　　　(d) 太阳能充电控制系统

图 12.16　现场各硬件布置图

Fig 12.16　All hardwares in situ

13　支挡结构健康诊断仪软件开发

一个完整的系统包括硬件和软件的实现，在系统的硬件设计完成后，整个系统功能的实现就将由软件来实现。系统工作的可靠性，自动化与智能化的程度，将大部分依赖于软件设计的合理以及对软件代码的优化。分析设计和编写不同的软件程序用来实现硬件模块的不同功能。系统中的终端节点能够正常的采集环境参数并进行无线通信，且协调器能正确地接收处理数据是需要软件程序支持的，所以，在硬件搭建完成后实现这个系统功能的重要部分就是软件程序设计。首先是对软件集成开发环境介绍和 Z-Stack 源代码的分析，然后在此协议栈的基础上进行整个系统的应用软件开发，最后是对系统的应用程序其他部分进行了详细设计。

13.1　IAR 软件开发环境

本系统的软件开发环境选择的是 IAR Embedded Workbench（简称 EW），内部带有的 C/C++交叉编译器和调试器的 EW 是目前世界上流行使用的专业嵌入式应用开发工具。EW 集成的编译器主要特征有：内建针对不同的芯片的程序下载速度和大小优化器，便捷的中断处理和模拟，高效浮点支持，内存模式选择，版本控制以及对扩展工具良好支持，瓶颈性能分析等。EW 集合了开发软件的多种功能：包括从代码编辑器、工程建立和发布到 C/C++优化编译器、汇编器、连接器、调试器和项目管理器等各类开发工具。EW 目前可以支持 35 种以上的 8 位/16 位/32 位的各种处理器结构，广泛的硬件目标系统支持。通过将汇编器、编译器和调试器的结合，使程序开发者在开发和调试过程中，能对针对不同的微处理器开发不同的程序应用。使用 IAR 的交叉编译器可以生成高效、代码更小的可执行代码，代码可以运行在更小尺寸、更低成本的微处理器上，并且应用程序规模越大，效果越明显，这样就节省了更多的硬件资源，降低了开发成本，提高了产品市场竞争力。应用程序的开发是在 Z-Stack 这个软件平台基础上实现的。而 Z-Stack 又是装载在 IAR 开发环境里。本系统选用 Embedded Work-bench for MCS-51 集成开发环境。

13.2　ZigBee 协议栈实现

系统的软件开发设计包括 ZigBee 协议栈的实现，基于 CC2530 的硬件驱动的编程和数据采集程序的实现。

13.2.1 Z-Stack 协议栈源程序

节点的硬件平台是系统实现的必要条件，根据节点的硬件芯片选择的不同和底层端口的不同连接，移植了 TI 公司的 Z-Stack 协议栈，并在这个基础上实现了数据的无线传输。Z-Stack 协议栈的兼容性比较强，能够支持多种平台。整个 Z-Stack 协议栈将不同的功能层和协议层分开设计的原则，硬件抽象层提供不同硬件节点底层模块的驱动，包括定时器，通用异步接收传输器，模数转换等应用程序接口 API，并在此基础上对其他服务进行了扩展。操作系统抽象层是针对整个程序的合理有序的运行而实现的一个易用的操作系统平台，由于应用程序框架中最多可以有 240 个应用程序对象，也就意味着有 240 个任务，这个操作系统就是实现多任务为核心的一种管理机制。开发者可以将自己的应用设计成一个单独的任务，并将该任务添加到多任务管理机制中。在 Z-Stack 协议栈基础上，深究各层协议栈，通过对通信协议的理解掌握和系统的采集要求，对协议栈的不同层进行修改，达到开发所需应用程序。利用此协议栈实现数据的无线传输，通过在应用层的程序设计实现系统所需的功能。Z-Stack 协议栈的架构如下：

（1）App：应用层目录，开发应用的主要文件，包含了应用层的内容和系统所能实现的功能函数，调用不同的函数是通过对系统和用户定义任务的循环查询完成的。

（2）HAL：硬件层目录，硬件底层的介绍以及芯片基本功能的实现。

（3）MAC：MAC 层目录，协议栈中该层所要完成的任务和一些基本参数配置。

（4）NWK：网络层目录，对应用支持子层一些函数和本层函数的调用，组网过程中需要的参数。

（5）MT：这个目录的功能是为了开发调试。通过相关软件的监控，看到当前设备的一些信息等。

（6）OSAL：协议栈的嵌入式实时系统，出现相关事件或任务都要及时进行处理。

（7）Zmain：主函数目录，整个系统开始运行的地方，包括系统的初始化。

应用层文件中具有的功能函数包括初始化应用支持子层函数、网络协调器组网函数、节点入网函数、节点重新加入网络函数，还有应用支持子层状态机函数等。网络层文件中具有的功能函数包括网络层初始化函数、网络层状态机函数、网络层发送或路由数据函数和寻找父设备地址函数等。MAC 层文件具有的功能函数包括 MAC 层初始化函数、初始化射频函数等。物理层文件具有功能函数包括物理层初始化函数、发送完成后回调函数和物理层状态机函数等。由于全功能设备节点实现了对网络中设备的相互关系和数据传输路径的非易失性存储，所以网络呈现智能化从而能实现复杂网络连接。Z-Stack 协议栈实现利用了操作系统的设计。在系统上电以后，程序执行主函数实现系统的初始化。系统初始化程序如下。

```
Int main(void)
{
osal_int_disable(INTS_ALL);        //关闭所有中断；
zmain_vdd_check;                   //电压检测,确保能使系统运行
Hal_BOARD_INIT;                    //初始化板上的组件比如指示灯
InitBoard(OB_COLD);                //初始化 I/O 口；
HalDriverInit();                   //初始化硬件底层驱动；
ZMacInit();                        //初始化 MAC 层；
zmain_ext_addr;                    //分配设备的扩展地址；
osal_init_system();                //初始化操作系统；
osal_int_enable(INTS_ALL);         //打开所有中断；
InitBoard(OB_READY);               //传感器以及按键功能的初始化
zmain_dev_info;                    //显示和设备有关的信息
osal_start_system();               //进入操作系统；
return 0;
}
```

系统的初始化过程如图 13.1 所示。

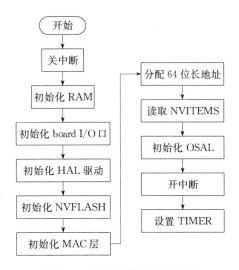

图 13.1　系统初始化流程框图

Fig 13.1　system Initial flow diagram

初始化任务完成后，将启动操作系统，进入一个循环查询任务状态，由于操作系统时不断对任务循环查询，当发现有任务发生时，就会调用对应的处理函数。完成后系统继续进入休眠低功耗模式。当系统同时有几个事件发生时，系统根据事件的优先级来进行处理。利用这种架构有效的降低系统的功耗。操作系统的任务循环机制如图 13.2 所示。

OSAL 层没有在 ZigBee 协议标准进行定义，但是这个操作系统是协议能够实现的基础。OSAL 提供的功能是为不同的任务信息交换或者外部处理事件提供一种管理机制以及在某个任务等待一个事件发生后返回此期间的控制信息等，并且提供了一些定时器，添加和管理任务，允许对内存的动态使用分配。系统中如果有事件发生，该事件所在的任务就会被存储在就绪列表中从而实现了任务调度，系统为每个事件分配了一个标志位，相同系列的事件会添加到同一个任务中去。当事件产生时，相应的事件标志位就会被置位，这样对应的任务处理函数就会被调用。每一个任务都有相应的函数进行初始化和进行处理任务事件。系统中的一个小程序可以看做成一个任务，整个应用程序中会有很多任务，并且对任务进行了优先级处理，而任

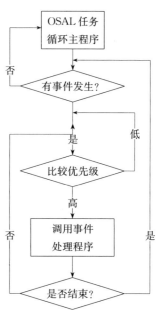

图 13.2　事件循环查询流程图

Fig 13.2　system Initial flow diagram

务中又会分成很多事件。这些任务会被系统存储在一个数组中，当有事件发生时，就会置位相关的任务。当有任务事件发生时就会调用对应的任务处理函数。图 13.3 描述的是事件循环查询顺序以及相应的处理函数。

如图 13.3 所示的终端节点的组网程序流程图。在星形拓扑网络结构中终端节点的任务是请求加入协调器所在的网络，将采集到的数据信息发送给协调器。终端节点启动后，系统先将硬件初始化，确定设备角色。然后，终端节点将扫描默认的信道，查找是否已经存在网络，有网络的话会发出加入请求，等待协调器允许加入网络的信息后，成功加入网络后，在向协调器发出绑定请求，把终端节点的地址信息存储在地址映射表中。绑定成功后，应用就可以不需要制定目的地址就可以发送数据了。

13.2.2　ZigBee 星型网的组网设计与实现

星型网呈现一种辐射状，在星型网络中有一个网络协调器和若干个终端设备

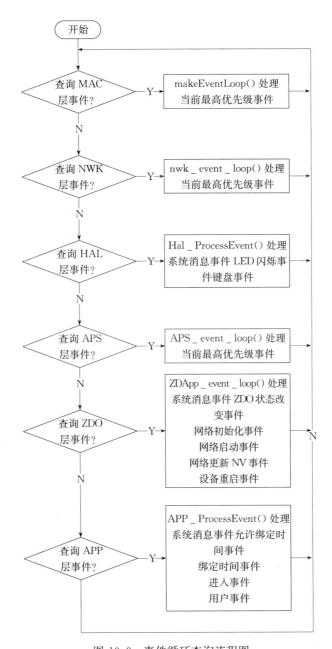

图 13.3 事件循环查询流程图

Fig 13.3 system Initial flow diagram

节点。在这种网络拓扑结构中，终端节点之间不能直接进行相互通信，终端节点之间的通信必须经过协调器转发。如果网络中有大量的终端节点，就会使网络数据传输变得拥挤。一个网络中哪个设备作为网络协调器一般来说不是由上层规定的，不在 ZigBee 协议规定的范围内。比较简单的方法是让最先启动的全功能设备成为网络协调器，当这个设备上电后，它会检测周围环境，选择合适的信道，并选择一个 PAN 标示符，然后建立起自己的网络。PAN 标示符用来唯一地确定本网络，以和其他的 PAN 相区分，网络内的从设备也是根据这个 PAN 标示符来确定自己和网络协调器的从属关系的。网络建立后，协调器就允许其他的设备与自己建立连接，加入到该网络中。在组网的过程中，根据协议，要成为网络协调器的那个设备最先由网络层通过网络管理层发出信道扫描请求，MAC 层扫描完成后返回确认。网络层又会发出主动扫描的请求，同样 MAC 扫描完成后要返回确认。这时网络层管理实体就要根据返回的信道扫描结果，选择一个合适的信道，然后就要确定网络的 PAN 标示符，并会将该网络协调器的网络地址设置为默认的 16 位地址。通过理论参数可知，一个

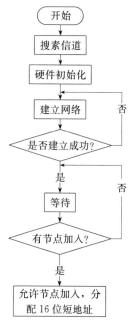

图 13.4　协调器组网流程图

Fig 13.4　system

Initial flow diagram

节点可以组成的组网规模为 65535 个节点，但星型网络结构简单，协调器承担了大部分的管理工作，太大的星形网络规模会增加网络协调器的负担，根据仪器开发实际情况，本系统采用的星形组网规模为 1 个协调器和几个终端节点。由于这两设备功能的差异，所有两种设备从不同的角度进行分析。在星形网络拓扑结构里面中央控制器是最重要的节点。它要在启动的时候建立一个新的网络，和其他节点扩大网络覆盖范围，转发数据或者直接通过串口在下位机进行数据的显示。本系统协调器使用默认的信道值为 11 和 PAN ID 的值为 0xAFFB。协调器的初始化工作包括节点的硬件底层配置文件初始化、底层接口初始化、协议栈软件的初始化以及进行组网的网络配置初始化等。

协调器的组网流程图如图 13.4 所示。协调器上电后，选择合适的信道并建立网络，其中包括一些网络参数的设定，并允许其他设备加入网络的请求。当它收到其他设备的入网请求时，如果相应的信息正确，则协调器将该节点加入网络，并将一个

16 的网络短地址和一些相关的网路网络参数分配和配置给该节点，同时将加入网络节点记录在邻居列表中以及建立节点的 IEEE 地址与网络短地址的映射

表，建立映射表目的是使用网络短地址方便传输，减少网络中传输的数据量。一般协调器使用默认的短地址，调用 ntInitAddressAssignment（）函数进行短地址的初始化。通过相应的函数得到的是父设备所能分配子段地址数。节点收到分配的短地址与入网确认信息，则入网成功。当终端节点发送来测量数据时，协调器接收数据信息并同时将数据信息通过串口传送到 PC 机上面。对数据信息包头是按照协议栈的架构由低向上层层解析的，每层按照各自的帧格式由响应的解析函数进行解析。MAC 层和网络层的帧格式在 IEEE802.15.4 和ZigBee 协议规范中都是有相应的定义的，APL 层的数据包帧格式如表 13.1所示。

APL 层帧格式			表 13.1
The comparison of short-range wireless com			Table 13.1
帧控制域	传输序列号	数据长度	数据内存
字节数:1	1	1	可变长

在一个网络中具有从属关系设备允许一新设备连接时，那么这个设备就和它连接的设备具有父子的关系。允许连接的设备为父设备，新连接的设备就是子设备。连接的建立需要父设备与子设备之间进行交互操作。允许设备进行网络连接的设备应该具备一定的存储能力和处理能力，才能与一个新设备进行网络连接。通常只有协调器或者路由器才能允许新设备与网络进行连接，才能接收连接请求命令，终端设备不具备这种存储和处理能力，也就只能发出连接请求。作为父设备的网络协调器或者路由器已经将一个设备的 64 位扩展地址保存了起来，当设备打算与父设备进行连接时，父设备会检查邻居表中是否存在先前保存的 64 位扩展地址对应的值，如果在邻居表中发现了这个地址值，表示与这个 64 位扩展地址相同的设备已经加入了网络。不存在的话，父设备的网络层管理实体将为子设备分配一个网络内唯一的 16 位网络短地址。如果父设备是路由器的话，它能分配的网络地址空间将由协调器决定。在这种情况下，子设备还没有与父设备建立起连接，需要以孤点方式进行连接。在同父设备失去连接子设备的应用层会发出重新连接的原语，通过网络层的传递 MAC 层会进行信道扫描，然后会将信道扫描的结果返回给网络层，网络层会判断是否发现了父设备并通过确认原语报告给应用层。同时，父节点会接收到失去连接的子节点的孤点加入的命令，会检查是否存储了这个节点的 IEEE 地址，存在的话，就会响应节点的命令。如图 12.5所示的终端节点的组网程序流程图。在星型拓扑网络结构中终端节点的任务是请求加入协调器所在的网络，将采集到的数据信息发送给协调器。终端节点启动后，系统先将硬件初始化，确定的设备角色。然后，终端节点将扫描默认的信道，查找是否已经存在网络，有网络的话会发出加入请求，等待协调器允许加入

网络的信息后，成功加入网络后，在向协调器发出绑定请求，把终端节点的地址信息存储在地址映射表中。绑定成功后，应用就可以不需要制定目的地址就可以发送数据了。

13.3 数据采集系统的软件设计

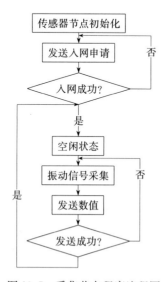

图 13.5 采集节点程序流程图

Fig 13.5 system Initial flow diagram

通过设置采集节点与振动传感器相连，并将采到的数据经模数转换后无线发给协调器。协调器则要接收数据，并通过串口发到上位机即计算机上，从而可以无线监测传感器采到的数据，如前所述，只需对 APP 应用层目录中的文件进行编辑，就可实现想要达到的功能，而其余层级的协议则延用 ZStack 协议栈的初始设置即可。

13.3.1 终端节点数据采集的软件程序

采集节点主要负责对传感器所采数据进行处理，并将其无线传送至协调器中，采集节点流程图如图 13.5 所示。图中采集传感器数据与将数据无线发送给协调器是整个程序的核心，由 sendReport 函数控制。

```
static void sendReport（void）
｛
uint8 pData［7］；
static uint8 reportNr＝0；
uince txOptions；
uint16 value；
uint16 word2；
double word；
ADCIF ＝ 0；
APCFG｜＝1＜＜7；
ADCCON3 ＝（HAL_ADC_REF_125V｜HAL_ADC_DEC_512｜HAL_ADC_CHN_AIN7
    while（！ADCIF）；
    value ＝ ADCL；
```

```
    value |= ((uint16) ADCH) <<8;
    value= value >> 2;
    word=(float)value/64;
    word=word * 115;
    word=word/256;
    pData[0] = (uint8)word/100+'0';
pData[1] ='.';
    pData[2] = (uint8)word%100)/10+'0'
    word2=(uint16)(word * 10)%10;
    pData[3] = (uint8)word2+'0';
    word2=(uint16)(word * 10)%10 ;
pData[4] = (uint8)word2+'0';
    word2=(uintlfi)(word * 100)%10 ;
    pData[5] = (uint8)word2+'0';
    word2=(long)(word * 1000)%10 ;
    pData [6] = (uint8) word2+'0';
    zb_SendDataRequest(0xFFFE,SENSOR_REPQRT_CMD_ID,7,pData,0,txOptions,
0 );
    }
```

这段程序为采集节点的采集传感器数据程序，Z 向振动传感器的模拟信号经 P0_7 口输入至 CC2530 的 AD 转换通道，配置好单次采样寄存器 ADC-CON3，确定内部 1.15V 的参考电压，采用 14 位精度的 AD 转换。之后对转换值进行处理。最后是将 AD 转换后的所得的值即 pData，发给协调器，即完成了采集节点的任务。类似地，同样，X，Y 向拾振器的模拟信号通过 P0_5、P0_6 口完成采集任务。

13.3.2 协调器软件

协调器接收无线传感器节点采集来的动力响应数据，并将数据经串口传给下位机中的工控机，构成整个程序的主要部分。分别由 zb_ReceiveDataIndication 函数与 sendGtwReport 函数执行完成，它们对接收和发送的数据格式作了定义，保证工控机获得准确的数据。其程序框图见图 13.6。

13.3.3 工控机软件

当协调器通过串口将数据发送至工控机后，通过所编写的 VB 软件程序，可以实时观察数据波形，并储存数据。程序委托扬州晶明科技有限公司开发，具体软件

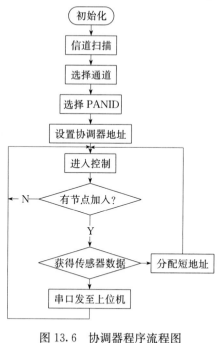

图 13.6　协调器程序流程图

Fig 13.6　system Initial flow diagram

功能如下：

（1）启动软件：在启动软件之前，要对整个测试系统进行检查。确认所有传感器已正确安装在被测对象上，并被正确地连接到仪器。确认仪器根据接口不同都正确地连接到工况机上。保证所有接口接触良好、所有装置安全可靠后，接通仪器的电源。软件对采样的数据是进行分层管理的。"全部测量数据"管理全部数据，它由多个工程组成。"工程"是某一大类测试的总称，它由多个分类的项目组成。"项目"是某一小类测试的总称，它由多个文件组成。"文件"是某一次具体的测试的名称，它有试验名称、工程信息等项。它包含多个通道的数据。从桌面启动：当软件安装成功后，即自动在桌面上添加该软件的快捷方式，其名称为"Jmtest 动

态信号测试分析软件"。从开始菜单启动：开始｜程序｜Jmtest 动态信号测试分析系统 菜单项，鼠标左击即启动该软件。如果系统正常，其后的"开始采样"按钮，变为有效。这样就可以进行下一步操作了。如果"开始采样"按钮仍为无效，这时应检验原因，直到找到指定的设备。注意：使用时需先打开仪器电源并接好电缆，然后再启动软件。软件界面如图 13.7 所示。

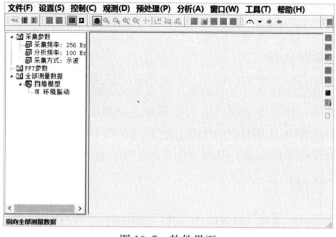

图 13.7　软件界面

（2）采集状态：只有在联机状态下才可进入采集状态，进入采集状态有两种方式，一是联机成功后，自动进入采集状态；二是点左侧控制面板的"空心五角星"（还未设置采集文件名），立即进入采集状态（图13.8）。

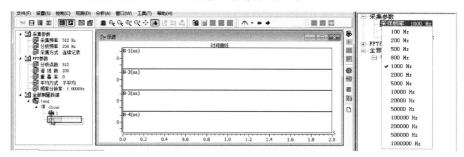

图13.8　进入采集状态界面

（3）采样参数设置：采样频率即单位时间内的抽样速度。在"采样频率"节点上按右键会弹出"采样频率"的选择清单。采样频率的选择与进行的测量相关。如果仅关心信号的频率特性，一般采样频率设为分析频率的2.56倍即可。如果主要关心信号的幅值，一般可以取更高一点的采样频率。

在设备连接成功的情况下，任何时刻均可点下"示波"按钮，观察各通道状态，数据不保存，主要为观察和调试使用。如果需要保存数据，可以选择采样方式有手动触发、信号触发、连续记录、定时巡采及硬件触发。

（4）数据保存：为了方便对采集的数据做进一步处理，系统提供了数据导出功能，可数据以其他的一些格式存储下来。这里的导出数据，不仅指数据值的导出，还包括图形的导出，即导出图形。数据可另存为位图、另存为文本文件、另存为Matlab Workspace文件、另存为Excel文件、另存为UFF文件。

13.4　建立下位机与上位机的联系

13.4.1　下位机工控机的设置

第一步：针对WIN7系统，打开下位机进入桌面，在开始菜单中单击计算机—属性选项。

第二步：在属性面板的左上角找到远程设置选项。

第三步：在弹出的系统属性选项卡中，将远程桌面选项的不允许链接到这台计算机更改为允许运行任意版本远程桌面的计算机链接，并且把上面的远程协助打开，点击确定。

第四步：着手建立自己的账户，没有账户和密码是不可以远程操作的，所以想要使用这个功能就必须先在控制面板——用户选项中新建一个账户，这里我们提前做好了一个账户，但是没有设置密码，点进去给自己账户设置密码。

第五步：给自己的账户设置密码。一定要设置，否则是不能设置远程桌面功能的。

第六步：设置本地连接的 IP 地址等，IP 地址在 192.168.1.2～255 之间取（图 13.9）。

(a) 第一步　　　　　　　　　　　(b) 第二步

(c) 第三步　　　　　　　　　　　(d) 第四步

(e) 第五步　　　　　　　　　　　(f) 第六步

图 13.9　工控机设置

Fig 13.9　system Initial flow diagram

13.4.2 MR-900E（3G 路由器）设置

第一步：在工控机中打开 IE，在地址栏输入"192.168.1.1"，设置密码；

第二步：设转发规则 DMZ 主机的 IP，与 12.4.1 中的第六步一致。

第三步：配置 DDNS。因为 USIM 拨号获取的 IP 为动态 IP（每次重新拨号后 IP 一般会改变），为了访问方便，MR-900E 支持金万维域名自动注册。可在 www.gnway.net 网站上免费申请一个金万维动态域名，然后配置在 MR-900E 里，以后无论 3G 卡的 IP 如何改变，任何远程电脑，只要访问金万维域名就可以访问到下位机中的工控机了。如果客户的 USIM 卡的 IP 是固定的话，就不需要域名了。设置相应密码，远程计算机访问时需验证这个密码。在设置过程中，VPN 服务应该关闭，每步设置完都要保存，最后重新启动。关闭界面，重新登录，才有效（图 13.10）。

(a) 第一步　　　　　　　　　　　(b) 第二步

(c) 第三步

图 13.10　路由器设置

Fig 13.10　system Initial flow diagram

13.4.3 上位机设置

第一步：使用 mstsc（Microsoft terminal services client）命令进入到远程桌面链接选项卡中，对远程下位机进行配置，输入下位机动态域名和下位机用户名。

第二步：点击本地资源中的详细信息；

第三步：选择本地电脑的驱动器和其他设备，这样就可共享磁盘资源，本地与远程计算机可以相互传递文件，点击连接。也可保存或另存，直接连接（图13.11）。

(a) 第一步　　　　　　　　　　　　　　(b) 第二步

(c) 第三步

图 13.11　上位机设置

13.4.4　数据共享

本系统利用上位机通过远程桌面链接，控制下位机中工控机采集数据，数据直接存储在工控机磁盘中，通过共享磁盘资源，把所采集数据传递给上位机（远程计算机）。这样就不影响现场的数据采集，而不受无线网络、Internet 网速等的影响。

13.5　上位机的软件

上位机软件包括对下位机传来的动测信号传统分析软件和支挡结构损伤预警系统软件。

13.5.1　动测信号传统分析

1. 时间波形分析

数据采样和事后分析一般都需要观察信号的时间波形曲线。采样时，采样的数据直接显示在时间波形窗口中。事后数据时，先选择分析的文件，即在左面板中选择分析的文件，当前文件的采样频率、采样长度及采样时间会在状态栏显示。

在选择的批次节点双击，可以弹出该通道全部通道的时间波形曲线（图13.12）。

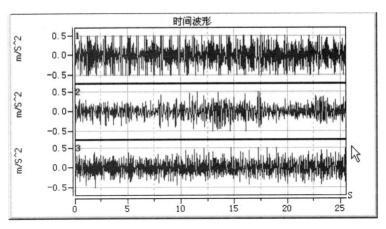

图 13.12　时间波形曲线

当前显示的第一块的数据（块的大小与"FFT 参数"中设置的"分析点数"相对应），如果要显示后面的数据，可以选择工具栏的"数据定位"、"数据回放"、"数据浏览"等功能按钮进行控制。

图 13.13

直接在工具栏点"时间波形"按钮，可以打开一个通道的时间波形。在时间波形窗口按右键，可以设置观察的通道（图 13.14～图 13.16）。

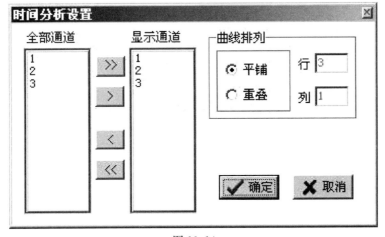

图 13.14

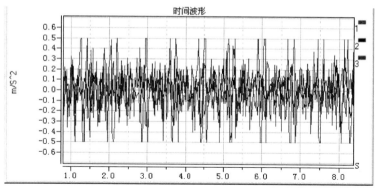

图 13.15

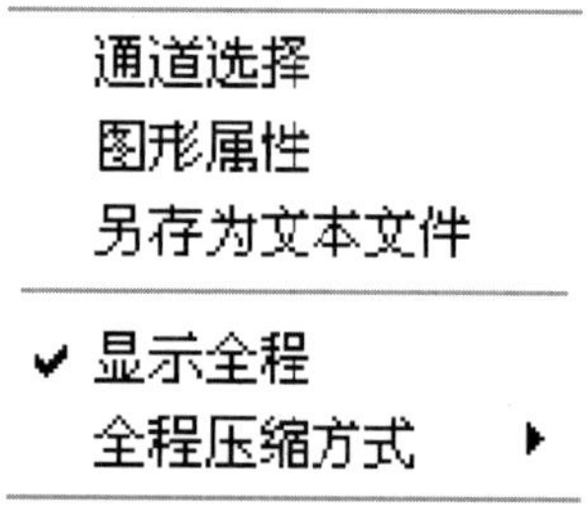

通道选择
图形属性
另存为文本文件

✔ 显示全程
全程压缩方式　　　▶

图 13.16

波形通常以平铺形式显示，如果要进行相位或幅度比较，也可设置为"重叠"显示。

分析状态下，在当前窗口按右键，选择"显示全程"，可以将全程波形打开，在全程波形上进行选择，可以显示选择区域的波形（图 13.17）。

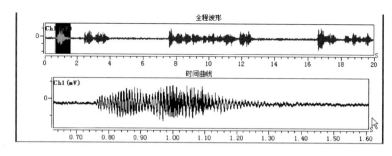

图 13.17

2. X-Y 分析

X-Y 分析选择一个通道为 X 轴通道，一个通道为 Y 轴通道，以这两个通道的数据作为 X、Y 轴画图（图 13.18）。

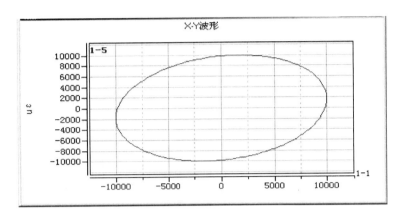

图 13.18

绘图数据量的大小与"FFT 参数"中的"分析点数"一致。采样时可以实时显示两通道构成的 X-Y 曲线。事后分析时，可以通过回放工具栏进行数据的回放和浏览。

3. 频谱分析

对于一个振动信号或其他类型的随机信号，有时为了研究其内在规律需要分析随机信号的周期性。频谱分析是信号处理中最基本的分析方法之一，广泛应用于各种工程技术领域。在频谱分析模块中，时域数据经过 FFT 变换后得到其傅里叶谱的幅值谱。其中幅值谱（PEAK）反映了频域中各谐波分量的单峰幅值，幅值谱（RMS）反映了各谐波分量的有效值幅值。

实时谱：每一块数据的傅里叶谱的幅值。

平均谱：将所有块数据的实时谱按一定的平均方式平均后得到的幅值谱。傅里叶变换本身是连续的，无法使用计算机计算，而离散傅里叶变换的运算量又太大，为提高运算速度通常使用快速傅里叶变换方法（FFT），但此时所得到的频谱不是连续的曲线了，具有一定的频率分辨率 f，且 $f = SF/N$，SF 为信号采样频率，N 为 FFT 分析点数（常为 1024 点），由于频率分辨率的存在以及时域信号为有限长度等原因，使 FFT 分析结果具有泄露的可能，为此常常使用一些措施来消除，如平滑加窗、能量修正、细化分析等等。

当使用 FFT 分析后，由于频率分辨率造成的泄露原因使频谱主峰的幅值偏小，使用平滑处理可以使频谱主峰的幅值更加准确，但同时降低了频谱主峰以外的频率处的幅值精度。由于时域信号的截断造成的泄漏使用加窗也是一个有效的办法，本套软件提供以下几种窗函数：矩形窗、汉宁窗、平顶窗、汉明窗、力窗和指数窗。窗函数具有不同的效果，但都可以提高主频处的幅值精度，其中矩形窗相当于没有加窗。

自功率谱表示信号中的平均功率是如何按频率分布的。它与自相关函数构成一个傅里叶变换对。在实验模态分析中，自功率谱用于计算平均频响函数以及用于评判力输入信号的质量。还可用于分析旋转机械的特性。

在这里可以进行常规的频谱分析，包括幅值谱、功率谱和功率谱密度等。进行频谱分析时，它与左边的"FFT 参数"工具栏紧密相关（图 13.19）。

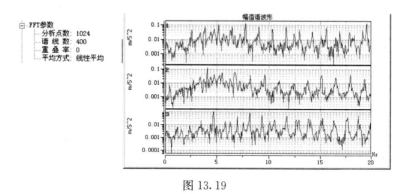

图 13.19

也可以选择"时频同时显示"的方式，将时间波形和频谱分析结果分两列显示（图 13.20）。

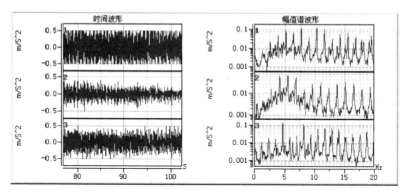

图 13.20

在频谱分析视图按右键会弹出设置窗口，设置观察的通道、分析类型、显示类型以及曲线的排列方式在分析状态下，在当前窗口按右键，选择"显示全程"，可以将全程时间波形打开，在全程波形上进行选择，可以显示选择区域数据的分析结果（图 13.21，图 13.22）。

4. 频响函数分析

频响函数分析，可以分析得到信号的频响函数、互谱、相干函数等。在频响分析窗口按右键可以弹出设置窗口可以设置分析类型、显示类型、信号估计方式等（图 13.23～图 13.25）。

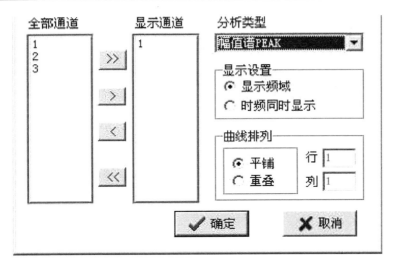

图 13.21

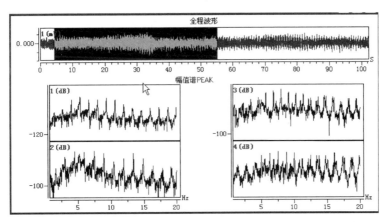

图 13.22

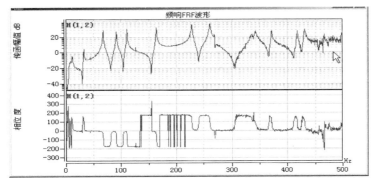

图 13.23

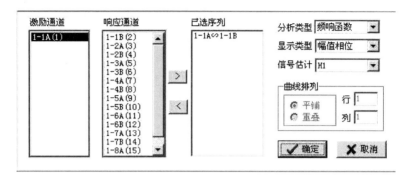

图 13.24

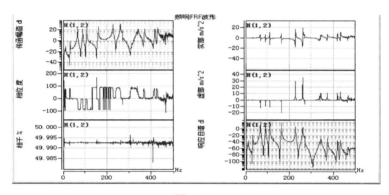

图 13.25

5. 直方图和累积直方图分析

　　分为直方图和累积直方图，可以对信号进行统计分析，得到各段幅值的分布情况。在直方图和累积直方图窗口按右键可以弹出设置窗口，在这里可以设置分析通道、分析类型及分组数（图 13.26，图 13.27）。

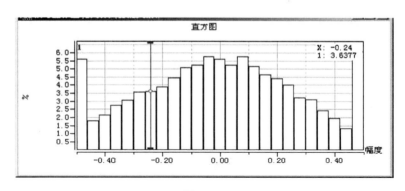

图 13.26

图 13.27

13.5.2 支挡结构损伤预警系统软件

支挡结构损伤预警系统软件包括以下几个组成部分：

（1）基准结构特征向量计算模块（vpfevbase）：针对无损状态下支挡结构的各点动测响应，确定参考节点，计算各测点虚拟脉冲函数，然后对其进行升序小波包分解，得到各测点虚拟脉冲响应对应的频带能量。对于各组环境振动下的每个测点的监测数据，将各频带能量进行平均，然后按频带能量大小降序排列，给出能量积累阈值（如 0.99），得到各测点基准特征频带 ID 和结构基准特征向量 EFm，并存盘。

（2）建立数据库文件模块（builddatabase）：输入 一个监测日期（date），一组动测信号（如 signal0，signal1，signal2，signal3），经 builddatabase 模块计算，得到初始化数据库

测点时程信号数据库（如 ST1，ST2，ST3）

测点虚拟脉冲函数数据库（如 HT1，HT2，HT3）

测点自谱密度函数数据库（如 ZPT1，ZPT2，ZPT3）

测点互谱密度函数数据库（如 PT1，PT2，PT3）

测点相关函数数据库（如 RT1，RT2，RT3）

测点结构特征向量数据库（如 EFT1，EFT2，EFT）

测点结构特征向量数据库（如 DET1，DET2，DET3）

测点 DA 指标数据库（如 DAT1，DAT2，DAT3）

测点 DS 指标数据库（如 DST1，DST2，DST3）

监测日期数据库（DT）

信号时间长度数据库（TT）

频率长度数据库（FF）

再加上各测点结构基准特征频带和结构基准特征向量文件 ID1，ID2，ID3，EFm1，EFm2，EFm3。形成初始化数据库文件。

313

（3）更新数据库模块（updatedatabase）：输入更新后的监测数据（如 ST0new，ST1new，ST2new，ST3new 及监测日期数据 DTnew，运行此模块可以对数据库进行更新。

另外还有有两个共享函数模块：一是函数计算模块（vpf），此函数模块用于计算动测信号的自谱密度函数、互谱密度函数、相关函数、虚拟脉冲函数、结构特征向量和损伤特征向量，最后计算相应的预警指标 DA、DS 指标。二是升序小波包分解模块（pindaienergy），即利用前面本项目所提出的 FFOWA 算法对信号进行升序小波包分解。

这些程序模块和数据库通过一个交互式界面组合在一起。交互式界面如图 13.28 所示。

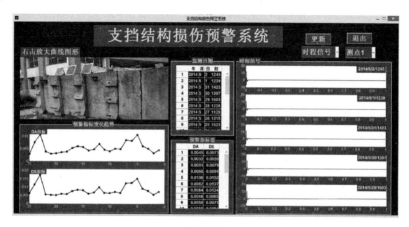

图 13.28

该界面包含 5 个板块：

1）现场图片板块（图 13.29）

图 13.29

2）预警指标变化趋势板块（图 13.30）

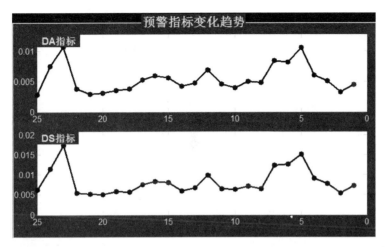

图 13.30

3）特性曲线板块（图 13.31）

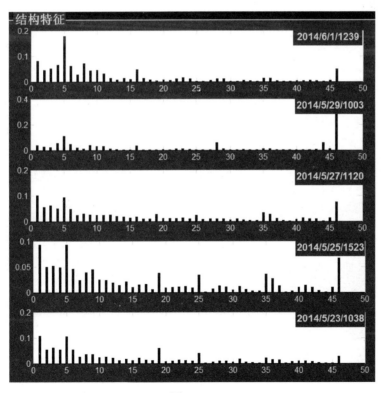

图 13.31

4）监测日期板块和预警指标数据显示板块（图 13.32、图 13.33）。

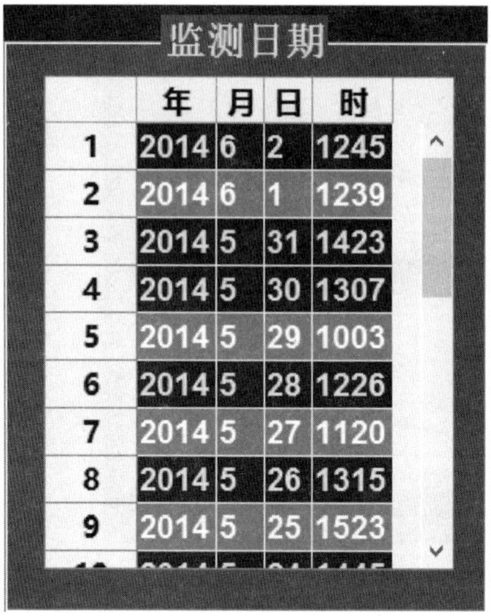

监测日期
年 月 日 时
1 2014 6 2 1245
2 2014 6 1 1239
3 2014 5 31 1423
4 2014 5 30 1307
5 2014 5 29 1003
6 2014 5 28 1226
7 2014 5 27 1120
8 2014 5 26 1315
9 2014 5 25 1523

图 13.32

预警指标值
DA DS
1 0.0110 0.0181
2 0.0121 0.0216
3 0.0114 0.0212
4 0.0103 0.0216
5 0.0209 0.0478
6 0.0189 0.0287
7 0.0096 0.0145
8 0.0139 0.0211
9 0.0105 0.0149

图 13.33

虚拟脉冲
时程信号
自谱密度
互谱密度
相关函数
虚拟脉冲
结构特征
损伤特征
测点3
测点1
测点2
测点3

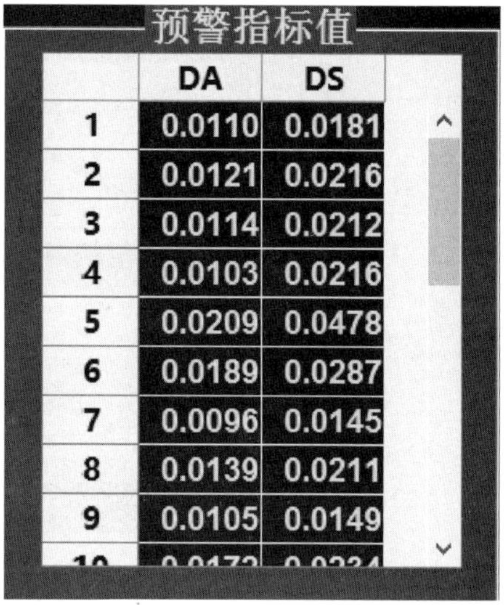

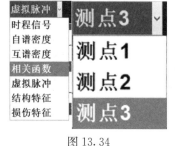

图 13.34

5）其他界面还包含两个弹出菜单，一个是选择特性曲线类型，另一个是选择测点（图 13.34）。

还有两个按钮开关，一是更新开关，其功能在于当有新的监测数据时按此按钮可以更新数据库文件。另一个按钮为退出开关。

该软件还有其他功能，可以通过监测日期的选择，显示该日期的特性曲线，也可以通过单击右键放大各曲线图形窗口（图 13.35～图 13.36）。

预警指标变化趋势
DA指标
0.02
0.01
0
5
10
15
20
25
DS指标
0.05
0.04
0.03
0.02
0.01
0
5
10
15
20
25

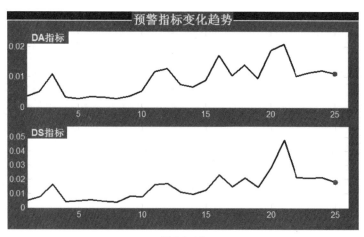

图 13.35

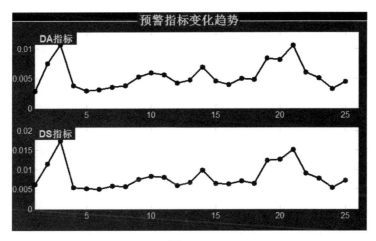

图 13.36

参 考 文 献

［1］ Housner G W，Bergman L A，Caughey T K et al. Structural Control：Past，Present，and Future. Journal of Engineering Mechanics，1997，123（2）：897-971。

［2］ 李惠，欧进萍. 斜拉桥结构健康监测系统的设计与实现（Ⅰ）：系统设计［J］. 土木工程学报，2006，39（4）：39-44.

［3］ 李惠，欧进萍. 斜拉桥结构健康监测系统的设计与实现（Ⅱ）：系统实现［J］. 土木工程学报，2006，39（4）：45-53.

［4］ 刘效尧，蔡键，刘晖. 桥梁损伤诊断. 北京：人民交通出版社，2002.

［5］ Rytte A.. Vibration based inspection of civil engineering strueteures［D］. Denmark：Aalborg University，1993.

［6］ Adams R. D.，Cawley P.，Pye C. J.，et al. A vibration technique for nondestructively assessing the integrity of structures［J］. Journal of Mechanical Engineering Science，1978，20：93-100.

［7］ Cawley P.，Adams R. D.. The location of detects in structures from measurements of natural frequencies［J］. Journal of Strain Analysis，1979. 14：49-57.

［8］ Stubbs N.，Broome T. H.，Osegueda R.. Nondestructive construction error detection in large space structures［J］. AIAA Journal，1990，28（1）：146-152.

［9］ George H.，Rene B. T. Modal analysis for damage detection in structures［J］. Journal of Structural Engineering，1991，117（10）：3042-3061.

［10］ Penny J. E. T.，Wilson D. A. L.，Friswell M. I. Damage location instructures using vibration data［C］. Proceedings of the 11th International Modal Analysis conference，1993：861-867.

［11］ Friswell M. I,，Penny J. E. T.，Wilson D. A. L.. Using vibration data and statistical measures to locate damage in structures［J］. The International Journal of Analytical and Experimental Modal Analysis，1994，9（4）：239-254.

［12］ Narkis Y.. Identification of crack location in vibrating simply supported beams［J］. Journal of Sound and Vibration，1994，172（4）：549-558.

［13］ Morassi A.，Rovere N.. Localizing a notch in a steel frame form frequency measurements［J］. Journal of Structural Engineering，ASCE，1997，123（5）：422-432.

［14］ Contursi T.，Messina A.，Silliams E. J.. A multiple-damage location assurance criterion based on natural frequency change［J］. Journal of Vibration and Control，1998，4（5）：619-633.

［15］ Fabricio V.，Davila C. C.. Damage detection in structures based on frequently measurements [J] . Journal of Engineering Mechanics，2000，7，14：72-85.

[16]　Salawu O. S. . Deetection of structural damage through changes in frequeney：a review [J] . Engineering Structures，1997，19（9）：718-723.

[17]　郑栋梁，李中付，华宏星. 结构早期损伤识别技术的现状和发展趋势 [J] . 振动与冲击，2002，21（2）：l-10.

[18]　West W. M. . Illustration of the use of modal assurance criterion to detect structural changes in an orbiter test specimen [C] . Proceedings of Air Force Conference on Aircraft Structural Integrity，1984：1-6.

[19]　Yuen M. M. F. . A numerical study of eigenparameters of a damaged cantilever [J] . Journal of Sound and Vibration，1985，103：301-310.

[20]　Pandey A. K. ，Biswas M. ，Samman M. M. . Damage detection from changes in curvature mode shapes [J] . Journal of Sound and Vibration，1991，145（2）：321-332.

[21]　Salawu O. S. ，Willimas C. . Damage location using vibration model shapes [C] . Proeeedings of the 12th international Modal Analysis Conefrence，1994：933-939.

[22]　刘义伦，时圣鹏，廖伟. 利用曲率模态识别桥梁损伤的研究 [J] . 振动与冲击，2011，30（8）：77- 81.

[23]　彭华，游春华，孟勇. 模态曲率差法对梁结构的损伤诊断 [J] . 工程力学，2006，23（7）：49-53.

[24]　于菲，刁延松，佟显能，等. 基于振型差值曲率与神经网络的海洋平台结构损伤识别研究 [J] . 振动与冲击，2011，30（10）：183- 187.

[25]　孙增寿，韩建刚，任伟新. 基于曲率模态和小波变换的结构损伤识别方法 [J] . 振动、测试与诊断，2005，25（4）：263- 267.

[26]　叶梅新，黄琼. 高速铁路钢—混凝土组合梁的损伤识别 [J] . 中南大学学报（自然科学版），2005，36（4）：704-709.

[27]　李德葆，陆秋海，秦权. 承弯构件的曲率模态分析 [J] . 清华大学学报（自然科学版），2002，42（2）：224-227.

[28]　李兆，唐雪松，陈星烨. 基于曲率模态和神经网络的分步损伤识别法及其在桥梁结构中的应用 [J] . 长沙理工大学学报（自然科学版），2008，5（2）：32-37.

[29]　李国强，梁远森. 振型曲率在板类结构动力检测中的应用 [J] . 振动、测试与诊断，2004，24（2）：111-116.

[30]　游春华，彭华，罗玉龙. 弹性薄板的损伤检测 [J] . 武汉大学学报（工学版），2008，41（3）：105- 108.

[31]　何钦象，杨智春，姜峰，等. 薄板损伤检测的高斯曲率模态差方法 [J] . 振动与冲击，2010，29（7）：112-115.

[32]　张波，王宗元，王赟，等. 利用模态曲率差法进行弹性薄板的损伤检测 [J] . 地下空间与工程学报，2011，7（1）：144-148.

[33]　张波，王赟，姜峰. 基于曲率模态差的四边固支薄板的损伤检测 [J] . 河北工程大学学报（自然科学版），2009，26（3）：31-36.

[34]　Raghavendrachar M. ，Aktan A. E. . Flexibility by multi-reference impact testing for bridge di-

agnostics [J]. Journal of Structural Engineering, 1992, 118 (8): 2186-2203.

[35] Pandey A. K., Biswas M.. Damage detection in structures using changes in flexibility [J]. Journal of Sound and Vibration, 1994, 169 (1): 3-17.

[36] Ko J. M., Sun Z. J., Ni Y. Q.. Multi-stage identification scheme for detecting damage in cable-stayed Kap Shui Mun Bridge [J]. Engineering Structures, 2002, 24: 857-868.

[37] 杨华. 基于柔度矩阵法的结构损伤识别 [J]. 吉林大学学报（理学版），2008，46 (2): 242-244.

[38] 姚京川，杨宜谦，王澜. 基于模态柔度曲率改变率的桥梁结构损伤识别方法 [J]. 中国铁道科学，2008，29 (5): 52-57.

[39] 曹晖，张新亮，李英民. 利用模态柔度曲率差识别框架的损伤 [J]. 振动与冲击，2007，26 (6): 116-120.

[40] 曹晖，Michael I. Friswell. 基于模态柔度曲率的损伤检测方法 [J]. 工程力学，2006，23 (4): 33-38.

[41] 李永梅，周锡元，高向宇. 基于柔度差曲率矩阵的结构损伤识别方法 [J]. 工程力学，2009，26 (2): 188-195.

[42] 李永梅，周锡元，高向宇. 基于柔度曲率矩阵的结构损伤识别方法 [J]. 北京工业大学学报，2008，34 (10): 1066-1071.

[43] 李胡生，宋子收，周奎，等. 基于模态柔度差曲率的梁结构损伤识别 [J]. 江南大学学报（自然科学版），2010，9 (1): 75-80.

[44] 肖调生，阳勇. 结构损伤识别的柔度差值曲率法 [J]. 吉首大学学报（自然科学版），2006，27 (2): 74-76.

[45] Mares C., Surace C.. An application of genetic structures to identify damage in elastic [J]. Journal of sound and vibration, 1996, 195 (2): 195-215.

[46] 袁颖，林皋，闫东明，等. 基于残余力向量法和改进遗传算法的结构损伤识别研究 [J]. 计算力学学报，2007，24 (2): 224-230.

[47] 袁颖，林皋，闫东明，等. 基于改进遗传算法的桥梁结构损伤识别应用研究 [J]. 应用力学学报，2007，24 (2): 186-190.

[48] Chiang D. Y., Lai W. Y. Structural damage detection using the evolution method [J]. AIAA Journal, 1999, 37 (10): 1331-1333.

[49] Chou J. H., Ghaboussi J.. Genetic algorithm in structural damage detection [J]. Computers and Structures, 2001, 79: 1335-1353.

[50] Perera R., Torres R.. Structural Damage Detection via Modal Data with Genetic Algorithms [J]. Journal of Structural Engineering, 2006, 132 (9): 1491-1501.

[51] Titurus B., Friswell M. I., Starek L.. Damage detection using generic elements: Part I: Model updating [J]. Computers and Structures, 2003, (81): 2273-2286.

[52] Titurus B., Friswell M. I., Starek L.. Damage detection using generic elements: Part II: Damage detection [J]. Computers and Structures, 2003, (81): 2287-2299.

[53] Koh B. H., Dyke S. J.. Structural health monitoring for flexible bridge structures using correlation and sensitivity of modal data [J]. Computers and Structures, 2007, 85:

117-130.

[54] Meruane V.，Heylen W..A hybrid real genetic algorithm to detect structural damage using modal properties [J].Mechanical Systems and Signal Processing，2011，25：1559-1573.

[55] Nobahari M.，Seyedpoor S. M..Structural damage detection using an efficient correlation-based index and a modified genetic algorithm [J].Mathematical and Computer Modelling，2011，53：1798-1809.

[56] Liu H.，Xin K. G.，Qi Q. Q..Study of Structural Damage Detection with Multi-objective Function Genetic Algorithms [J].Procedia Engineering，2011，12：80－86.

[57] 尹涛，朱宏平，余岭.运用改进的遗传算法进行框架结构损伤检测 [J].振动工程学报，2006，19（4）：525-531.

[58] 陈存恩，李文雄.结合灵敏度修正的遗传算法的结构损伤诊断 [J].地震工程与工程振动，2006，26（5）：172-176.

[59] He X.，Kawatani M.，Hayashikawa T.，et al. A Bridge Damage Detection Approach using Train-Bridge Interaction Analysis and GA Optimization [J].Procedia Engineering，2011，14：769－776.

[60] 尹强，周丽.基于遗传优化最小二乘算法的结构损伤识别 [J].振动与冲击，2010，29（8）：155-159.

[61] 李小平，郑世杰.基于遗传算法和拓扑优化的结构多孔洞损伤识别 [J].振动与冲击，2011，30（7）：201-204.

[62] 黄天立，楼梦麟，任伟新.基于CMDLAC指标和遗传算法的结构损伤定位研究 [J].计算力学学报，2009，26（4）：529-534.

[63] 易伟建，刘霞.基于遗传算法的结构损伤诊断研究 [J].工程力学，2001，18（2）：64-71.

[64] 郭惠勇，张陵，蒋建.基于遗传算法的二阶段结构损伤探测方法 [J].西安交通大学学报，2005，39（5）：485-489.

[65] 张吾渝，李宁波.非极限状态下土压力计算方法研究 [J].青海大学学报（自然科学版），1999，17（4）：8-11.

[66] 徐日庆.考虑位移和时间的土压力计算方法 [J].浙江大学学报（工学版），2000，34（4）：370-375.

[67] 梅国雄，宰金珉.考虑位移影响的土压力近似计算方法 [J].岩土学，2001，22（4）：83-85.

[68] 梅国雄，宰金珉.现场监测实时分析中的土压力计算公式 [J].土木工程学报，2001，33（5）：79-82.

[69] 梅国雄，宰金珉.考虑变形的朗肯土压力模型 [J].岩石力学与工程学报，2001，20（6）：851-854.

[70] 宋林辉，梅国雄，宰金珉.考虑变形影响的挡土结构受力分析方法及应用 [J].工业建筑，2007，37（7）：53-57.

[71] 宰金珉，梅国雄.考虑位移与时间效应的土压力计算方法研究 [J].南京建筑工程学

院学报，2002，1：1-5.

[72] 赵建平，余闯，陈国兴，等．考虑变形的土压力有限元计算及参数分析 [J]．南京工业大学学报，2005，27（6）：16-20.

[73] 赵建平，余闯，陈国兴，等．考虑位移影响的 Rankine 土压力模型及有限元计算分析 [J]．工程勘察，2006，10：13-16.

[74] 赵建平，余闯，陈国兴，等．受位移影响的土压力模型在工程实例模拟分析中的应用 [J]．岩土力学，2006，27（增刊）：108-112.

[75] 陈页开，徐日庆，杨晓军，等．基坑工程柔性挡土墙土压力计算方法 [J]．工业建筑，2001，31（3）：1-4.

[76] 王照宇，位移土压力模型及其在基坑工程中的应用 [J]．西部探矿工程，2003，5：23-24.

[77] 王照宇，位移土压力模型及其在基坑工程中的应用 [J]．四川建筑科学研究，2004，30（1）：83-84.

[78] 邓子胜，邹银生，王贻荪．考虑位移非线性影响的挡土墙土压力计算模型研究 [J]．中国公路学报，2004，17（2）：24-27.

[79] 夏唐代，徐肖华，孙苗苗，等．基坑工程中双曲线土压力模型研究 [J]．地下空间与工程学报，2009，5（5）：893-896.

[80] 姜志强，孙树林，李磊．基坑开挖中土压力计算模型探讨 [J]．河海大学学报（自然科学版），2003，31（3）：303-306.

[81] 张文慧，田军，王保田，等．基坑围护结构上的土压力与土体位移关系分析 [J]．河海大学学报（自然科学版），2005，33（5）：575-579.

[82] 彭述权，刘爱华，樊玲．不同位移模式刚性挡土墙主动土压力研究 [J]．岩土工程学报，2009，31（1）：32-35.

[83] 卢坤林，杨扬．考虑位移影响的主动土压力近似计算方法 [J]．岩土力学，2009，30（2）：573-557.

[84] 张春会，郭海燕，于广明．考虑挡土墙位移非线性影响的土压力计算模型 [J]．岩土力学，2006，27（Sp1）：171-174.

[85] 卢国胜，考虑位移的土压力计算方法 [J]．岩土力学，2004，25（4）：586-589.

[86] 杨泰华，贺怀建．考虑位移效应的土压力计算理论 [J]．岩土力学，2010，31（11）：3635-3639.

[87] 冯美果，陈善雄，许锡昌，等．几种考虑变形的土压力模型比较 [J]．地下空间与工程学报，2007，3（5）：898-902.

[88] 张永兴，刘世安，陈建功．土体对悬臂挡土墙模态的影响与应用 [J]．土木建筑与环境工程，2009，31（3）：72-77.

[89] 陈林靖，戴自航．基坑悬臂支护桩双参数弹性地基杆系有限元法 [J]．岩土力学，2007，28（2）：415-419.

[90] Lanzonil L.，Radi E.，Tralli A.．On the seismic response of a flexible wall retaining a viscous poroelastic soil [J]．Soil Dynamics and Earthquake Engineering，2007，27：818-842.

［91］ Younan A. H.，Veletsos A. S.. Dynamic response of flexible retaining wall ［J］. Earthquake Engineering and Structural Dynamics，2000，28：1815-1844.

［92］ 杜正国，赵雷. 弹性地基板的动态刚度矩阵迭代法 ［J］. 西南交通大学学报，1993，5：24-29.

［93］ 雷英杰，张善文，李续武，等. MATLAB 遗传算法工具箱及应用 ［M］. 西安：西安电子科技大学出版社，2005.

［94］ 刘晶波，李彬. 三维黏弹性静-动力统一人工边界 ［J］. 中国科学 E 辑，2005，35（9）：966-980.

［95］ Al-khalidy A，Noori M，Hou Z et al. Health monitoring systems of linear structures using wavelet analysis. Proceedings of International Workshop on Structural Health Monitoring-Current Status and Perspectives，Stanford，California. 1997.

［96］ Al-khalidy A，Noori M，Hou Z et al. A study of health monitoring systems of linear structures using wavelet analysis. Proceedings of the 1997 ASME Pressure Vessels and Piping Conference，Orlando，FL，1997.

［97］ Hou Z，Noori M，Amand R St. Wavelet-based approach for structural damage detection. Journal of Engineering Mechanics，2000，126（7），677-683.

［98］ Hou Z. Noori M. Application of wavelet analysis for structural health monitoring. Proceedings of 2nd International Workshop on Structural Health Monitoring. Stanford，California，2000.

［99］ Hera A，Hou Z. Application of wavelet approach for ASCE structural health monitoring benchmark studies. Journal of Engineering Mechanics，2004，130（1），96-104.

［100］ 李洪亮，董亮，吕西林. 基于小波变换的结构损伤识别与试验分析. 土木工程学报，2003，36（5）：2-57.

［101］ 郭涟，孙炳南. 基于小波变换的桥梁健康监测多尺度分析. 浙江大学学报（工学版），2005，39（1）：114-118.

［102］ Surace C，Ruotolo R. Crack detection of a beam using the wavelet transform. Proceedings the 12th International Modal Analysis Conference. Honolulu，Hawaii，1994.

［103］ Melhem H，Kim H. Damage detection in concrete by Fourier and wavelet analyses. Journal of Engineering Mechanics. 2003，129（5），571-577.

［104］ Kim H. Melhem H. Fourier and wavelet analyses for fatigue assessment of concrete beams. Experimental Mechanics，2003，43（2）：131-140.

［105］ Yan Y J，Yam L H. Online detection of crack damage in composite plates using embedded piezoelectric actuators/sensors and wavelet analysis. Composite Structures，2002，58（1），29-38.

［106］ Yan Y J，Yam L H. Detection of delamination damage in composite plates using energy spectrum of structural dynamic responses decomposed by wavelet analysis. Computers and Structures，2004，82（4-5）.347-358.

［107］ Sun Z，Chang C C. Structural damage assessment based on wavelet packet transform，journal of Structural Engineering* 2002，128（10）.1354 -1361.

［108］ Sun Z. Chang C C. Statistical wavelet-based method for structural health monitoring. Journal of

Structural Engineering, 2004, 130 (7), 1055-1062.

[109] L. iew K M. Wang Q. Application of wavelet theory for crack identification in structures. Journal of Engineering Mechanics. 1998. 124 (2), 152-157.

[110] Wang Q. Deng X. Damage detection with spatial wavelets. International Journal of Solids and Structures. 1999. 36 (23): 3443-3468.

[111] Wang Q. Wang D. Su X. Crack detection of structure for plane problem with spatial wavelets. Acta Mechanica Sinica. 1999. 15 (1) . 39-51.

[112] Hong J C. Kim Y Y. Lee H C et al. Damage detection using the Lipschitz exponent estimated by the wavelet transform: applications to vibration modes of a beam. International Journal of Solids and Structures. 2002. 39 (7), 1803-1816.

[113] 庄殿铮, 王可. 基于 Internet 的数控机床远程监控技术. 中国制造业信息化, 2003, 5: 88-90.

[114] 王金娥, 张文兰等. CAN 总线在 DNC 状态监控系统中的应用. 制造技术与机床, 2003, 2: 62-64.

[115] 黄天成, 余智欣, 袁学文. 一种新型的 CAN 现场总线与以太网互连方案的设计与研究. 计算机工程与应用, 2005, 4: 125-127.

[116] Jian Cai, David J. Goodman. General Packet Radio Service in GSM. IEEE, 1997, 35 (10): 122-131.

[117] Murugan Krishnan, Mahamod Ismail, and Khairil Annuar, Radio resource and Mobility Mana Gement in GPRS network. In: Student conf on Research and Development, 2002, 132-135.

[118] 栗玉霞, 徐建政. GPRS 技术在自动抄表系统中的应用. 电力自动化设备. 2003, 23: 52-54.

[119] 邰向阳, 李墨雪, 王库. GPRS 无线数据传送在远程采集系统中的应用. 仪表技术, 2006, 1: 18-19.

[120] 郑尚龙, 王国栋等. 基于 GSM/GPRS 的工程机械机群状态检测与故障诊断系统. 工程机械, 2003, 8: 6-10.

[121] 傅志方. 振动模态分析与参数辨识. 北京: 机械工业出版社, 1990.

[122] 张令弥. 振动测试与动态分析. 北京: 航空工业出版社, 1992.

[123] 李德葆, 张元润. 振动测试与实验分析. 北京: 机械工业出版社, 1992.

[124] 李德葆. 振动模态分析及其应用. 北京: 宇航出版社, 1989 .

[125] 韩之江. 桥梁结构脉动测试分析及应用 [J] . 山西交通科技, 2002, (2): 48-50.

[126] Hassiotis S. Identification of damage using natural frequencies and Markov parameters [J] . Computers and Structures, 2000, 74 (2): 365-373.

[127] Pandy A K. Experimental verification of flexibility difference method for locating damage in structures [J] . Journal of Sound and Vibration, 1995, 184 (2): 311-328.

[128] Hearn G. et al. Modal analysis for damage detection in structures [J] . Journal of Structural Engineering, 1991, 117 (11): 3042-3063.

[129] Pandy A. K. , Biswas M. , Samman M. M. Damage detection from changes in curvature

mode shapes〔J〕. Sound and Vibration，l991，145（2）：321-332.

[130] Montalvao J. M . et a1. Experimental Dynamic Analysis of Cracked Free-Freebeam〔J〕. Experim Mech，1990，30（1）：20-25.

[131] 李宏男，李东升. 土木工程结构安全性评估、健康诊断与诊断述评〔J〕. 地震工程与工程振动，2002，22（3）：82-90.

[132] MATLAB 在振动信号处理中的应用〔M〕.

[133] 张贤达. 现代信号处理. 北京：清华大学出版社，1999.

[134] 楼顺天，李博菡. 基于 Matlab 的系统分析与设计——信号处理. 西安：西安电子科技大学出版社，1999.

[135] 李国强，李杰. 工程结构动力检测理论与应用〔M〕. 北京：科学出版社，2002.

[136] 李德葆，陆秋海. 实验模态分析及其应用〔M〕. 北京：科学出版社，2001.

[137] 傅志方，华宏星. 模态分析理论与应用〔M〕. 上海：上海交通大学出版社，2000.

[138] 张令弥. 结构动力学中传递函数与模态参数识别〔J〕. 固体力学学报，1982，1：43-52.

[139] Seykert A. F.. Estimation of damping from response spectra〔J〕. Journal of Sound and Vibration，1981，75（2）：199-206.

[140] Richardson M.，Formenti D. L.. Parameter estimation from frequency response function measurement using rational fraction polynomials〔C〕. Proc. of the 1st International Testing Modal Analysis Conferene，1982：199-206.

[141] 杨毅青，刘强，Munoa Jokin. 基于正交多项式和稳定图的密集模态参数辨识〔J〕. 振动、测试与诊断，2010，30（4）：429-433.

[142] 周传荣，赵淳生. 机械振动参数识别及其应用〔M〕. 北京：科学出版社，1989.

[143] 秦仙蓉，张令弥. 对模态参数识别的整体正交多项式算法的评述〔J〕. 强度与环境，2000，4：30-38.

[144] 赵相松，徐燕申，彭泽民. 基于过渡矩阵的振动模态参数整体识别正交多项式算法〔J〕. 机械工程学报，1999，6：78-84.

[145] 焦群英，陈奎孚. 整体正交多项式法识别模态参数的改进〔J〕. 中国农业大学学报，2003，8（2）：1-6.

[146] Bart P.，Partick G.，Herman V. D.，et al. Automotive and aerospace applications of the PolyMAX modal parameter estimation method〔C〕. Proc. of International Modal Analysis Conferene（XXII），Dearborne：Michigan，2004：1-11.

[147] Bart P.，Herman V. D.，Partick G.，et al. The PolyMAX frequency-domain method：a new standard for modal parameter estimation〔J〕. Shock and Vibration，2004，11：395-409.

[148] Ibrahim S. R.，Mikulclic E. C.. The experimental determination of vibration parameters from time responses〔J〕. The Shock and Vibration Bullet，1977，46（5）：183-198.

[149] Ibrahim S. R.. Double least squares approach for use instructural modal identification〔J〕. AIAA Journal，1986，24（3）：499-503.

[150] Ibrahim S. R.. An upper Hessenberg sparse matrix algorithm for modal identification on

minicomputers [J]. Journal of Sound and Vibration, 1987, 113 (1): 45-57.

[151] Mergeay M.. Least squares complex exponential method and global system parameter estimation used by modal analysis [C]. Proc. of the 5th International Seminar on Modal Analysis, 1983: 58-69.

[152] 李德葆, 陆秋海. 工程振动试验分析 [M]. 北京: 清华大学出版社, 2004.

[153] 孟庆丰, 何正嘉. 随机减量技术中周期激励的影响及消除方法 [J]. 振动与冲击, 2003, 22 (1): 100-102.

[154] 黄方林, 何旭辉, 陈政清, 等. 随机减量法在斜拉桥拉索模态参数识别中的应用 [J]. 机械强度, 2002, 24 (3): 331-334.

[155] 刘齐茂. 用随机减量技术及 ITD 法识别工作模态参数 [J]. 广西工学院学报, 2002, 13 (4): 23-26.

[156] Ibrahim S. R.. Efficient random decrement computation for identification of ambient response [C]. Proc. of 19th IMAC, Florida, USA, 2001: 1-6.

[157] Van Overschee P., De Moor B.. Subspace identification for linear systems: theory, implementation and application [M]. Dordrecht: Kluwer Academic Publishers, 1996.

[158] Peeter B., De Roeck G.. Reference-based stochastic subspace identification for output-only modal analysis [J]. Mechanical Systems and Signal Processing, 1999, 13 (6): 855-878.

[159] Yu Bai, Thomas Keller. Modal parameter identification for a GFRP pedestrian bridge [J]. Composite Structure, 2008, 11 (4): 855-878.

[160] 常军. 随机子空间方法在桥梁模态参数识别中的应用研究 [D]. 同济大学博士学位论文, 2006.

[161] 徐良, 江见鲸, 过静珺. 随机子空间识别在悬索桥实验模态分析中的应用 [J]. 工程力学, 2002, 19 (4): 46-49.

[162] 常军, 张启伟, 孙利民. 随机子空间方法在桥塔模态参数识别中的应用 [J]. 地震工程与工程振动, 2006, 26 (10): 183-187.

[163] 许福友, 陈艾荣, 朱绍锋. 桥梁风洞试验模态参数识别的随机子空间方法 [J]. 土木工程学报, 2007, 40 (10): 67-73.

[164] Juang J. N., Pappa R. S.. An eigensystem realization algorithm for modal parameter identification and model reduction [J]. J. Guidance, 1985, 8 (5): 620-627.

[165] Juang J. N.. Mathematical correlation of modal parameter identification methods via system realization theory [J]. The International Journal of Analytical and Experimental Modal Analysis, 1987, 2 (1): 1-18.

[166] 刘福强, 张令弥. 一种改进的特征系统实现算法及在智能结构中的应用 [J]. 振动工程学报, 1999, 12 (3): 316-322.

[167] 秦仙蓉, 王彤, 张令弥. 模态参数识别的特征系统实现算法: 研究与比较 [J]. 航空学报, 2001, 22 (4): 340-342.

[168] 李蕾红, 陆秋海, 任革学. 特征系统实现算法的识别特性研究及算法的推广 [J]. 工程力学, 2002, 19 (1): 109-113.

[169] 林贵斌，陆秋海，郭铁能．特征系统实现算法的小波去噪方法研究［J］．工程力学，2004，21（6）：91-96.

[170] 祁泉泉，辛克贵，崔定宇．扩展特征系统实现算法在结构模态参数识别中的应用［J］．工程力学，2011，28（3）：29-34.

[171] Huang N. E.，Shen Z. . The empirical mode decomposition and the Hilbert spectrum for nonlinear and non-stationary time series analysis［C］. Proceeding of Royal Society，London，1998：930-995.

[172] Huang N. E.，Shen Z.，Steven R. L. . A new view of nonlinear water waves：The Hilbert spectrum［J］. Annual Review Fluid Mechanics，1999，31：417-457.

[173] Yang J. N.，Lei Y.，Lin S.，et al. Hilbert-Huang based approach for structural damage detection［J］. Journal of Engineering Mechanics，2004，130（1）：85-95.

[174] Yang J. N.，Lei Y.，Lin S.，et al. System identification of linear structures based on Hilbert-Huang spectral analysis. Part 1：normal modes［J］. Earthquake Engineering and Structural Dynamics，2003，32：1443-1467.

[175] Yang J. N.，Lei Y.，Lin S.，et al. System identification of linear structures based on Hilbert-Huang spectral analysis. Part 1：complex modes［J］. Earthquake Engineering and Structural Dynamics，2003，32：1533-1554.

[176] 任宜春．基于小波分析的结构参数识别方法研究［D］．湖南大学博士学位论文，2007.

[177] 林大超，施惠基，白春华．基于小波变换的爆破振动时频特征分析［J］．岩石力学与工程学报，2004，23（1）：101-106.

[178] 罗光坤，张令弥．基于 Morlet 小波变换的模态参数识别研究［J］．振动与冲击，2006，26（7）：135-138.

[179] 何启源，汤宝平，程发斌．小波变换在模态参数识别中的应用［J］．振动、测试与诊断，2006，26（9）：153-156.

[180] 姜增国，瞿伟廉．基于小波包分析的结构损伤定位方法［J］．武汉理工大学学报，2006，28（11）：94-97.

[181] 陈林靖，戴自航．基坑悬臂支护桩双参数弹性地基杆系有限元法［J］．岩土力学，2007，28（2）：415-419.

[182] Lanzonil L.，Radi E.，Tralli A. . On the seismic response of a flexible wall retaining a viscous poroelastic soil［J］. Soil Dynamics and Earthquake Engineering，2007，27：818-842.

[183] 胡昌华，周涛等．基于 MATLAB 的系统分析与设计——时频分析．西安：西安电子科技大学出版社，2002.

[184] 郑君里等，信号与系统（上册）．北京：高等教育出版社，1981.

[185] ［美］崔锦泰著，程正兴译．小波分析导论．西安：西安交通大学出版社，1995.

[186] ［法］Y. 迈耶著，尤众译．小波与算子．北京：世界图书出版社，1992.

[187] Sweldens，W.，The lifting scheme：A custom-design construction of bi-orthogonal wavelets，Appl. Comput.，Harmon. Anal，1996，Vol. 3，No. 2，pp. 186-200.

[188] Sweldens，W.，The lifting scheme：A construction of second generation wavelets，SIAM J. Math. Anal.，1997.

[189] Daubechies，I. And Sweldens，W.，Factoring wavelet transforms into lifting steps，J. Fourier Anal. Appl.，1998，Vol. 4，No. 3，pp. 247-269.

[190] 刘贵中，邸双亮. 小波分析及其应用. 西安：西安电子科技大学出版社，1992.

[191] 程正兴. 小波分析算法与应用. 西安：西安交通大学出版社，1998.

[192] 耿中行. 小波分析方法及其在机械状态监测信号处理中的应用 [D]. 西安交通大学博士论文，1993.

[193] 丁幼亮，李爱群. 基于小波包分析的 Benchmark 结构损伤预警试验研究 [J]. 工程力学，2008，25 (11)：128-134.

[194] Chen Jian-gong, Xu Qian, Zhang Hai-quan, et al. Damage identification of ribbed plate retailing wall based on damage character vector [J]. Electronic Journal of Geotechnical Engineering，2014，V (19/p)：3899-3908.

[195] 文成林. 多尺度估计理论及方法研究 [D]. 西安：西北工业大学，1999.

[196] Gurley K，Kareem A. Application of wavelet transforms in earthquake, wind and ocean engineering [J]. Engineering structures，1999，21：149-167.

[197] 李弼程，罗建书. 小波分析及其应用 [M]. 北京：电子工业出版社。2003.

[198] Yen G. G.，Lin K. C.. Wavelet Packet Feature Extraction for Vibration Monitoring. IEEE Trans. Industrial Electronics，2000，47 (3)：650-667.

[199] 杨建国. 小波分析及其工程应用（第 1 版）. 北京：机械工业出版社，2005.

[200] James G H, Game T G. The natural excitation technique (NExT) for modal parameter extraction from ambient operating structure. The International Journal of Analytical and Experimental Modal Analysis，1995，10 (4)：260-277.

[201] James G H, Carne T G. Damping measurements on operating wind turbines using the natural excitation technique (NExT). American Society of Mechanical Engineers，Solar Energy Division (Publication) SED，1992，12：75- 81.

[202] James G H. Extraction of modal parameters from an operation HAWT using the natural excitation technique (NEXT). American Society of Mechanical Engineers，Solar Energy Division (Publication) SED，Wind Energy，1994，15：227-232.

[203] Caicedo J M, Dyke S J, Johnson E A. Natural excitation technique and eigensystem realization algorithm for phase I of the IASC-ASCE benchmark problem：Simulated data. Journal of Engineering Me chanics，2004，130 (1)：49-60.

[204] Barney P, Carne T. Modal parameter extraction using natural excitation response data. Proceedings of the 17th International Modal Analysis Conference, Kissimmee，FL，1999.

[205] Chao T J, Haritos N. Scaling eigenvectors obtained from ambient excitation modal testing. Proceedings of the 15th International Modal Analysis Conference, Orlando，FL，1997.

[206] Asmussen J C, et al. Random decrement：identification of structures subjected to ambient excitation. Proceedings of the 17th International Modal Analysis Conference,

Kissimmee，FL，1999.

[207] Hermans L，et al. In-flight modal testing and analysis of a helicopter. Proceedings of the 17th International Modal Analysis Conference，Kissimmee，FL，1999.

[208] Tadiqadapa Srinivas A.，Najafi Nader. Developments in Microelectro-Mechanical Systems（MEMS）：A Manufacturing Perspective. Journal of Manufacturing Science and Engineering，Transactions of the ASME. 2003，125（11）：816-823.

[209] 张贵饮. 微机电系统（MEMS）研究现状及展望. 组合机床与自动化加工技术. 2002，(7)：1-3.

[210] 李炳乾，朱长纯，刘君华. 微电子机械系统的研究进展. 国外电子元器件，2001（1)：4-8.

[211] 徐小云，颜国正，丁国清. 微电子系统（MEMS）及其应用的研究. 测控技术. 2002，21（8)：1-5.

[212] 林忠华，胡国清，刘文艳，张慧杰. 微机电系统的发展及其应用. 纳米技术与精密工程. 2004，2（2)：11-12.

[213] http：//www. atmel. com/dyn/resources/prod _ documents/2486S. pdf.

[214] 马潮，詹卫前，耿德根. Atmega8 原理及应用手册. 北京：清华大学出版社.

[215] 陈铁军，丁代民. 基于 ZigBee 的自行火炮定位布阵系统研究［J］. 计算机工程，2011，37（3)：272-274.

[216] 徐立波，鲍可进. 智能节能用电系统的研究与设计［J］. 计算机工程与应用，2011，47（6)：55-57.

[217] 徐勇军，刘峰，王春芳，等. 低速无线个域网实验教程［M］. 北京：北京理工大学，2008：124-145.

[218] 冯莉，董桂梅，林玉池. 短距离无线通信技术及其在仪器通信中的应用［J］. 仪表技术与传感器，2007，12（2)：31-32.

[219] 刘盛平，韦云隆，杨菲. 基于移动短信技术的无线传感器网络［J］. 微计算机信息，2007，23（2)：158-160.

[220] 王锐华，益晓新，于全. ZigBee 与 Bluetooth 的比较及共存分析［J］. 测控技术，2005，24（6)：50-52.

[221] CC2530 datasheet.［DB/OL］. http：//www. ti. com. cn/cn/lit/ds/symlink/cc2530. pdf.

[222] 李新. 基于 cc2530 的 ZigBee 网络节点设计. 可编程控制器与工厂自动化，2011（3)：97-99.

[223] 单月晖，孙仲康，皇甫堪. 不断发展的无源定位技术［J］. 航天电子对抗. 2002，1（1)：36-42.

[224] 杨燕波，基于 DSP 的无刷直流电机三闭环伺服系统的研究［D］. 上海：东华大学. 2009.

[225] 杨巧玉，娄良琼，杨立志. 941B 型超低频测振仪的研究［J］. 地震工程与工程振动. 2005，25（4)：174-179.

[226] 李俊斌，胡永忠. 基于 CC2530 的 ZigBee 通信网络的应用设计［J］. 电子设计工程，2011（16)：108-111.